建筑工程施工计算系列丛书

施工组织设计计算

徐 伟 李劭辉 王旭峰 主编

中国建筑工业出版社

图书在版编目（CIP）数据

施工组织设计计算/徐伟等主编. —北京：中国建筑
工业出版社，2011.4（2023.4重印）
（建筑工程施工计算系列丛书）
ISBN 978-7-112-13011-5

Ⅰ．①施…　Ⅱ．①徐…　Ⅲ．①施工组织–设计计算
Ⅳ．①TU721

中国版本图书馆 CIP 数据核字（2011）第 041348 号

施工组织设计是总体统筹、细致规划、协调各方矛盾、指导正确施工
的纲领性重要文件。本书主要涉及施工组织设计计算方面的内容，全书共
分为九章：施工组织概述；流水施工原理；网络计划技术；现代施工管理
技术；单位工程施工组织设计；施工组织总设计；施工现场临时设施计
算；单位工程施工组织设计案例；PKPM 施工组织设计系列软件。

本书可供建设、监理、施工企业技术人员、管理人员使用，也可供土
建设计人员和大专院校相关专业师生参考。

＊　　＊　　＊

责任编辑：郦锁林　岳建光
责任设计：李志立
责任校对：陈晶晶　王雪竹

建筑工程施工计算系列丛书
施工组织设计计算
徐　伟　李劭辉　王旭峰　主编
＊
中国建筑工业出版社出版、发行（北京西郊百万庄）
各地新华书店、建筑书店经销
北京华艺制版公司制版
北京建筑工业印刷厂印刷
＊
开本：787×1092 毫米　1/16　印张：13½　字数：335 千字
2011 年 5 月第一版　2023 年 4 月第四次印刷
定价：**45.00** 元
ISBN 978-7-112-13011-5
　　（39442）

前　言

随着我国土木建筑行业的高潮迭起，建设项目招标投标工作的深入开展，施工组织设计的地位的不断改变、不断提高。从开始的施工技术指导文件，到现在已成为全面的项目策划和管理文件，施工组织设计就是总体统筹，细致规划，协调各方矛盾，指导正确施工的纲领性重要文件。它涉及整个施工活动，是建筑项目的灵魂。它对施工单位有指导、约束作用，对建设、监理单位同样也存在指导作用。科学的施工组织设计，可以实现高效率工作，达到缩短工期、提高质量、降低成本的综合效果。

本书主要涉及施工组织设计计算方面的内容，全书共分为九章：第一章施工组织概述，由徐伟、王旭峰、刘海编写；第二章流水施工原理，由徐伟、左玉柱、师安东、席永慧编写；第三章网络计划技术，由徐伟、关雪梅、左玉柱、吴芸编写；第四章现代施工管理技术，由徐伟、徐蓉、时春霞、左玉柱编写；第五章单位工程施工组织设计，由王旭峰、李靖祺、高吉龙、吕茫茫编写；第六章施工组织总设计，由李靖祺、李劲辉、谭萍、李明雨编写；第七章施工现场临时设施计算，由李劲辉、李靖祺、赵飞、胡晓依编写；第八章单位工程施工组织设计案例，由申青峰、马锦明、梁穑稼编写；第九章 PKPM 施工组织设计系列软件，由朱伟、董智力、张逊、王旭峰、申青峰编写。此外李劲辉、高吉龙、时春霞、陈宇、段朝静等具体负责了书稿中有关图片的绘制和校核工作，最后由徐伟、申青峰、左玉柱、李靖祺统稿。

在本书的编写中得到了中国建筑科学研究院建筑工程软件研究所 PKPMCAD 工程部上海分部、上海建工集团第七建筑公司、上海锦深建设工程加固有限公司等有关单位的大力支持，特此表示感谢！

由于编者学术水平有限，本书中的错误和不当之处在所难免，欢迎读者提出宝贵意见。

目　录

第一章

施工组织概述

◆ 第一节 基本建设项目划分和程序

基本建设简称基建，是指国民经济各部门用投资方式来实现以扩大生产能力和工程效益为目的的新建、扩建、改建工程的固定资产投资及其相关管理活动。该过程建设周期长、涉及范围广、协作环节多，是一项需要投入大量人力、物力的综合性经济生产活动，必须通过系统的组织和实施才能实现。

一、建设项目的划分

1. 建设项目

指具有独立总体设计文件和设计总概算，并能按总体设计要求组织施工，工程完成以后可以形成独立生产能力或使用功能的工程项目。在工业建筑中如一个工厂、一座矿山；民用建筑中如一所学校、一家医院等。

2. 单项工程

它是建设项目的组成部分。指具有独立设计文件和设计概算，并能独立组织施工，工程竣工以后能独立发挥生产能力或使用功能的工程项目。如工厂的生产车间、学校的试验或实训楼。

3. 单位工程

它是单项工程的组成部分。指具有独立设计文件，能独立组织施工，工程竣工以后不能独立发挥生产能力但能形成独立使用功能的工程项目。如一个车间中的土建工程、给排水工程、设备安装工程等。仅有这一部分不能单独发挥生产功能，只有组合后才能共同发挥生产功能。当单位工程的建筑规模较大或具有综合使用功能，但由于工期较长或受多种因素影响而不能一次性建成，其已建成并能形成独立使用功能的部分，可划分为子单位工程。

4. 分部工程

它是单位工程的组成部分。可按单位工程的所属部位划分，如土建工程按所属的部位划分为土方工程、基础工程、楼地面工程等；也可按专业工种工程划分，如土建工程按工种工程划分为桩基础工程、砌体工程、混凝土结构工程等。但随着生产和生活条件要求的提高，建筑物内部设施也日趋多样化。新型材料的大量应用以及施工技术的发展等，使分项工程越来越多。因此按建筑物的主要部位和专业工种来划分分部工程已不适应要求。于是在分部工程中，按相近工作内容和系统再划分若干子分部工程。

5. 分项工程

它是分部工程的组成部分。它将分部工程再细分为若干部分，这最细小的部分，就是组织施工最基本的作业单位。如砖混结构房屋中的基础工程可划分为基槽土方开挖、浇筑混凝土垫层、砌砖基础等分项工程。

二、基本建设程序

基本建设程序，是指基本建设项目从规划、设想、选择、评估、决策、设计、施工到竣工投产交付使用的整个建设过程中各项工作必须遵循的先后顺序，是基本建设全过程及其客观规律的反映。在项目建设过程中，基本建设程序的各个环节必须得到严格执行，只有上一环节工作完成后方可转入下一环节，不能随意简化。严格执行基本建设程序能够有效地保证工程质量和提高投资效益，防止盲目重复建设造成资金的浪费和不良的社会影响。

一般大中型建设项目的工程建设程序包括投资决策阶段、设计阶段、施工阶段和竣工验收阶段，如图 1-1 所示。

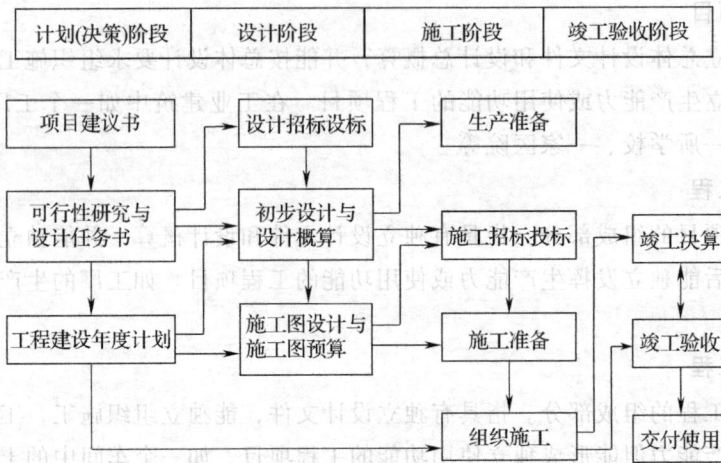

图 1-1　工程建设程序

1. 编制和报批项目建议书

项目建议书又称立项申请，是由企事业单位部门等根据国民经济和社会发展长远规划，国家的产业政策和行业地区发展规划以及国家有关投资建设方针政策，委托经过资质审定有资格的设计单位和咨询公司在进行初步可行性研究的基础上编报的，是建设单位向政府提出要求建设某一具体项目的建议文件。项目建议书是项目建设程序的第一步，主要包括项目概况、初步选址及建设条件、规模和建设内容、投资估算及资金来源、经济效益和社会效益初步估算等内容。大中型新建项目和限额以上的大型扩建项目，在上报项目建议书时必须附上初步可行性研究报告。项目建议书获得批准后即可立项。

2. 编制和报批可行性研究报告

项目立项后即可由建设单位委托原编报项目建议书的设计院和咨询公司进行可行性研究。可行性研究是从市场、技术、生产、法律（政策）、经济等方面对项目进行全面策划和论证的过程。它必须在对客观情况进行大量调查研究的基础上，通过全面细致的分析，做出不同方案的比较选择，是保证项目决策加强科学性和减少盲目性的关键环节。可行性研究报告经有关部门的项目评估和审批，获得批准后即为项目决策。

3. 编制和报批设计文件

可行性研究报告获得批准后，项目的主管部门可指定、委托或以招标投标方式确定有资格的设计单位，根据项目建议书和可行性研究报告，按照国家有关政策、设计规范、建设标准、定额编制设计文件。根据不同的行业特点和项目要求，一般的工程项目可进行两阶段设计，即初步设计和施工图设计。初步设计在满足经济和技术要求的前提下提出选定方案的建设标准、设备选型、工艺流程、总图布置、结构方案、基础形式、水暖电等的实施方案和全部费用，是项目建设进一步准备和实施的依据。施工图设计则是用以指导建筑安装工程的施工、非标准设备的加工制造的详细和具体的设计，包括全项目性文件和建筑物、构筑物的设计文件等。相应编制初步设计总概算，修正总概算和施工图预算。而对于技术上复杂且缺乏设计经验的建设项目，经主管部门指定可增加技术设计阶段，即进行初步设计、技术设计和施工图设计的三阶段设计。技术设计主要用以进一步解决初步设计阶段一时无法解决的重大问题。

4. 施工准备

施工准备工作的基本任务是：分析并掌握工程特点、施工条件、工期进度和质量要求，在一定的施工准备期限内，合理配置施工资源，从技术、物资、人力和组织等诸方面，为建设项目施工顺利进行创造一切必要条件。做好施工准备工作，对发挥人的积极因素，合理组织资源，加快施工进度，提高工程质量，节约工程材料和降低施工成本等方面，都有着十分重要的意义。

项目施工前的准备工作首先需要组建筹建机构，完成征地和拆迁工作，落实施工现场的"三通一平"（路通、水通、电通和场地平整）工作，并根据工程实际情况落实设备和材料的供应，准备必要的施工图纸，并开展施工项目招标投标工作。以招标投标的方式选择施工队伍（或设备供应商、材料供应商），可以有效地提高工程质量、降低工程造价、改善投资效益、保证建设项目顺利实施。一般施工招标投标的程序如下：由建设单位或有资格接受委托的工程咨询单位编制招标文件，召开开标会议，组织评标、定标，发出中标通知书，签订承包（或供货）合同。进行施工招标投标的法律依据为《建筑法》、《招标投标法》及其他法规、规定。

施工准备工作内容通常包括技术准备、物资准备、劳动组织准备和施工现场准备等。

（1）技术准备。技术准备主要内容包括：熟悉、审查施工图；调查、收集、分析原始资料；编制施工图预算和施工预算；编制施工组织设计。

（2）现场准备。施工现场准备工作根据设计文件和施工组织设计的有关要求进行。其主要内容包括工程测量控制坐标网、"三通一平"、搭设临时设施等。

（3）物资准备。物资准备要根据各种物资的需要量计划，分别落实货源、预制加工、组织运输、组织机械设备进场并试运转和安排必要的储备，以保证连续施工的需要。

（4）劳动组织准备。劳动组织准备工作主要内容有：建立施工项目的劳务组织管理层和劳动组织形式；合理配置劳动力和进行现场安全教育、技术交底以及必要的岗位培训，持证上岗。

5. 组织施工

工程项目进入全面施工阶段，质量控制、进度控制、投资控制成为重要的工作目标。要抓好施工阶段的全面管理，施工前要认真做好施工图的会审工作，明确质量要求。施工中要严格按照施工图纸施工，如需变动，应取得设计单位的同意。严格遵守施工及验收规范、质量标准和安全操作规程，保证施工质量和施工安全。要按照施工顺序合理组织施工，地下工程和隐蔽工程，特别是基础和结构的关键部位，一定要经过验收合格，才能进行下一道工序的施工。

组织施工要以一定的生产关系（经济关系）为前提，把施工现场参与建筑产品生产的各单位及其生产要素，有机地统一组织起来，进行有计划的均衡生产，以达到质量好、工期短、成本低的效果。为实现既定的目标，施工现场必须有严密的施工组织、科学的管理方法、得力有效的措施，并认真做好以下工作。

（1）落实施工组织设计

施工组织设计实施过程，就是完成施工项目全部施工活动投入的全过程，只有认真落实与执行施工组织设计，方能发挥其指导和组织施工全过程的应有作用。

（2）按施工计划科学地组织施工

根据施工组织设计所确定的施工方案中的施工方法和进度计划要求，科学地组织不同专业工种、不同材料和机械设备，在不同的地点与工作部位，按既定的施工顺序和作业时间，协调地从事施工作业。

（3）施工过程的全面控制

施工过程的控制包括检查和调整两个方面。其内容要具体落实到各施工过程的进度、质量、成本和安全中，目的在于全面完成计划任务。

施工活动是一个动态过程，可变因素太多，无论施工计划事先考虑多么周全、细致，在施工过程中总会出现不平衡状态，总会有与施工实际情况不一致、不协调的地方。因此，应随着施工过程的进展，定期进行检查，及时发现差距和问题，及时进行调整，不断组织新的平衡，以期达到预定的目标，建立和健全正常的施工程序。

6. 竣工验收

建设项目按照批准的设计文件所规定的内容全部完成后，符合设计要求，能够正常使用的，都要及时组织验收，工业建设项目形成生产能力，经试运转能生产出合格产品，非工业建设项目符合设计要求并能正常使用，即达到验收标准。可办理固定资产移交手续。

7. 运行与后评价

项目建成投产使用后，进入正常生产运营和使用过程一段时间（大概 2~3 年）后，可对项目的生产能力或使用效益状况，产品的技术水平、质量和市场销售情况，投资回收、贷款偿还情况，经济效益、社会效益和环境效益等情况进行总结评价，并编制项目后评价报告。

◆ 第二节 施工组织设计类型和内容

施工组织设计是对施工活动实行科学管理的重要手段。其作用是：通过施工组织设计的编制，明确工程的施工方案、施工顺序、劳动组织措施、施工进度计划及资源需用量与供应计划；明确安排和布置，明确临时设施、材料、构件和机具的具体布置位置，有效地使用施工场地，提高经济效益。

一、施工组织设计内容

施工组织设计按设计阶段和编制对象的不同，分为施工组织总设计、单位工程施工组织设计和分部（分项）工程施工作业设计三类。

1. 施工组织总设计

施工组织总设计是以建设项目或建筑群为编制对象，用以指导一个建筑群或建设项目全过程的技术、经济和组织的综合性文件。施工组织总设计一般在建设项目的初步设计或扩大初步设计批准后，由总承包单位在总工程师组织下进行。建设单位、设计单位和分包单位协助。

施工组织总设计是对建设项目组织施工进行统筹规划、总体部署。其任务是确定建设项目的开展程序，主要建筑物的施工方案，建设项目的总进度计划和资源需用量计划及施工现场总体规划等。

2. 单位工程施工组织设计

单位工程施工组织设计是以一个单位工程为编制对象，用以指导单位工程施工全过程的技术、经济和组织的综合性文件。单位工程施工组织设计在施工图设计完成之后，工程开工之前，在施工项目技术负责人领导下进行编制。

3. 分部（分项）工程施工作业设计

分部（分项）工程施工作业设计，是指单位工程中对工程规模大、结构特复杂、施工难度大或缺乏施工经验的分部（分项）工程（如复杂的地下基础工程、大体积混凝土浇筑与养护工程、钢网架结构安装工程、大面积玻璃幕墙装修工程以及采用新技术、新结构、新材料和新工艺等施工项目）编制作业性的施工设计。分部（分项）工程施工作业设计由单位工程施工技术负责人负责编制。

二、施工组织设计内容

施工组织设计的内容就是根据不同工程的特点和要求，从现有施工技术出发，决定各类生产要素的结合方式。

在不同的设计阶段编制的施工组织设计文件在内容和深度等方面各有不同，一般说来，施工组织总设计仅仅是概略的施工条件分析，提出创造施工条件和建筑生产能力配备

5

的规划。而单位工程施工组织设计就要详尽得多。

施工组织设计的一般内容如下：

（1）工程概况和施工准备工作计划：

主要说明本建设工程的建设地点、施工工期、承包方式；地形、地质、水文、气象情况；"三通一平"、运输条件情况；施工力量、运输能力情况；劳力、材料、构件、机具供应条件以及建设单位的要求和施工单位的现有条件等。

（2）施工方法和相应的技术措施：

依据工程概况，结合劳力、材料和机械等条件，全面部署施工任务；安排总的施工顺序，确定主要工种工程施工方法和选择施工机械；对拟建工程的条件可能采用的几种方案，进行定性和定量的分析，通过技术经济评价，选择最优方案。

（3）施工进度计划：

施工进度计划是反映最优施工方案在时间、空间上的合理安排；采用计划的方法，使工期、资源、成本等方面，通过计算和调整，达到既定的目标；它是编制人力和资源需要量计划的依据。

全部工程任务能否按期完工，或部分工程能否提前交付使用，主要取决于施工进度计划的安排；而施工进度计划的制定又必须以施工准备、场地条件，以及劳动力、机械设备、材料的供应能力和施工技术水平等因素为基础。反过来，各项施工准备工作的规模和进度、施工平面的分期布置、各项业务组织的规模和各种资源的供应计划等又必须以施工进度计划为根据。所以，施工进度计划是施工组织设计中的关键环节。

（4）施工平面图：

施工平面图是施工方案和施工进度计划在空间上的全面安排。它是把投入的各种资源（材料、构件、机械、运输）和生活、生产（临时宿舍、办公室、库房、工棚、堆场、水电管线、围墙等）活动场地，合理地布置在现场，以便使施工活动有序和安全、文明地进行。

（5）劳动力和设备供应。

（6）工地施工业务的组织规划。

（7）主要经济技术指标的确定：

主要技术经济指标是对确定的施工方案和施工部署的技术经济效益进行全面的经济评价，以衡量组织施工的水平。一般包括劳力均衡系数、施工工期、劳动生产率、机械化程度、机械利用率、降低成本率等指标。

◆ 第三节　施工组织设计的资料

建设工程施工原始资料的调查研究是编制施工组织设计的基础，原始资料的一点差错可能会导致施工组织设计的严重错误，将给工程建设带来损失，所以必须引起重视。根据施工的需要，在实际调查工作开始之前，应首先制定详细的调查提纲，以使调查工作有目的、有计划地进行。对编制施工组织总设计需要的原始资料，在搜集时尤其要注意广泛和全面。为了取得这些资料，首先可向勘察、设计单位收集；其次还可以从当地有关部门和类似工程中收集；最后还可以通过实地勘测和调查加以补充。

将调查收集得到的资料整理、归纳后，进行分析研究，对于其中特别重要的资料，必须复查其数据的真实性、可靠性。

施工组织设计的资料调查通常包括自然条件的调查和社会经济条件的调查两大类。

一、建设地区自然条件调查

1. 建设地区的地形和地质调查

调查地形与地质是为了合理布置施工总平面图，选择施工用地，估算平整场地的土方量，以及拟定地基处理方案和基础施工方法等。

调查的主要内容有：本工程所在位置及建设区域的地形图、城市规划图、建设控制基线及最近的水准点位置。

地质勘察资料：各层土的剖面图，流沙、滑坡、冲沟，地质的稳定性，地基土的强度结论，各项物理和力学指标，天然含水率，空隙比，塑性指数，最大冻结深度，地下古墓、空洞及其他构筑物等。

2. 建设地区的气象和地震调查

了解建设地区的气象是为了考虑防暑降温，选用冬期、雨期施工方法；确定工地排水，防洪防雷措施；布置临时设施、高空作业及吊装措施；了解地震资料是为了对地基及结构工程按照不同的震级规程施工。

调查的主要内容有：工程所在地的年平均、最高、最低气温及持续的时间；全年的降水量和雷暴雨日数，雨期持续时间；主导风向和频率，全年强风（≥8级）天数；建设地区的抗震设防烈度。

3. 建设地区的水文和水运调查

了解水文资料的目的是为了考虑在基础施工时如何降低地下水位，如何选择基础施工方案，了解地下水的侵蚀性及施工注意事项；了解水运的资料是为了考虑临时供水和航运安排。

调查的主要内容有：地下水的最高、最低水位和时间、流向、流量和流速；地下水的水质；临近江河湖泊的距离和水质；洪水、枯水和平水的水位、流量；航道的深度和码头的位置。

二、建设地区技术经济条件调查

1. 地方建筑生产企业的调查

主要调查相应的建筑生产企业，如构件厂、木工厂、金属结构厂、骨料厂、建筑设备厂、砖瓦厂等。调查这些企业的生产能力、规模、技术条件、供货方式、产品价格等。

2. 各种材料情况调查

各种建筑材料的产地、质量、单价和运输方式、运输距离、运输费用等。

3. 交通运输条件的调查

建设地区附近的铁路、公路、航运情况：如铁路分布，附近车站位置，站场装卸能力，起重能力和存储能力，运输装卸的费用；附近公路等级，路面构造，路宽和完好程度，途经桥梁和涵洞的等级；允许最大载重重量，当地汽车修配厂的情况和能力；航道的封冻期；洪水、枯水、平水期，通航最大船只和吨位，取得船只的可能；码头、渡口的距离、道路情况。

4. 水、电、蒸汽的供应条件

建设项目由当地水厂供水的可能性. 当地供水的水量、水压，水质、水费、管径以及可能连接的地点；自选当地江河水源的水质、水量、取水方式，水源至工地的距离；自选水井的水量、深度、管径；施工排水去向、距离和坡度，有无利用当地永久排水设施的可能；电源的位置、距离、引入可能，接线方式及地形情况；当地电力供应情况，停电的可能和次数，电费；如需自行发电，相应的设备、燃料情况，投资费用和可能性；当地的蒸汽供应情况，接管的地点、管径和埋深，到工地的距离和地形情况以及价格；建设、施工单位自有的锅炉数量、型号、能力及所需燃料；当地提供压缩空气、氧气的能力，至工地的距离。

5. 社会劳动力和生活设施的调查

当地劳动力供应的情况，包括技术水平、工资、来源、生活要求等，如为少数民族地区，还要考虑他们的风俗和习惯；建设工地的拆迁规模、费用和安置，需要在工地居住的人数和户数，可以提供为工地临时办公和居住房屋的面积、结构、栋数；当地主、副食品的供应，文化教育、治安管理、医疗卫生机构情况：附近有无有害的污染企业，当地有无地方疾病。

调查以上的这些情况是为了合理选择建筑材料和构件等物资的供应和加工地点，贯彻就地取材的原则，尽量节省运输的费用，根据选定的地点拟订工地场外运输方案；还要落实工地所需的劳动力、水电和其他能源的来源，以及可供临时借用的房屋情况；相应的文化、娱乐和医疗卫生设施，从而确保工程施工的顺利进行。

第二章

流水施工原理

◆ 第一节　流水施工参数

工业生产的实践证明，流水施工作业法是组织生产的有效方法。流水作业法的原理同样也适用于土木工程的施工。

土木工程的流水施工与一般工业生产流水线作业十分相似。不同的是，在工业生产中的流水作业，专业生产者是固定的，而各产品或中间产品在流水线上流动，由前一个工序流向后一个工序；而在土木施工中产品是固定的，而专业施工队则是流动的，他们由前一个施工段流向后一个施工段。

在土木工程施工过程中，常见的施工组织方案有：顺序施工、平行施工和流水施工等三种。下面以一个具体的例子来说明这个问题。

假定某小区由四栋住宅楼组成，若采用顺序施工时，当第一幢房屋竣工后才开始第二幢房屋的施工，即按着次序一幢接一幢地进行施工，直到 4 栋楼房建设完毕为止。这种方法同时投入的劳动力和物资资源较少，但是房屋在施工中必然有不同的专业工作队，进行顺序施工时显然各专业工作队在该工程中的工作是有间歇的，资源消耗也有相应的间断，故而工期拖得较长。

若采用平行施工时，四幢房屋可以同时开工、同时竣工。这样施工显然可以大大缩短工期，但是各专业工作队同时投入工作的队数却大大增加，与顺序施工相比，施工队数是前者的四倍，相应的物资资源的消耗量集中，这都会给施工带来不良的经济效果。

所以采用顺序施工时，难以保证施工的连续性，采用平行施工时，资源过分集中，甚至有可能造成在某些施工段上无法展开施工的现象。

最有利的是采用流水施工，将 m 幢房屋依次保持一定的时间搭接起来，陆续开工，陆续完工即把各房屋的施工过程搭接起来，使各专业工作队的工作具有连续性，而物资资源的消耗具有均衡性。

流水施工的特点是物资资源需求的均衡性，专业工作队工作的连续性，可合理地利用工作面，又能使工期较短。流水施工是一种合理的、科学的施工组织方法，它可以在土木工程施工中带来良好的经济效益。

工程施工进度计划图表是反映工程施工时各施工过程按其工艺上的先后顺序、相互配合的关系和它们在时间、空间上的开展情况。目前应用广泛的施工进度计划图表有线条图和网络图。当流水施工的工程进度计划图采用线条图表示时，按其绘制方法的不同分为水平图表（横道图）及垂直图表（斜线图），在本书中主要介绍水平图表。

　　为了说明组织流水施工时的各施工过程在时间、空间上的开展情况及相互依存关系，必须引入一些描述流水施工进度计划图表特征和各种数量关系的参数，这些参数称为流水参数，它包括工艺参数、空间参数和时间参数。其中工艺参数是指一组流水过程中所包含的施工过程数量；空间参数是指表达施工过程在空间安排中的展开状态参量，如施工段；时间参数是指流水施工中各施工过程在空间展开速度和时间的相互制约参数，如流水节拍、流水步距等。

一、工艺参数

1. 施工过程数 n

　　单个工程的施工，通常有许多施工过程，以混凝土工程为例，包含了支模、扎筋、浇筑混凝土施工过程，施工过程的划分应按照工程对象、施工方法等来确定。一个施工过程可以是分项过程、分部工程、单位工程和单项工程。

　　一个建筑工程项目是由很多施工过程组成的，施工过程划分数量要适当，过多的施工过程会使得施工计划缺乏主次，从而导致施工复杂化，太少、过粗又会使得计划笼统，缺乏施工指导价值。

　　当编制控制性施工进度计划时，组织流水施工的施工过程划分可粗一些，一般只列出分部工程名称，如基础工程、主体工程、装修工程、屋面防水工程等。当编制实施性施工进度计划时，施工过程可以划分得细一些，将分部工程再分解为若干分项工程。如将基础工程分解为基坑支护结构施工、挖土、扎底板钢筋、浇筑混凝土底板、砌筑基础墙、回填土等。但是其中某些分项工程由多工种来实现，为便于掌握施工进度，指导施工，可将这些分项工程再进一步分解成若干个由专业工种施工的工序作为施工过程的项目内容。因此，施工过程的性质，有的是简单的，有的是复杂的。

　　施工过程分三类：制备类、运输类和建造类。各类施工过程划分的原则是：

　　（1）制备类

　　制备类就是为制造建筑制品和半成品而进行的施工过程，如制作砂浆、混凝土、钢筋成型、预制构件的制作等。制备类施工过程不会占用施工场地，也不会占用总工期，可以不列入施工进度计划。

　　（2）运输类

　　运输类就是把材料、制品运送到工地仓库或在工地进行转运的施工过程。运输类施工过程一般也不会占用施工场地，场内的运输如混凝土运输、砂浆运输和运砖等一般是依附于主导施工过程展开，也不会占用总工期，故而一般也可以不列入施工进度计划。

　　（3）建造类

　　建造类是施工中起主导地位的施工过程，它包括混凝土浇筑、结构吊装、砌筑等。在组织流水施工计划时，建造类必须列入流水施工组织中。

2. 流水强度 V

每一施工过程在单位时间内所完成的工程量叫流水强度，又称流水能力或生产能力。

（1）机械施工过程的流水强度按下式计算：

$$V = \sum_{i=1}^{x} R_i S_i \tag{2-1}$$

式中　R_i——施工机具台数；

　　　S_i——台班生产率；

　　　x——用于某一施工过程的主导机械种数。

（2）手工操作过程的流水强度按下式计算：

$$V = RS \tag{2-2}$$

式中　R——每一施工过程投入的工人人数；

　　　S——每一工人每班产量。

上述两个计算式中还要考虑工作面上允许容纳的最多机械台数或最多人数。

二、时间参数

1. 流水节拍 t

流水节拍是一个施工过程在一个施工段上的持续时间。它的大小关系着投入的劳动力、机械和材料量的多少，决定着施工的速度和施工的节奏性。因此，流水节拍的确定具有很重要的意义。流水节拍的算式如下：

若根据投入的资源量来计算流水节拍时：

$$t = \frac{Q_m}{SR} = \frac{P_m}{R} \tag{2-3}$$

式中　Q_m——某施工段上的工程量；

　　　S——每一工日的产量；

　　　R——施工人数或机械台班；

　　　P_m——某施工段上所投入的劳动量。

若根据工期计划来确定流水节拍时，就必须进行施工计划的倒排，步骤如下：

（1）根据工期倒排计划，并注意该工程中的主导施工过程的工作持续时间。

（2）确定主导施工过程在各个施工段上的持续时间。

当同一施工过程流水节拍相等时，则按照下式计算：

$$t_i = \frac{T_i}{m_i} \tag{2-4}$$

式中　t_i——第 i 个施工过程的流水节拍；

　　　T_i——第 i 个施工过程的工作持续时间；

　　　m_i——第 i 个施工过程的施工段数。

对于某些难以按照定额进行流水节拍估计的施工过程，一般采用三时估算法确定：

$$t_i = \frac{1}{6}(a_i + 4b_i + c_i) \qquad (2\text{-}5)$$

式中　t_i——第 i 个施工过程的流水节拍；

$\quad\ \ a_i$——第 i 个施工过程完成一个施工段的最乐观时间；

$\quad\ \ b_i$——第 i 个施工过程完成一个施工段的最可能时间；

$\quad\ \ c_i$——第 i 个施工过程完成一个施工段的最悲观时间。

2. 流水步距 K

两个相邻的施工过程先后进入流水施工的时间间隔，叫流水步距。以混凝土工程为例：木工工作队第一天进入第一施工段进行支模板工作，工作 2d 做完（即流水节拍 $t =$ 2d），第三天开始钢筋工作队进入第一施工段进行绑扎钢筋工作。木工工作队与钢筋工作队先后进入第一施工段的时间间隔为 2d，那么它们两者间的流水步距 $K = 2d$。

流水步距的数目取决于参加流水的施工过程数，若施工过程数为 n 个，那么流水步距数为 $n-1$ 个。当施工段确定后，流水步距的大小直接影响流水工期，流水步距越大则工期越长。

确定流水步距的基本原则如下：

（1）始终保持前、后两个施工过程合理的工艺顺序；

（2）尽可能保持各施工过程，特别是主导施工过程的连续作业；

（3）做到前、后两个施工过程施工时间的最大搭接，即前一个施工过程完成后要尽快进入后一施工过程施工。

3. 间歇时间 Z

流水施工往往由于工艺要求或组织因素要求，两个相邻的施工过程之间会有一定的流水间歇时间，这种间歇时间是必要的，主要包括工艺间歇时间和组织间歇时间。

（1）工艺间歇时间 Z_1

根据施工过程的工艺性质，在流水施工中除了考虑两个相邻施工过程之间的流水步距外，还需考虑增加一定的工艺间歇时间。如楼板混凝土浇筑后，需要一定的养护时间才能进行后续工序的施工。又如在每层抹灰完成后需要一定的干燥时间。这些由于工艺原因引起的等待时间，称为工艺间歇时间。

（2）组织间歇时间 Z_2

由于组织因素要求两个相邻的施工过程在规定的流水步距以外增加必要的间歇时间，如技术准备、施工机械转移、质量验收、安全检查等。这种间歇时间称为组织间歇时间。

上述两种间歇时间在组织流水施工时，可根据间歇时间的发生阶段或一并考虑，或分别考虑，以灵活应用工艺间歇和组织间歇的时间参数特点，简化流水施工组织。

三、空间参数

1. 工作面 A

工作面是表明施工对象上可能安置一定数量的工人操作或布置施工机械的空间大小，

在流水施工中用来反映施工过程在空间上布置的可能性。在工作面上，前一施工过程的结束就为后一个施工过程提供了工作面。在确定一个施工过程必要的工作面时，不仅要考虑施工过程必需的工作面，还要考虑生产效率，同时应遵守安全技术和施工技术规范的规定。

工作面的大小可以采用不同的单位来计量，如对于道路工程，可以采用沿着道路的长度为单位；对于浇筑混凝土楼板，则可以采用楼板的面积为单位等。

2. 施工段数 m

在组织流水施工时，通常把施工对象划分为劳动量相等或大致相等的若干个段，这些段称为施工段。一般情况下，每一个施工段在某一段时间内只供给一个施工过程使用。在一个施工段上只有前导施工过程完成以后才可以为后续的施工过程提供工作面。

施工段可以是固定的，也可以是不固定的。在固定施工段的情况下，所有施工过程都采用同样的施工段。在不固定施工段的情况下，对不同的施工过程分别地规定出一种施工段划分方法，施工段的分界对于不同的施工过程是不同的。固定的施工段便于组织流水施工，采用较广，而不固定的施工段则较少采用。

划分施工段的目的在于使得不同的工作队在不同的施工段上可以同时工作，消除了由于多个工种不能在同一个工作面上施工产生的停歇。施工段的划分数量要适当，划分得过多，则工作面缩小，势必要减少工作队人数从而导致工期的延长；划分得过少，则工作面扩大，势必引起资源的集中，甚至造成窝工。在划分施工段时，应考虑以下几点：

（1）有利于保证结构的整体性，施工段的分界同施工对象的结构界限（温度缝、沉降缝和建筑单元等）尽可能保持一致。当施工段分界线必须设置在墙体中间时，应留设在门窗洞口。

（2）各施工段上所消耗的劳动应尽可能相近，一般差异在10%左右为宜，这样可以使得作业人数相对稳定，保持施工的连续性和节奏性。

（3）施工段的划分应该以劳动量最大或者消耗时间最长的主导施工过程为主。例如在主体施工中，现浇混凝土结构要以钢筋混凝土过程作为主导施工过程来划分施工段。

（4）对各施工过程均应有足够的工作面。

（5）当施工有层间关系，分段又分层时，为使各队能够连续施工，即各施工过程的工作队做完第一段，能立即转入第二段；做完一层的最后一段，能立即转入上面一层的第一段。

因而每层最少施工段数目 m_0 应满足以下关系：

$$m_0 \geq n \tag{2-6}$$

当 $m_0 = n$ 时，工作队连续施工，而且施工段上始终有工作队在工作，即施工段上无停歇，是比较理想的组织方式；

当 $m_0 > n$ 时，工作队仍是连续施工，但施工段有空闲停歇；

当 $m_0 < n$ 时，工作队在一个工程中不能连续施工而窝工。

施工段有空闲停歇，一般会影响工期，但在空闲的工作面上如能安排一些准备或辅助工作，则会使后继工作顺利进行，也不一定有害。而工作队工作不连续则是不可取的，除非能将窝工的工作队转移到其他工地进行工地间大流水。

当某些施工过程有间歇时间时，必须在满足 $m_0 \geq n$ 的前提下，计算每层的最少施工段数：

$$m_{\min} = n + \frac{\sum Z}{K} \tag{2-7}$$

流水施工中施工段的划分一般有两种形式：一种是在一个单位工程中进行分段；另一种是在建设项目中各单位工程之间进行流水段划分。后一种流水施工最好是各单位工程为同类型的工程，如同类建筑组成的住宅群，此时，可以以一幢建筑作为一个施工段来组织流水施工。

◈ 第二节　节奏流水施工

在组织流水施工中，施工过程的流水节拍决定了该施工过程的施工速度。同一施工过程在各个施工段上的流水节拍和不同施工过程在同一施工段上的流水节拍的大小规律与相互关系，决定了流水施工的节奏性。

节奏流水施工是指各个施工过程在各个施工段上的持续时间相等的一种流水施工形式。在垂直图表中，节奏流水的施工进度线是一条斜率相等的直线。

任一施工过程节奏流水的总持续时间为：

$$T = mt \tag{2-8}$$

式中　T——持续时间；

$\quad\quad t$——流水节拍；

$\quad\quad m$——施工段数。

根据施工过程的流水节拍是否相等或者互成倍数，又可以分为固定节拍流水和成倍节拍流水。

一、固定节拍流水

固定节拍流水是流水施工中最基本、最有规律的施工组织形式。固定节拍流水施工是指参加流水的所有施工过程的流水节拍都有相等的组织形式，又可以称为全等节拍流水。

1. 固定节拍流水基本特点

（1）各个施工过程的流水节拍相等，流水步距也相等并且流水步距等于流水节拍，即：

$$K_{i,i+1} = t_i = t_{i+1} \tag{2-9}$$

（2）施工过程数与专业施工队数相等。

（3）各个施工队都可以实现连续均衡的施工。

2. 无间歇时间的固定节拍流水

如图 2-1 所示，取：

施工过程	施工进度（d）														
	1	2	3	4	5	6	7	8	9	10	11	12	13	14	15
A		1			2			3							
B					1			2			3				
C								1			2			3	

图 2-1　固定节拍流水进度计划

$$m = n = 3, K_{i,i+1} = t_i = 3$$

流水工期可以按照下式计算：

$$T = (m + n - 1)t_i \tag{2-10}$$

也可以按照下式计算：

$$T = (m + n - 1)K_{i,i+1} \tag{2-11}$$

对于市政过程中的道路和管线等线型工程，施工段仅仅是一个假想的概念。这时，施工段通常理解为完成施工过程的工作队进展速度，如 km/班、m/班等。其持续时间为：

$$T = (n - 1)t + \frac{L}{v}t \tag{2-12}$$

由于通常取一个工作班，所以：

$$T = \sum K + \frac{L}{v} \tag{2-13}$$

式中　$\sum K$——第一个施工过程到最后一个施工过程加入流水的时间间隔，即流水步距的总和；

L——线型过程总长度；

v——工作队移动速度。

3. 有间歇时间的固定节拍流水

在这种专业流水中，在某些施工过程之间，往往还会存在着施工技术规范规定的必要的工艺间歇及组织间歇时间，如图 2-2，在施工过程 B、C 之间就存在间歇时间 $Z = 3$ 天。

施工过程	施工进度（d）																	
	1	2	3	4	5	6	7	8	9	10	11	12	13	14	15	16	17	18
A		1			2			3										
B					1			2			3							
C									Z		1			2			3	

图 2-2　有间歇固定节拍流水进度计划

所以其持续时间为：

$$T = (m + n - 1)t + \sum Z_1 + \sum Z_2 \qquad (2\text{-}14)$$

式中　　$\sum Z_1$——工艺间歇时间；

　　　　$\sum Z_2$——组织间歇时间。

二、成倍节拍流水

由于施工对象的复杂程度不同，采用相同的流水节拍存在一定困难。比如在组织流水施工时，通常会遇到不同的施工过程之间，由于劳动量的不等以及技术组织上的原因，他们的流水节拍互成倍数，以此组织流水施工，即为成倍节拍流水。根据工期的不同要求，成倍节拍流水可以分为按照一般成倍节拍流水和加快成倍节拍流水的施工组织方式。

1. 一般成倍节拍流水

一般成倍节拍流水是指同一个施工过程在各个施工段上的持续时间是相同的，但是不同施工过程在同一个施工段上的持续时间不相等的一种流水施工组织方式。其主要特点如下：

（1）同一施工过程的流水节拍相等，不同施工过程在同一施工段上的流水节拍不尽相等；

（2）专业施工队数与施工过程数相等；

（3）各个施工过程之间的流水步距不尽相等。

流水施工的工期计算按照下式：

$$T = \sum_{i=1}^{n-1} K_{i,i+1} + \sum_{j=1}^{m} t_m^j + \sum Z_1 + \sum Z_2 \qquad (2\text{-}15)$$

式中　　$\displaystyle\sum_{i=1}^{n-1} K_{i,i+1}$——流水步距的总和；

　　　　$\displaystyle\sum_{j=1}^{m} t_m^j$——最后一个施工过程的流水节拍总和。

在计算两个相邻施工过程的流水步距时，会出现以下两种情况：

（1）$t_i \leqslant t_{i+1}$，说明前导施工过程在任何一个施工段上的结束时间都先于或等于后续施工的开始时间，则：

$$K_{i,i+1} = t_i \qquad (2\text{-}16)$$

（2）$t_i > t_{i+1}$，说明前导施工过程的流水节拍比后续施工过程的流水节拍大，此时若取 $K_{i,i+1} = t_i$，则会出现紧前施工过程尚未结束而后续施工过程就已经开始的现象，不满足工艺要求，应取：

$$K_{i,i+1} = t_i + (t_i - t_{i+1})(m - 1) \qquad (2\text{-}17)$$

式中　　t_i——第 i 个施工过程的流水节拍；

　　　　t_{i+1}——第 $i+1$ 个施工过程的流水节拍。

【例 2-1】　某工地建造 3 栋住宅，每栋住宅的主要施工过程划分为：基础工程 1 个月、主体结构 3 个月，粉刷装修 2 个月，可以用图 2-3 的横道图表示。

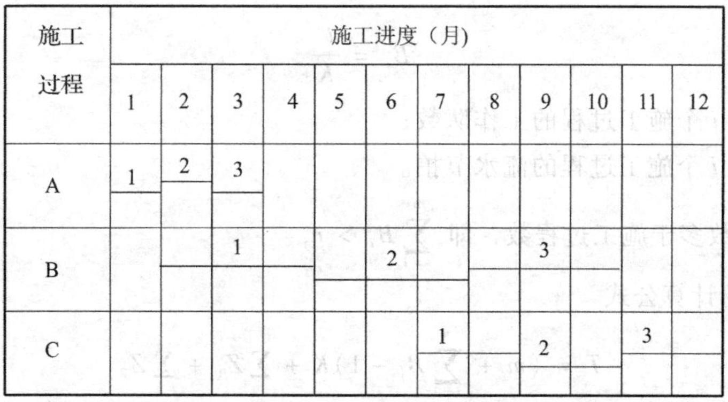

施工过程	施工进度（月）											
	1	2	3	4	5	6	7	8	9	10	11	12
A	1	2	3									
B			1			2			3			
C							1			2		3

图 2-3 一般成倍节拍流水进度计划

由于 $t_A < t_B$，所以 $K_{A,B} = t_A = 1$ 月

$t_B > t_C$，所以 $K_{B,C} = t_B + (t_B - t_C)(m-1) = 5$ 月

为了避免出现施工过程 B 和施工过程 C 在同一个施工段上施工的现象，还可以通过在施工段上推迟开工时间来满足工艺要求，如图 2-4 所示。图中的阴影部分即为推迟开工的天数，对比两个横道图可见，无论哪种施工组织办法，总工期是一致的。

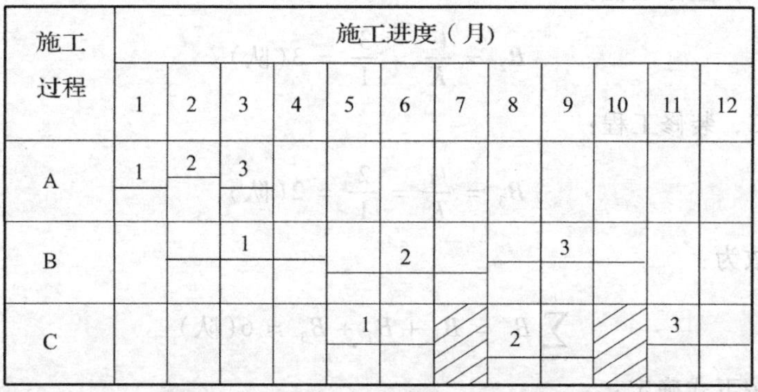

施工过程	施工进度（月）											
	1	2	3	4	5	6	7	8	9	10	11	12
A	1	2	3									
B			1			2			3			
C							1		2		3	

图 2-4 一般成倍节拍流水进度计划

2. 加快成倍节拍流水

加快成倍节拍流水是指同一施工过程在各个施工段上的流水节拍都相等，不同施工过程在同一施工段上的流水节拍不相等，但是互成倍数关系，即存在一个公约数。

若按照一般成倍节拍流水进行施工组织设计，工期相对较长。为了缩短工期并保持施工的连续性和均衡性，可以利用各个施工过程之间的流水节拍倍数关系，取其最大公约数来组建每个施工过程的专业施工队，以求构成一个工期短并保持流水的施工组织计划，其特点类似于固定节拍流水。

（1）加快成倍节拍流水的基本特点

1）不同施工过程之间存在最大公约数 K；

17

2）由 $\sum\limits_{i=1}^{n} B_i$ 个专业队组成流水作业：

$$B_i = \frac{t_i}{K} \qquad (2\text{-}18)$$

式中，B_i ——第 i 个施工过程的工作队数；

t_i ——第 i 个施工过程的流水节拍。

3）专业队数多于施工过程数，即 $\sum\limits_{i=1}^{n} B_i > n_j$。

（2）工期的计算公式

$$T = \left(m + \sum_{i=1}^{n} B_i - 1\right)K + \sum Z_1 + \sum Z_2 \qquad (2\text{-}19)$$

【例 2-2】 某工地建造 6 栋住宅，每栋住宅的主要施工过程划分为：基础工程 1 个月、主体结构 3 个月，粉刷装修 2 个月。

在本例中，不同施工过程的专业队数可以按式（2-18）进行计算，因此本例中各个施工过程的专业队数为：

施工过程 A，基础工程：

$$B_1 = \frac{t_1}{K} = \frac{1}{1} = 1（队）$$

施工过程 B，主体工程：

$$B_2 = \frac{t_2}{K} = \frac{3}{1} = 3（队）$$

施工过程 C，装修工程：

$$B_3 = \frac{t_3}{K} = \frac{2}{1} = 2（队）$$

专业队总数为：

$$\sum_{i=1}^{n} B_i = B_1 + B_2 + B_3 = 6（队）$$

施工段数按下式确定：

$$m_{\min} \geqslant \sum_{i=1}^{n} B_i$$

因此，本例的施工段数为：

$$m_{\min} = \sum_{i=1}^{n} B_i = 6（段）$$

工期为：

$$T = \left(m + \sum_{i=1}^{n} B_i - 1\right)K + \sum Z = (6 + 6 - 1) \times 1 = 11（月）$$

施工横道图如图 2-5 所示。

施工过程	流水节拍	施工队	施工进度（月）1	2	3	4	5	6	7	8	9	10	11
A	1	A₁	1	2	3	4	5	6					
B	3	B₁			1			4					
		B₂				2			5				
		B₃					3			6			
C	2	C₁						1		3		5	
		C₂							2		4		6

图 2-5 加快成倍节拍流水进度计划

第三节 非节奏流水施工

若干非节奏流水施工过程组成的专业流水施工，称为非节奏流水，其特点是各个施工过程的流水节拍在各个施工段上是不同的，而不同施工过程之间的流水节拍也有差异。

组织非节奏专业流水施工的基本要求，是必须保证每一个施工段上的工艺顺序是合理的，且每一个施工过程的施工是连续的，同时各个施工过程施工时间的最大搭接，也能满足流水施工的要求。此外，在组织非节奏流水时，一般要满足施工段的数量大于施工过程数，即保证这一流水施工组织在各施工段上允许出现暂时的空闲，可以接受工作面上暂时没有工作队投入施工，但是不能接受施工人员出现窝工。

如表 2-1 所示，该工程有三个施工过程，分别为开挖基槽、做垫层和砌筑基础，一共划分四个施工段，各施工过程在各施工段上的流水节拍均不同。要求对此非节奏流水施工过程组成专业流水，并计算非节奏专业流水的工期。

非节奏流水实例　　　　　　　　　　　　　　　　　　　表 2-1

施工过程编号	施工段编号			
	一	二	三	四
开挖基槽（A）	3	3	3	2
做垫层（B）	4	2	6	2
砌筑基础（C）	4	6	4	5

非节奏专业流水的工期 T，在没有工艺间隙的情况下，仍然是由流水步距总和与最后一个施工过程的持续时间组成；当然，如果存在组织间歇或工艺间歇时间，还应再增加时间。

非节奏专业流水施工的步距，最简便的计算方法可按以下步骤进行，称为"累加斜减计算法"，以表 2-2 中施工过程为例：

非节奏专业流水步距计算表   表 2-2

		行序	施工过程	施工段编号					第四步
				0	1	2	3	4	最大时间间隔
第一步	施工工程在各施工段上的持续时间/d	1	开挖基槽（A）	0	3	3	3	2	
		2	做垫层（B）	0	4	2	6	2	
		3	砌筑基础（C）	0	4	6	4	5	
第二步	施工过程由加入流水起到完成该段工作为止的总持续时间/d	4	开挖基槽（A）	0	3	6	9	11	
		5	做垫层（B）	0	4	6	12	14	
		6	砌筑基础（C）	0	4	10	14	19	
第三步	两相邻施工过程的时间间距/d	7	A 和 B		3	2	3	−1	3
		8	B 和 C		4	2	2	0	4

第一步，将各施工过程在每个施工段上的持续时间填入表格。

第二步，计算各个施工过程由进入流水起到完成某段工作时的施工时间总和。

第三步，从前一个施工过程由进入流水起，到完成该施工段止的持续时间之和，减去后一个施工过程由进入流水起，到完成前一施工段的累加持续时间之和（即相邻斜减），得到一组差数。

第四步，找出上一步斜减差数中的最大值，这个值就是这两个相邻施工过程之间的流水步距 K。

第四步中选出最大值作为两个相邻施工过程之间的流水步距，是为了确保相邻施工过程工艺关系的合理性，并保证各施工过程的施工连续性。

由表 2-2 知各施工过程间的流水步距 $K_1 = 3$，$K_2 = 4$，$t_n = 4 + 6 + 4 + 5 = 19$

则 $$T = \sum K_i + t_n = (3 + 4) + 19 = 26 \text{（天）}$$

由以上的计算结果绘制出非节奏流水施工进度计划表如图 2-6 所示。

施工过程	施工进度（d）																									
	1	2	3	4	5	6	7	8	9	10	11	12	13	14	15	16	17	18	19	20	21	22	23	24	25	26
A	1			2				3		4																
B					1			2				3				4										
C									1				2				3					4				

图 2-6 非节奏流水施工进度计划

第三章

网络计划技术

网络计划技术是一种有效的系统分析和优化技术。它来源于工程技术和管理实践，又广泛地应用于军事、航天、工程管理、科学研究、技术发展、市场分析和投资决策等各个领域，并在诸如保证和缩短时间、降低成本、提高效率、节约资源等方面取得了显著的成效。

在土木工程施工中，应用网络计划技术编制土木工程施工进度计划具有以下特点：

① 能正确表达一项计划中各项工作开展的先后顺序及相互之间的关系；

② 通过网络图的计算，能确定各项工作的开始时间和结束时间，并能找出关键工作和关键线路；

③ 通过网络计划的优化寻求最优方案；

④ 在计划的实施过程中进行有效的控制和调整，保证以最小的资源消耗取得最大的经济效果和最理想的工期。

为使网络计划的应用规范化和法制化，建设部于 1999 年颁布了修订后的《工程网络计划技术规范》（JGJ/T121 – 99），国家技术监督局颁布了《网络计划技术常用术语》和《网络计划技术在项目计划管理中应用的一般程序》等规范及标准。随着计算机应用的普及，此方法在土木工程施工中的应用将会提高到一个更高的水平。

◆ 第一节　双代号网络图

一、基本概念

1. 双代号网络图

双代号网络图是应用较为普遍的一种网络计划形式。它是用有圆圈和有向箭线表达计划所要完成的各项工作及其先后顺序和相互关系而构成的网状图形，如图 3-1 所示。

图 3-1　双代号网络图表示方式

在双代号网络图中，用有向箭线表示工作，工作的名称写在箭线的上方，工作所持续的时间写在箭线的下方，箭尾表示工作的开始，箭头表示工作的结束。箭头和箭尾衔接的地方画上圆圈（或方框、三角形框）并编上号码，用箭头与箭尾的号码 $i - j$ 作为这个工作的代号。

2．工作

工作也称活动，是指完成一项任务的过程。根据计划编制的粗细不同，工作既可以是一个建设项目、一个单项工程，也可以是一个分项工程乃至一个工序。

一般情况下，工作需要消耗时间和资源（如支模板、浇筑混凝土等），有的则仅是消耗时间而不消耗资源（如混凝土养护、抹灰干燥等技术间歇）。双代号网络图中，有一种既不消耗时间也不消耗资源的工作——虚工作，它用虚箭线来表示，用以反映一些工作与另外一些工作之间的逻辑制约关系。如图 3-2 所示，其中 2—3 工作即为虚工作。

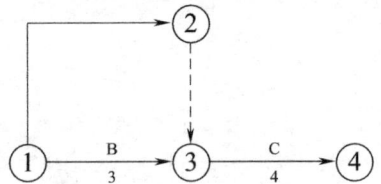

图 3-2　虚工作的表示方法

3．节点

节点也称事件，是指表示工作的开始、结束或连接关系的圆圈（或方框、三角形框）。箭杆的出发点称为工作的起点节点，箭头指向的节点称为工作的终点节点。任何工作都可以用其箭线前、后的两个节点的编码来表示，起点节点编码在前，终点节点编码在后，如图 3-2 中的 B 工作即可用 1—3 来表示。

网络图的第一个节点为整个网络图的原始节点，最后一个节点为网络图的结束节点，其余的节点均称为中间节点。

4．线路

从原始节点出发，沿着箭头方向直至结束节点，中间经由一系列节点和箭线，所构成的若干条"通道"，即称为线路。一条线路上的各项工作所持续时间的累加之和称为该线路之长，它表示完成该路线上的所有工作需花费的时间。图 3-3 的各条线路及其线路之长如下：

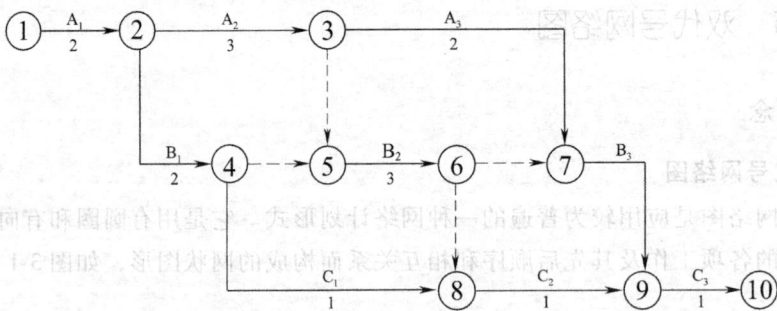

图 3-3　双代号网络图

第一条线路，持续时间为 10d。

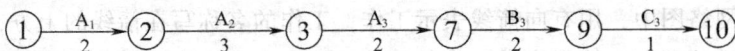

第二条线路，持续时间为 11d。

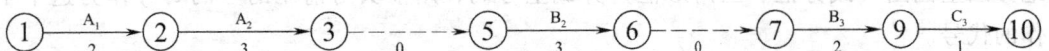

第三条线路，持续时间为 10d。

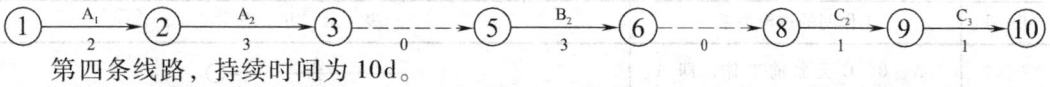

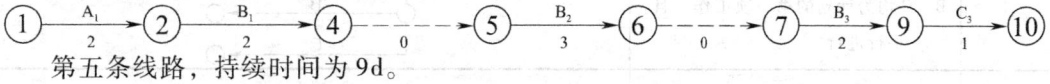

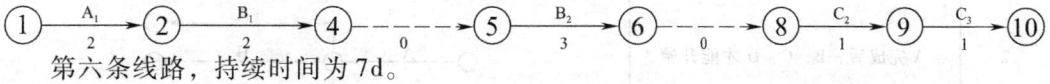

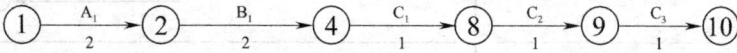

①—A₁/2→②—A₂/3→③--0-->⑤—B₂/3→⑥--0-->⑧—C₂/1→⑨—C₃/1→⑩

第四条线路，持续时间为 10d。

①—A₁/2→②—B₁/3→④--0-->⑤—B₂/3→⑥--0-->⑦—B₃/2→⑨—C₃/1→⑩

第五条线路，持续时间为 9d。

①—A₁/2→②—B₁/2→④--0-->⑤—B₂/3→⑥--0-->⑧—C₂/1→⑨—C₃/1→⑩

第六条线路，持续时间为 7d。

①—A₁/2→②—B₁/2→④—C₁/2→⑧—C₂/1→⑨—C₃/1→⑩

由上述分析可知，第二条线路的持续时间最长，可作为该项工程的计划工期，该线路上的工作拖延或提前，则整个工程的完成时间将会发生变化，故称该线路为关键线路。其余五条线路为非关键线路。

关键线路上的工作称为关键工作，用较粗的箭线或双箭线来表示，以示与非关键线路上的区别，非关键线路上的工作，既有关键工作，也有非关键工作。非关键工作有一定的机动时间，该工作在一定幅度内的提前或拖延不会影响整个工作工期。

工作、节点和线路被称为双代号网络图的三要素。

二、网络图的绘制

1. 各种逻辑关系的正确表达方式

各工作间的逻辑关系，既包括客观上的由工艺决定的工作上的先后顺序关系，也包括施工组织所要求的工作之间相互制约、相互依赖的关系。逻辑关系表达的是否正确，是网络图能否反映工作实际情况的关键，而且逻辑关系搞错，图中各项工作参数的计算以及关键线路和工程工期都将随之发生错误。

（1）工艺顺序

所谓工艺顺序，就是工艺之间内在的先后顺序。如某一现浇钢筋混凝土柱的施工，必须在绑扎完柱子钢筋和支完模板之后，才能浇筑混凝土。

（2）组织顺序

所谓组织顺序，是网络计划人员在施工方案的基础上，根据工程对象所处的时间、空间以及资源供应等客观条件所确定的工作开展顺序。如同一施工过程，有 A、B、C 三个施工段，是先施工 A 还是先施工 B 或 C，或是同时施工其中的两个或三个施工段；某些不存在工艺制约关系的施工过程，如屋面防水工程与门窗工程，二者之中先施工其中某项，还是同时进行，都要根据施工的具体条件（如工期要求、人力及材料等资源供应条件）来确定。

绘制网络图时，应特别注意虚箭线的使用。在某些情况下，必须借助虚箭线才能正确表达工作之间的逻辑关系，如表 3-1 中的第 10 种情况和第 12 种情况。表 3-1 给出了常见逻辑关系及其表达方法。

双代号网络图中常见的逻辑关系及其表达方式　　　　　　　　　表 3-1

序号	工作间的逻辑关系	表 示 方 法
1	A、B、C 无紧前工作，即 A、B、C 均为计划的第一项工作，且平行进行	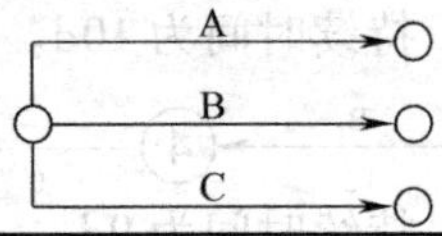
2	A 完成后，B、C、D 才能开始	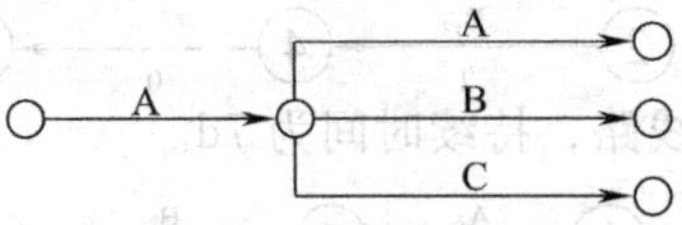
3	A、B、C 均完成后，D 才能开始	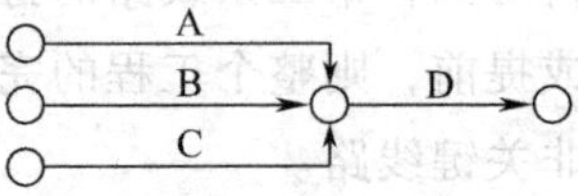
4	A、B 完成后，C、D 才能开始	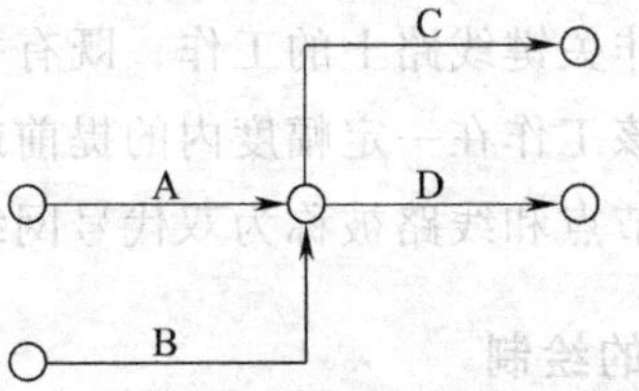
5	A 完成后，D 才能开始；A、B 均完成后，E 才能开始；A、B、C 均完成后，F 才能开始	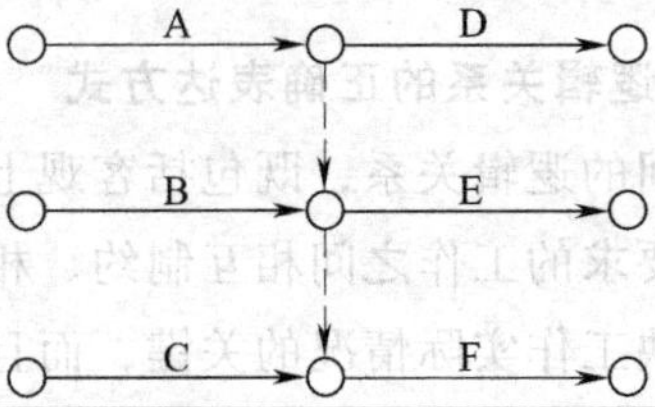
6	A 与 D 同时开始，B 为 A 的紧后工作，C 是 B、D 的紧后工作	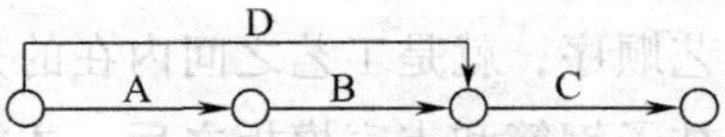
7	A、B 均完成后，D 才开始；A、B、C 均完成后，E 才能开始；D、E 完成后，F 才能开始	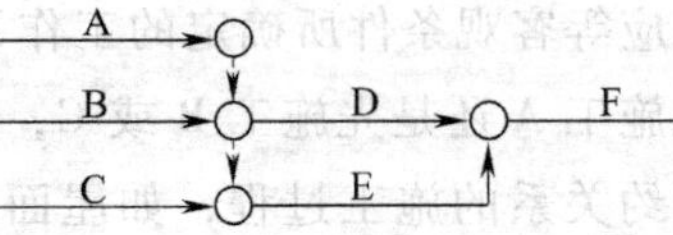
8	A 结束后，B、C、D 才能开始；B、C、D 结束后，E 才能开始	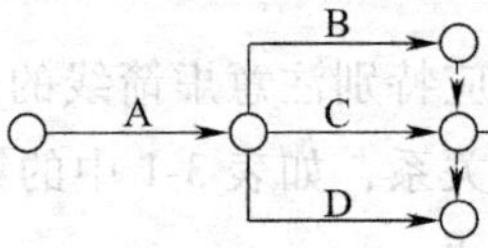

序 号	工作间的逻辑关系	表 示 方 法
9	A、B 完成后，D 才能开始；B、C 完成后，E 才能开始	
10	工作 A、B 分成三个施工段，分段流水作业，a_1 完成后进行 a_2、b_1；a_2 完成后进行 a_3；a_2、b_1 完成后进行 b_2；a_3、b_2 完成后进行 b_3	
11	A、B 均完成后，C 才能开始；A，B 分为 a_1、a_2、a_2 和 b_1、b_2、b_3 三个施工段，C 分为 c_1、c_2、c_3；A、B、C 分三段作业交叉进行	
12	A、B、C 为最后三项工作，即 A、B、C 无紧后作业	

2. 双代号网络图的绘制规则

绘制双代号网络图，必须遵守一定的基本原则，才能明确地表达工作的内容，准确地表达出工作间的逻辑关系，并且使所绘制的图易于识读和操作。

（1）不得有两个或两个以上的箭线从同一节点出发且同时指向同一个节点（即在同一节点结束）。表达工作之间平行的关系时，可以增加虚工作来表达他们之间的关系。如图 3-4 必须改为图 3-5 才是正确的。

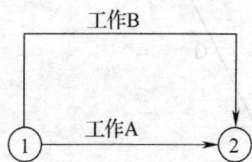

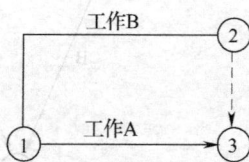

图 3-4 错误示例（1）　　　　图 3-5 图 3-4 的正确形式

（2）一个网络计划只能有一个原始节点和一个结束节点。

如图 3-6，节点①、②、③都表示计划的开始，⑫、⑬、⑭都表示计划的完成，这是错误的。应引入虚工作，改成图 3-7 表示的形式，这时①为计划的原始节点，⑪为计划的结束节点，其余节点均为中间节点。

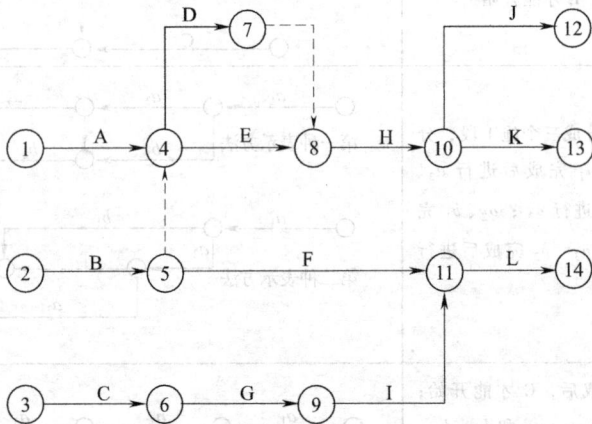

图 3-6 错误示例（2）

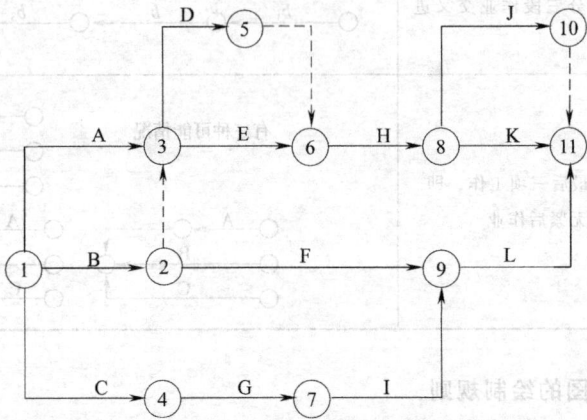

图 3-7 图 3-6 的正确形式

（3）在网络图中不得存在闭合回路。如图 3-8 中，工作 C、D、E 形成了闭合回路，说明这个网络图是错误的。

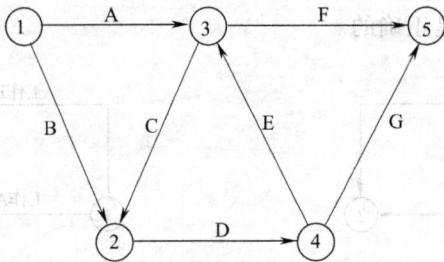

图 3-8 错误示例（3）

（4）同一项工作在一个网络图中不能重复表达。在图3-9中工作D出现了两次，所以应引入虚工作，改用图3-10所示的形式。

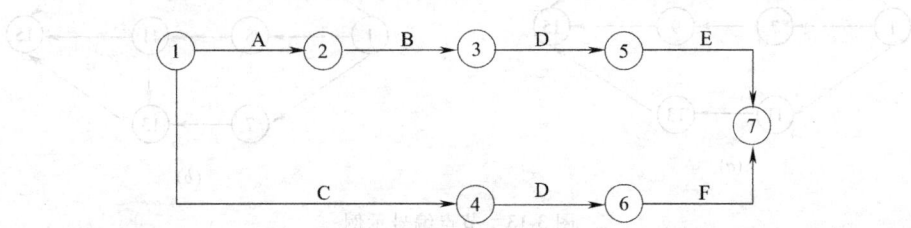

图3-9 错误示例（4）

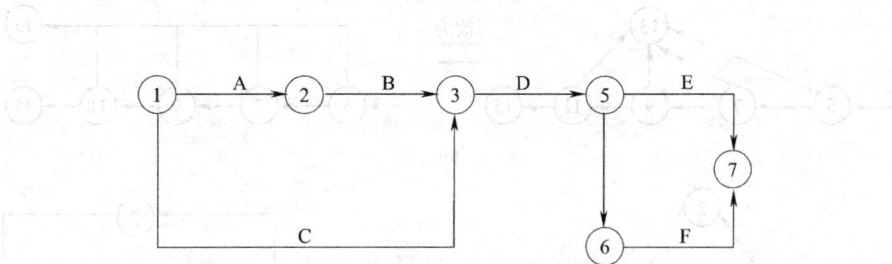

图 3-10 图3-9的正确形式

（5）表达工作之间的搭接关系时不允许从箭线中间引出另一条箭线。

图3-11（a）原本要表达A、B两工作的搭接关系，但表达方式是错误的，应改为如3-11（b）图所示的形式。

（6）网络图中不允许出现双向箭线和无箭头箭线（如图3-12所示）。

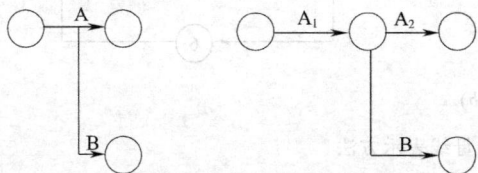

（a）   （b）

图3-11 错误示例（5）

（a）   （b）

图3-12 错误示例（6）

（7）网络图中节点编号自左向右，由小到大，应确保工作的起始节点的编号小于工作的终点节点的编号，并且所有的节点的编号不得重复。

编号可采用水平编号法，每行自左向右，然后自上而下逐行进行编号，如图3-13（a）所示；也可采用垂直编号法，自上而下然后自左向右进行编号，如图3-13（b）所示。编号可以采用非连续的编号，以便于以后的修改。

（8）当网络图的某节点有多条引出箭线或有多条箭线同时指向某节点时，为使图形简洁，可采用母线法绘制，如图3-14所示。

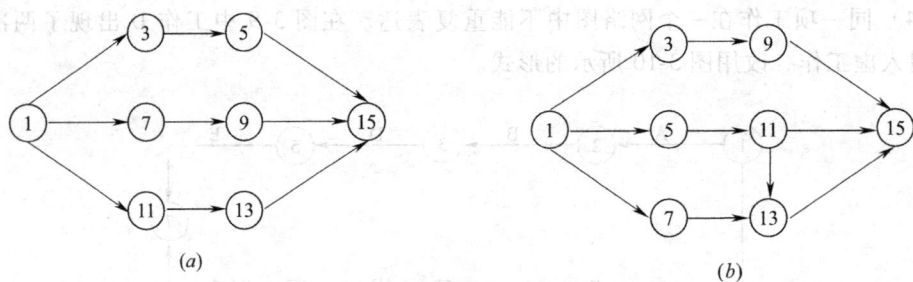

图 3-13　节点编号示例

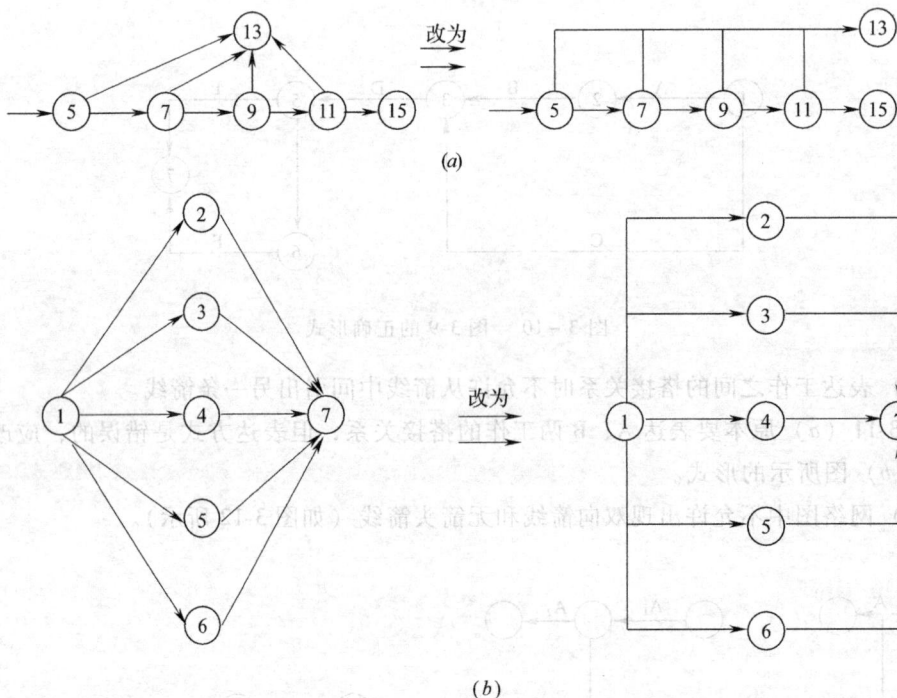

图 3-14　网络图的母线表示方法

（9）绘制网络图时，宜避免箭线交叉。当箭线交叉不可避免时，可采用如图 3-15 所示方法。

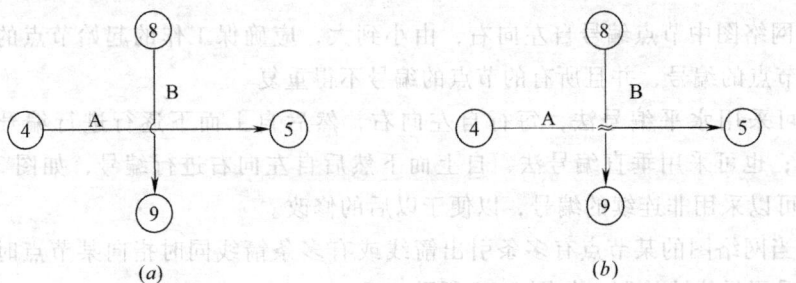

图 3-15　箭线交叉时的绘图方法

（10）对平行搭接进行的工作，在双代号网络图中，应分段表达。

如图 3-16 中所包含的工作为钢筋加工和钢筋绑扎，如果是分成三个施工段进行施工，则应表达成如图 3-16 所示的图形。

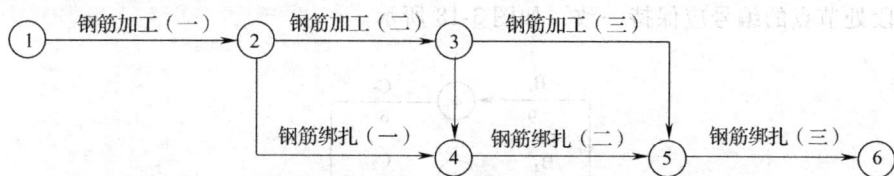

图 3-16 工作平行搭接的表达

（11）网络图应条理清楚，布局合理。

在正式绘图以前，应先绘出草图，然后再作调整，在调整过程中要做到突出重点工作，即尽量把关键线路安排在中心醒目的位置，把联系紧密的工作尽量安排在一起，使整个网络图条理清楚，布局合理，如图 3-17 所示。

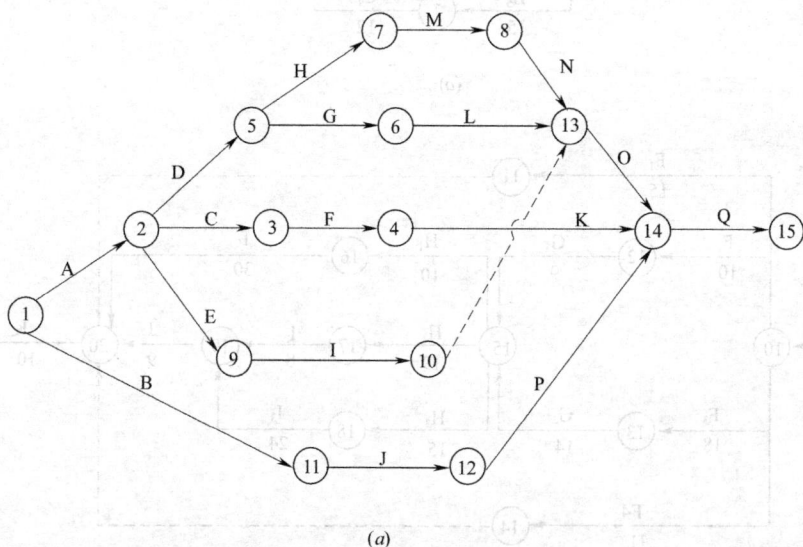

(a)

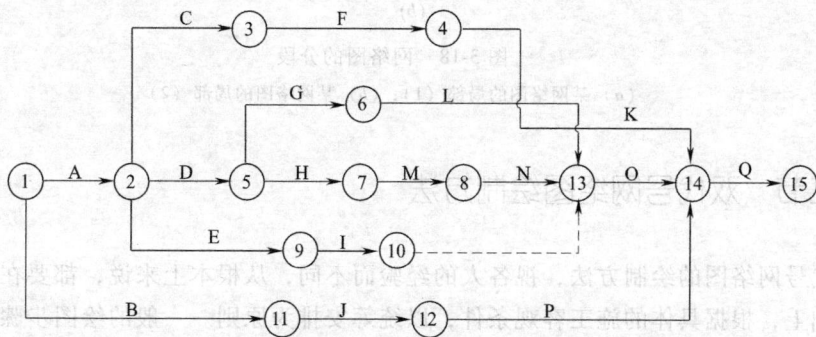

(b)

图 3-17 网络图的布局

(a) 原始网络草图；(b) 整理后的网络图

（12）大的建设项目可分部分绘制

对于一些大的建设项目，由于工序多，施工周期长，网络图可能很大，为使绘图方便，可将网络图划分成几个部分分别绘制。图的分段处应选在箭线和节点较少的位置，并且使分段处节点的编号应保持一致，如图3-18所示。

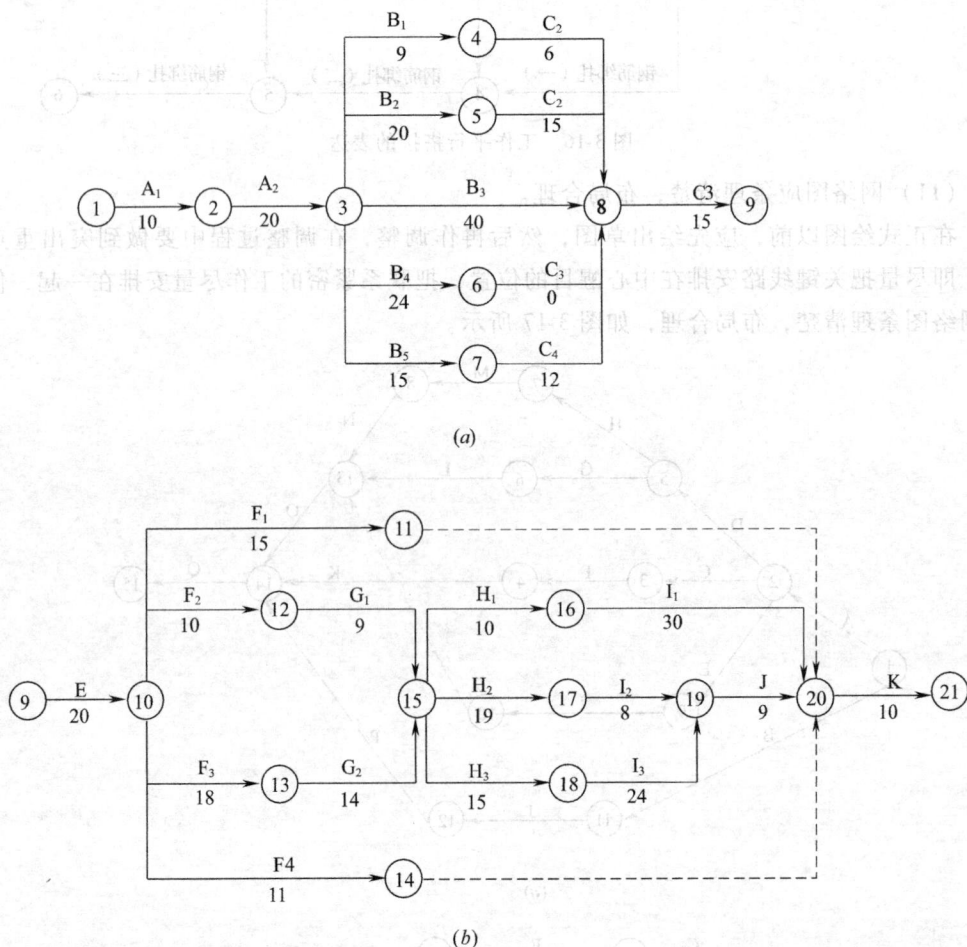

(a)

(b)

图 3-18　网络图的分段

（a）某网络图的局部（1）；（b）某网络图的局部（2）

◈ 第二节　双代号网络图绘制方法

双代号网络图的绘制方法，视各人的经验而不同，从根本上来说，都要在既定施工方案的基础上，根据具体的施工客观条件，以统筹安排为原则。一般的绘图步骤如下：

（1）任务分解，划分施工工作；

（2）确定完成工作计划的全部工作及逻辑关系；

（3）确定每一工作的持续时间，制定工作分析表，分析表的格式可如表3-2所示；

（4）根据工程分析表，绘制并修改网络图。绘制网络图的方法，一般有三种，在下文中将会详细介绍。

工作分析表　　　　　　　　　　　　表 3-2

序号	工作名称	工作代号	紧前工作	紧后工作	持续时间	资源强度
1		A	—	B、C		
2		B	A	F		
…	…	…	…	…	…	…

一、从工艺网络图到生产网络图的画法

下面以实例说明从工艺网络图到生产网络图的画法。

某三跨车间地面混凝土工作如图 3-19 所示，分为三跨，由地面回填土、铺设道砟垫层和浇筑细石混凝土三个施工过程组成搭接施工，施工持续时间如表 3-3 所示。

图 3-19　某三跨车间地面混凝土工作示意

施工持续时间　　　　　　　　　　表 3-3

施工过程	持续时间		
	A 跨	B 跨	C 跨
回填土	4	3	4
铺垫层	3	2	3
浇筑混凝土	2	1	2

其绘图步骤如下。

（1）绘制工艺网络图

由于 3 跨都是由 A、B、C 三个施工过程组成，因此，首先可以画出图 3-20 所示的工艺关系图。

（2）表示出组织逻辑的约束

图 3-20 中，三个施工过程都是采取平行作业的安排方法，因此，当每一施工过程仅有一个工作队的情况下，必须考虑他们在各跨的施工顺序。假定施工方案规定，三跨间的施工顺序为 A，B，C，则图 3-21 所示体现了逻辑关系的网络图。

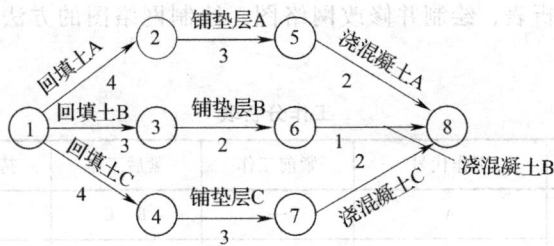

图 3-20　工艺网络图

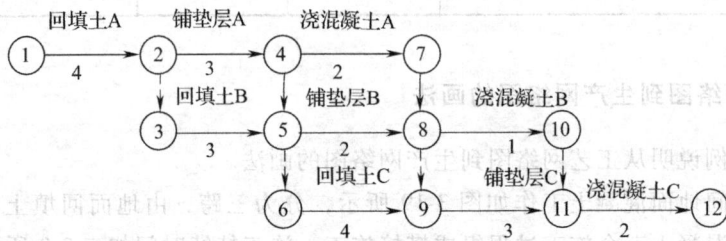

图 3-21　具有逻辑关系的网络图

（3）逻辑关系综合分析和修正

图 3-21 包含了全部的工艺逻辑和组织逻辑，由于增加了虚工作，使原先没有逻辑关系的某些工作，也产生了相互的制约关系，如虚工作④→⑤，其本意是想表达铺垫层工作做完 A 跨后转到 B 跨，但通过虚工作⑤→⑥的引伸，又表示 C 跨回填土必须在从 A 跨垫层铺完才能开始，这显然是不合理的约束，因为无论从工艺逻辑还是组织逻辑来说铺垫层 A 和回填土 C 都是没有必要联系的。对此，我们必须进行逻辑关系的修正。同理，其他工艺逻辑关系也要进行相应的修正，从而可得图 3-22。图 3-22 就是一张可用以指导现场施工活动的生产网络图，它在工艺关系和组织关系上都正确地表达了施工方案的要求。

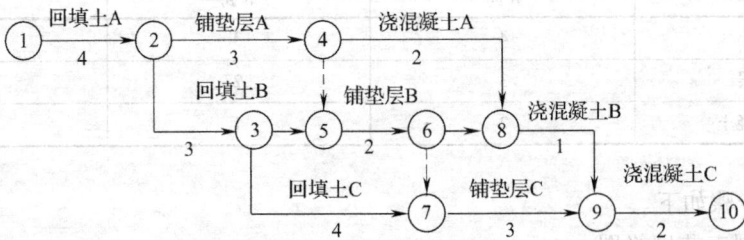

图 3-22　修改后的网络图

二、从工序流线图到生产网络图的画法

依然采用前文的例子，可以绘制工序流线图 3-23。

图 3-23 虽然表达了各施工过程的组织顺序，或者说施工的开展顺序，但没有反映出各施工过程在工艺上的相互依赖和制约关系，所以必须引进虚工作，把这种关系表达出来，如图 3-24 所示。

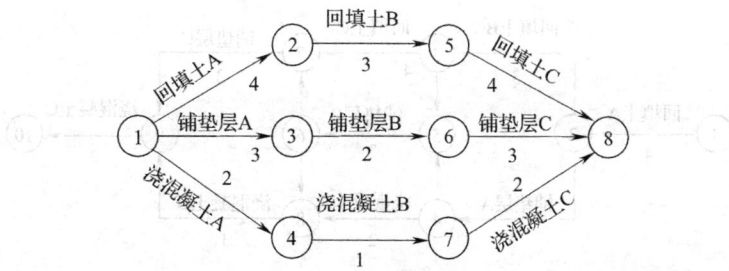

图 3-23　工序流线图

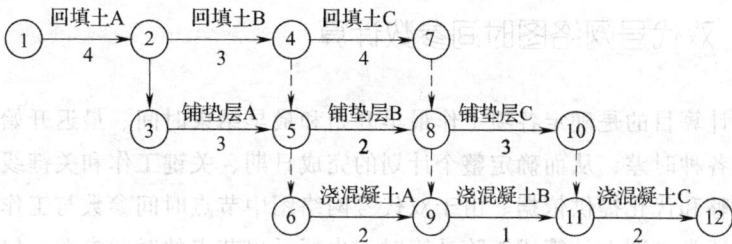

图 3-24　具有逻辑关系的工序流线图

由于加上虚工作的联系，使 A 跨和 B 跨混凝土的浇筑，分别受到 B 跨和 C 跨回填土的制约，实际上他们在工艺顺序和组织顺序方面都不存在必然的联系。因此，同样必须经过逻辑关系的修正后，才能成为正确的生产网络图，如图 3-25 所示。

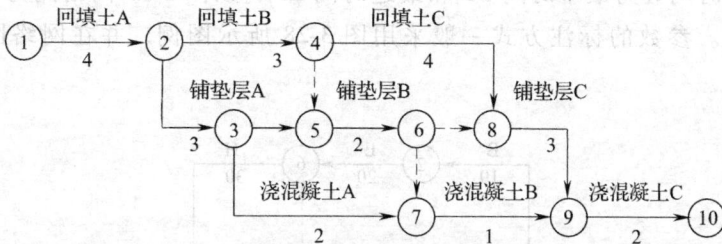

图 3-25　修改后网络图

三、直接分析绘图法

直接分析绘图法，是在充分研究和熟悉施工方案的基础上，同时考虑工作之间的工艺关系和组织关系，从左到右依次把各项工作表达成双代号网络图。在工艺复杂、施工分段不十分明确的情况下，往往需要采用这种方法，边画、边分析检查、边修改。

当工作项目较多时，网络图形状很大。一般可把大网络图分为若干板块，先合理安排好每一板块内的工作项目，然后建立各板块之间的联系，相互拼接起来。另外，也可先把任务分解地粗略一些，画出轮廓性网络图，然后再把任务逐步细化，增加工作内容和作业数量。

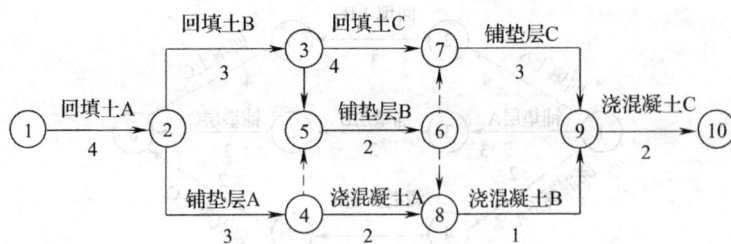

图 3-26　直接分析法绘制网络图

◆ 第三节　双代号网络图时间参数计算

　　网络图的计算目的是确定各项工作最早开始和最早结束时间、最迟开始和最迟结束时间以及工作的各种时差，从而确定整个计划的完成日期、关键工作和关键线路，为网络计划的执行、调整和优化提供依据。由于双代号网络图中节点时间参数与工作时间参数有着紧密的联系，通常在图上计算或矩阵计算时，先标示出节点的时间参数，然后推算出工作的时间参数。

一、节点时间参数计算

　　节点时间参数是确定工作时间参数的基础，常用的计算方法有图上计算法和矩阵计算法等，节点时间分为最早时间 ET_i 和最迟时间 LT_j，以图 3-27 网络图为例，计算网络图的时间参数。参数的标注方式一般采用图 3-28 所示图例，并在网络图的角部予以示意。

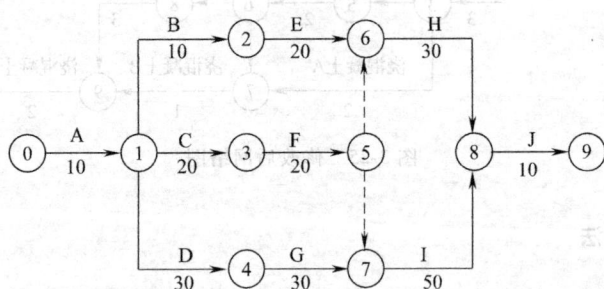

图 3-27　例题

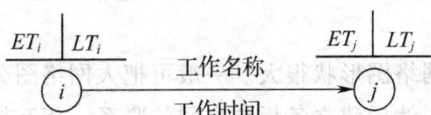

图 3-28　参数标注方式

1. 节点最早时间（ET_i）

是指以该节点为开始节点的各项工作的最早开始时间。它表示该节点紧前工作的全部完成，从这个节点出发的紧后工作最早能够开始的时间。如果进入这个节点的紧前工作没有全部结束，从这个节点出发的紧后工作就不能开始。因此，计算时取进入节点的紧前工作结束时间的最大值，作为该节点的最早时间。各节点最早时间如图 3-29 所示。

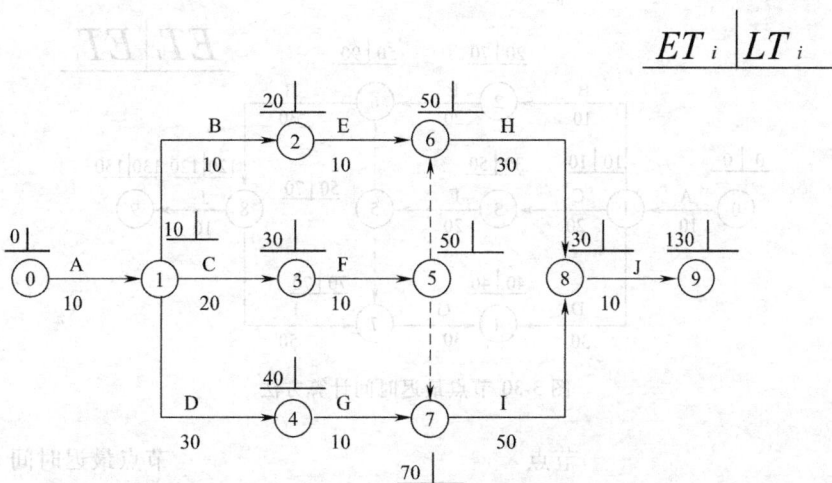

图 3-29　节点最早时间

节点		节点最早时间
⓪	0	0
①	（0＋10）＝10	10
②	（10＋10）＝20	20
③	（10＋20）＝30	30
④	（10＋30）＝40	40
⑤	（30＋20）＝50	50
⑥	（20＋20）＝40 （50＋0）＝50 } 最大值	50
⑦	（40＋30）＝70 （50＋0）＝50 } 最大值	70
⑧	（50＋30）＝80 （70＋50）＝120 } 最大值	120
⑨	（120＋10）＝130	130

由此可知，节点最早时间的计算是从左向右用加法进行的，某项工作起点节点的最早时间加上该工作所需要的持续时间就是工作终点节点的最早时间，若存在多条线路，取较大值。

2. 节点最迟时间（LT_i）

节点的最迟时间，就是在计划工期确定的情况下，从网络图的终点节点开始，逆向推算出的各节点最迟的时刻，作为限定该结点紧前工作最迟全部结束的时间，如图3-30所示。

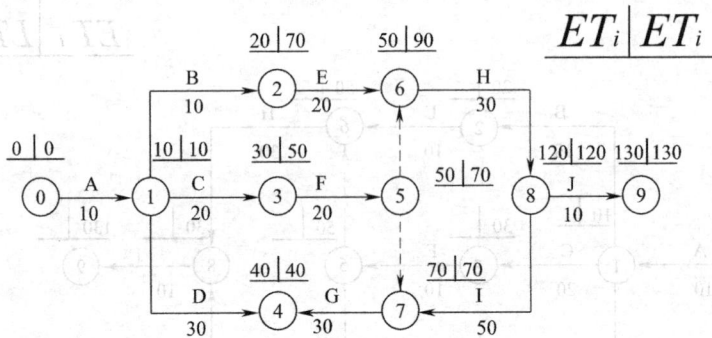

图3-30 节点最迟时间计算方法

节点		节点最迟时间
⑨	130	130
⑧	（130－10）＝120	120
⑦	（120－50）＝70	70
⑥	（120－30）＝90	90
⑤	（70－0）＝70 （90－0）＝90 }最小值	70
④	（70－30）＝40	40
③	（70－20）＝50	50
②	（90－20）＝70	70
①	（70－10）＝60 （50－20）＝30 （40－30）＝10 }最小值	10
⓪	（10－10）＝0	0

节点最迟时间的计算和最早时间的计算相反，从网络图的最后一个节点算起，用箭头（工作终点节点）的最迟时间减去工作所需要的持续时间就是箭尾（工作起点节点）的最迟时间。若存在多条线路，取较小值。

二、工作时间的计算

工作时间是指各工作的开始和完成时间，分为工作最早开始和最早完成时间、工作最迟开始和最迟完成时间四种。

1. 工作最早开始时间（ES_{i-j}）、工作最早完成时间（EF_{i-j}）

设工作（i,j）的持续时间为 D_{i-j}，则其最早开始时间等于其起点节点 i 的最早时间，其最早完成时间等于最早开始时间加上该工作的持续时间。算例同图 3-27，各工作最早时间列于表 3-4 中。

各工作的最早开始和最早完成时间   表 3-4

工作名称	起点节点最早时间	工作最早开始时间	工作持续时间	工作最早完成时间
A	⓪0	0	10	10
B	①10	10	10	20
C	①10	10	20	30
D	①10	10	30	40
E	②20	20	20	40
F	③30	30	20	50
G	④40	40	30	70
H	⑥50	50	30	80
I	⑦70	70	50	120
J	⑧120	120	10	130

2. 工作最迟开始时间（LS_{i-j}）、工作最迟完成时间（LF_{i-j}）

工作的最迟开始和完成时间是指在不影响计划总工期的情况下，各工作开始时间和完成时间的最后界限，在网络图上可以根据节点最迟时间求得。某工作的最迟完成时间等于该工作终点节点的最迟时间，而某工作的最迟完成时间减去该工作的持续时间，即为该工作的最迟开始时间。表 3-5 给出了各项工作的最迟开始和最迟完成时间。

各工作的最迟开始和最迟完成时间   表 3-5

工作名称	终点节点最迟时间	工作最迟开始时间	工作持续时间	工作最迟完成时间
A	①10	10	10	0
B	②70	70	10	60
C	③50	50	20	30
D	④40	40	30	10
E	⑥90	90	20	70
F	⑤70	70	20	50
G	⑦70	70	30	40
H	⑧120	120	30	90
I	⑧120	120	50	70
J	⑨130	130	10	120

由此可以总结出工作时间的计算公式：

$$ES_{i-j} = ET_i \tag{3-1}$$

$$EF_{i-j} = ET_i + D_{i-j} \tag{3-2}$$

$$LF_{i-j} = LT_j \tag{3-3}$$

$$LS_{i-j} = LT_j - D_{i-j} \tag{3-4}$$

工作时间参数标注方式如图 3-31 所示，进行网络时间参数计算时，在网络图的角部予以示意。

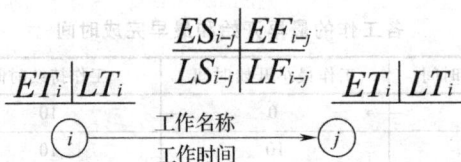

图 3-31　工作时间参数标注方式

三、工作时差计算

所谓时差就是指工作的机动时间。按照其不同性质和作用，可以分为总时差、自由时差、相干时差和从属时差等。本书中主要介绍总时差、自由时差和相干时差。

1. 总时差（TF_{i-j}）

总时差就是工作在最早开始时间至最迟开始时间之间所具有的机动时间，也可以说是在不影响计划总工期的条件下，各工作所具有的机动时间。计算公式为：

$$TF_{i-j} = LS_{i-j} - ES_{i-j} \tag{3-5}$$

总时差具有以下性质：

（1）总时差为 0 的工作，称为关键工作；

（2）如果总时差等于零，自由时差也等于 0；

（3）总时差不但属于本项工作，而且与紧后工作都有关系，它为一条线路（或路段）所共有。

总时差计算如图 3-32（a）所示。

2. 自由时差（FF_{i-j}）

所谓自由时差，就是在不影响紧后工作最早开始的范围内，该工作可能利用的机动时间。计算公式为：

$$FF_{i-j} = ET_j - (ET_i + D_{i-j}) \tag{3-6}$$

自由时差的主要特点是：

（1）自由时差小于或等于总时差；

（2）以关键线路上的节点为结束点的工作，其自由时差与总时差相等；

（3）利用自由时差对紧后工作没有影响，紧后续工作仍可按其最早开始时间进行。

自由时差的计算如图 3-32（b）所示。

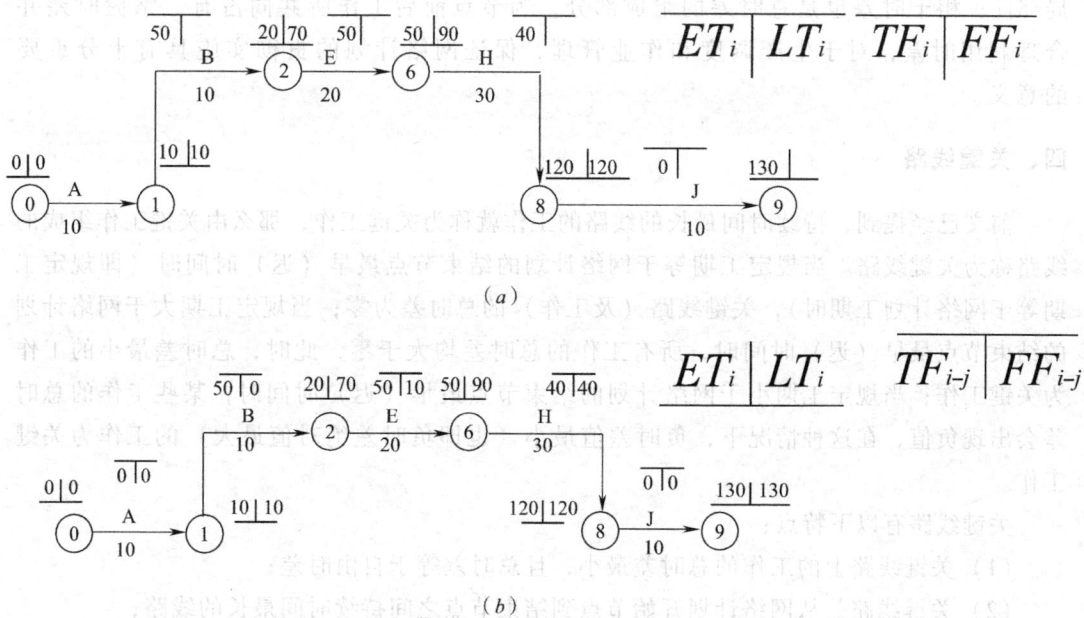

(a)

(b)

图 3-32　工作时差计算

3. 相干时差（IF_{i-j}）

相干时差又称干扰时差或干涉时差，是某项工作 $i—j$ 与其紧后工作 $j—k$ 共同占有的那段机动时间。

对工作 $i—j$ 的总时差构成作进一步分析，如图 3-33 所示。EF_{i-j} 至 LT_j 时间段为工作 $i—j$ 的总时差，工作 $i—j$ 的结束时间如在该段时间内，不会影响总工期，但有可能影响后序工作 $j—k$ 的最早开始时间；EF_{i-j} 至 ET_j 时间段为工作 $i—j$ 的自由时差，工作 $i—j$ 的结束时间在该范围内变动时，对后续工作没有任何影响；ET_j 至 LT_j 则为相干时差，因为当工作 $i—j$ 在该时间段内结束时，其紧后工作 $j—k$ 则必须推迟（比 $j—k$ 的最早开始时间 ET_j），导致工作 $j—k$ 的机动时间减少，所以这段时差被称为相干时差。

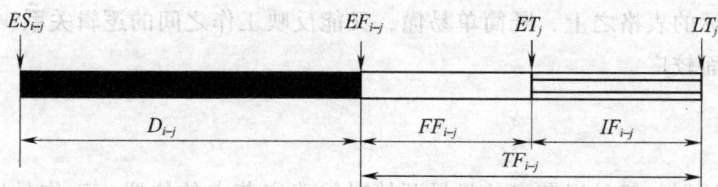

图 3-33　相干时差示意

由图 3-33 可知：

$$IF_{i-j} = LT_j - ET_j = TF_{i-j} - FF_{i-j} = LF_{i-j} - ES_{j-k} \tag{3-7}$$

综上所述，总时差以不影响总工期为限度，这是一种线路时差，它为该线路上的各工作所共同占有；而局部时差以不影响后续工作最早开始为限度，是总时差的一部分，带有局部性；相干时差也是总时差的组成部分，为节点前后工作所共同占有。掌握时差并合理利用时差，对于生产调度和作业管理，保证网络计划的贯彻实施具有十分重要的意义。

四、关键线路

前文已经提到，持续时间最长的线路的工作就称为关键工作，那么由关键工作组成的线路称为关键线路。当规定工期等于网络计划的结束节点最早（迟）时间时（即规定工期等于网络计划工期时），关键线路（及工作）的总时差为零；当规定工期大于网络计划的结束节点最早（迟）时间时，所有工作的总时差均大于零，此时，总时差最小的工作为关键工作；当规定工期小于网络计划的结束节点最早（迟）时间时，某些工作的总时差会出现负值，在这种情况下，负时差值最小（也即负时差绝对值最大）的工作为关键工作。

关键线路有以下特点：

（1）关键线路上的工作的总时差最小，且总时差等于自由时差；

（2）关键线路是从网络计划开始节点到结束节点之间持续时间最长的线路；

（3）关键线路在网络计划中不一定只有一条，有时存在两条以上；

（4）关键线路以外的工作称为非关键工作，如果使用了总时差，可转化为关键工作；

（5）在非关键线路上的工作时间延长超过它的总时差时，关键线路就变成非关键线路。

在工程进度管理中，应把关键工作作为重点来抓，保证各项工作如期完成，同时还要注意挖掘非关键工作的潜力，合理安排资源，节省工程费用。

◆ 第四节　双代号时标网络图计算

双代号时标网络计划，也称时间坐标网络计划，是以时间坐标为尺度表示工作时间及有关参数的一种网络计划。它将网络计划按照工作的逻辑关系，以一定的比例，绘制在一张带有时间坐标的表格之上，既简单易懂，又能反映工作之间的逻辑关系。因此，在容易被接受，应用面较广。

一、表示方法

时标网络计划一般是以节点的最早开始时间确定节点的位置，工作是以实箭线表示，虚工作以虚箭线表示，以波形线表示本工作与其紧后工作之间的时间间隔。当本工作之后紧接有工作时，波形线表示本工作的自由时差；当本工作之后紧接虚工作时，则紧接的虚工作上的波形线中的最短者为本工作的自由时差。时标的单位应根据需要确定，可以是小时、天、周、旬、月等，必须在网络图上注明。如图 3-34 所示。

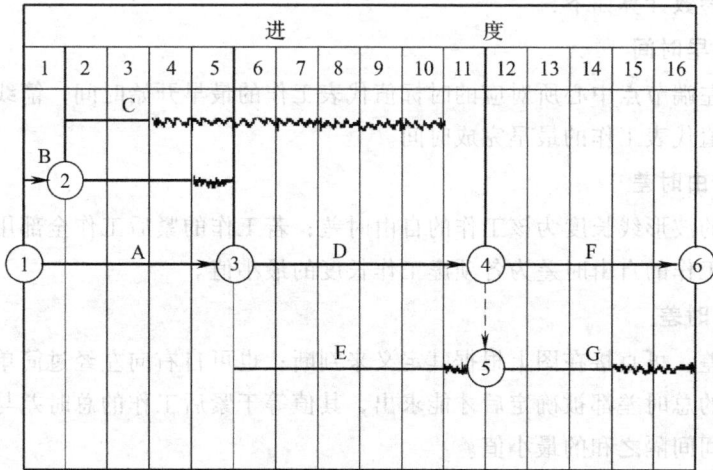

图 3-34　时标网络图

二、绘制步骤

时标网络计划可分为间接绘图法和直接绘图法两种绘制方法，但无论采用哪种绘制方式，一般是先绘好无时标的网络计划，再根据节点的最早开始时间确定节点的坐标位置。

1. 直接绘图法

不经计算，直接按预先绘好的无时标网络计划在时标表上绘制时标网络计划，其步骤为：

（1）起点节点位于时标表起始刻度上；

（2）绘制起点节点的外向箭线，其长度等于工作的持续时间；

（3）工作的箭头节点，必须在其所有内向箭线绘出后，定位在这些内向箭线中最晚完成的实箭线箭头处，其他实箭线长度不足部分，用波形线补足；

（4）用上述方法自左至右依次确定其他节点的位置，直至终点节点定位，绘图完成

2. 间接绘图法

即先算后画。根据先绘制好的无时标网络计划，算出各项工作的最早开始和结束时间，确定关键线路，然后再在时标表上确定节点位置，用箭线标出工作持续时间，某些工作箭线长度不足以达到该工作的完成节点时，用波形线补足。绘图时一般宜先绘制关键线路上的工作，再绘制非关键工作。

三、关键线路和时间参数确定

时标网络计划的关键线路，可以自终点节点逆箭线方向朝起点节点逐步进行判定，自始至终都不出现波形线的线路即为关键线路。也可以根据总时差来判断。关键线路可用双线或粗线表示。网络计划的终点节点与起点节点所在位置的时标值之差即为该网络计划的计算工期。

其他时间参数计算如下：

1．工作最早时间

每条箭线左端节点中心所对应的时标值代表工作的最早开始时间，箭线实线部分右端所对应的时标值代表工作的最早完成时间。

2．工作自由时差

箭线右边的波形线长度为该工作的自由时差；若工作的紧后工作全部用虚工作与其相连接时，则该工作的自由时差为各项虚工作长度的最小值。

3．工作总时差

工作总时差，可直接在图上根据其定义来判断；也可自右向左经过简单计算确定，在其诸紧后工作的总时差都被确定后才能求出，其值等于紧后工作的总时差与紧后工作与本工作之间的时间间隔之和的最小值。

4．工作最迟时间

工作的最迟开始时间和最迟完成时间，分别等于工作最早开始时间或工作最早完成时间加该工作的总时差。

图 3-34 为具体示例。

◆ 第五节　单代号网络图简介

单代号网络计划，也称工作节点网络计划。它是在工序流线图的基础上演绎而成的，具有绘图简便、逻辑关系明确，便于检查和修改等优点。单代号网络图的表达形式很多，所用的符号也各不相同。但基本的形式就是用节点（圆圈或方框）表示工作，用箭线表示工作之间的联系，如图 3-35 所示。

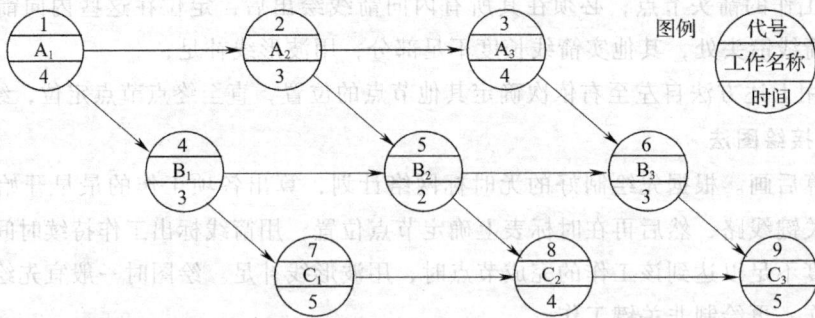

图 3-35　单代号网络图

一、单代号网络图基本概念

1．节点

单代号网络图的工作用节点来表示。节点可以采用圆圈，也可以用方框。工作名称或内容、工作代号、工作所需的时间及有关的工作时间参数都可以写在圆圈上或方框内，如图 3-36 所示。因此，这种只用一个节点代表一项工作的表示方法，叫单代号表示法，相应的网络图叫单代号网络图。

2. 箭线

单代号网络图中工作之间的逻辑关系用箭线表示，箭线的形状和方向可根据绘图需要而定。单代号网络图中的箭线仅表示工作间的逻辑关系，它既不占用时间也不消耗资源，这一点与双代号网络图中的箭线完全不同。箭线的箭头表示工作的前进方向，箭尾节点工作为箭头节点工作的紧前工作。另外，在单代号网络图中表达逻辑关系时并不需要使用虚箭线，但可能会引入虚工作，这是由于单代号网络图也必须只有一个原始节点和一个结束节点，则当几个工作同时开始或同时结束时，就必须引入虚工作（节点），如图 3-37 所示（图中 A、B、C 及 G、H、K 为工作名称）。

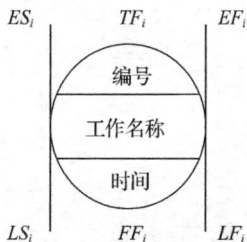

图 3-36　节点表示方法　　　　图 3-37　虚工作节点

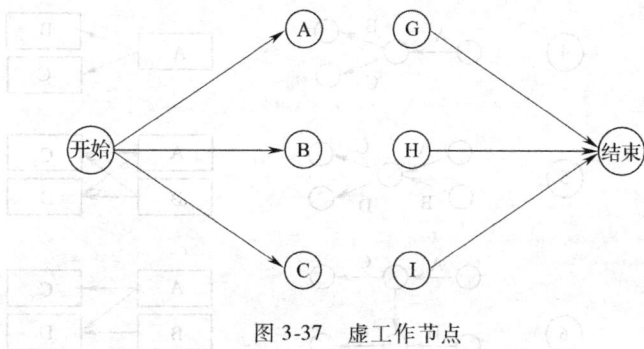

3. 单、双代号网络图表达关系的对比

在图 3-38 中，列出了常用的单代号网络图和双代号网络图的逻辑关系模型。通过对比，我们可以发现：当多个工序在多个施工段分段作业时（如图中第 8 种逻辑关系），用单代号网络图表达比较简单明了，这时若用双代号表示就需增加许多虚箭线；而当多个工序相互交叉衔接时（如图中第 9 种逻辑关系），用双代号网络图来表示则比较简单，因为若用单代号表示，会有许多箭线交叉。另外，当采用计算机辅助编制网络计划时，使用单代号网络图比较方便。故采用单代号还是双代号，要根据具体情况选择。

与双代号网络图相比，单代号网络图有以下特点：

（1）单代号网络图用节点及其编号表示工作，以箭线表示工作间的逻辑关系；

（2）单代号网络图作图方便，图面简洁，由于没有虚箭线，产生逻辑错误的可能性较小；

（3）单代号网络图用节点表示工作，没有长度概念，不够形象，不便于绘制时标网络计划，因而影响了它的推广和使用；

（4）单代号网络图更适宜于应用计算机进行绘制、计算、优化和调整。

二、单代号网络图绘图规则

由于单代号网络图和双代号网络图所表达的计划内容是一致的，两者的区别仅在于绘图的符号不同。因此，在双代号网络图中所说明的绘图规则，在单代号网络图中原则上都应遵守，比如一张网络图只能有一个开始节点和一个结束节点；工作互相之间应严格遵守工艺顺序和组织顺序的逻辑关系；不允许出现循环回路；节点的编号应满足的 $i-j$ 要求。

双代号网络图　　　　　　　单代号网络图

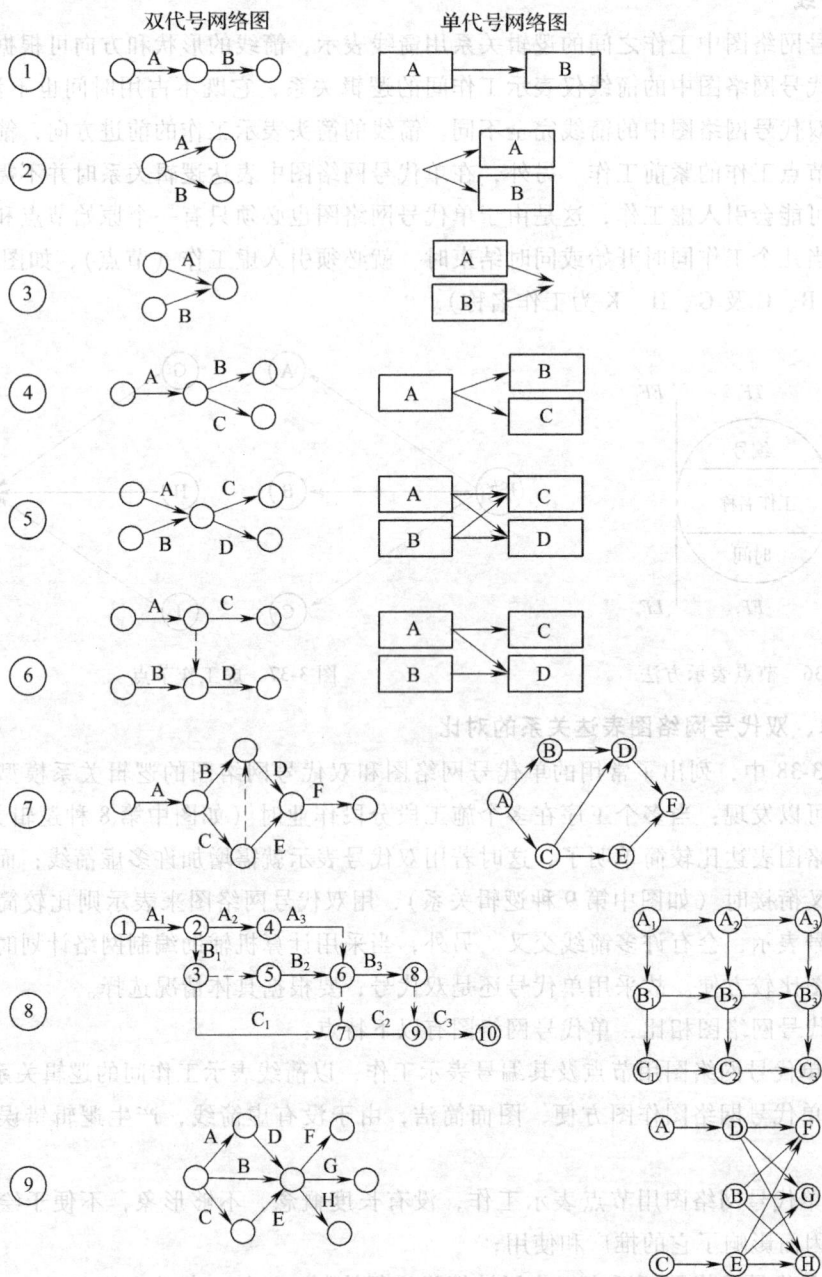

图 3-38　单代号与双代号网络图逻辑关系表达方法的比较

但是，根据工作节点网络图的特点，一般必须而且只需引进一个表示计划开始的虚工作（节点）和表示计划结束的虚工作（节点），网络图中不再出现其他的虚工作。因此，画图时可以在工艺网络图上直接加上组织顺序的约束，就得到生产网络图。

【例 3-1】　表 3-6 给出了一个某工程各项工序的资料，用单代号网络图表示逻辑关系如图 3-39 所示：

逻辑关系表

表 3-6

工作名称	紧前工作	紧后工作
A	-	G
B	-	D、E
C	-	E、F
D	B	G
E	B、C	H
F	C	I
G	A、D	-
H	E	-
I	F	-

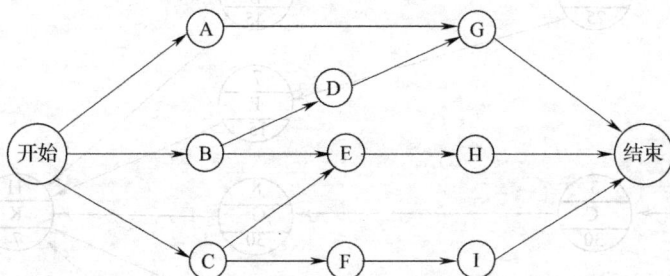

图 3-39　单代号网络图

【例 3-2】　已知某大型工程的施工准备阶段的各项工作内容如表 3-7 所示，试分别用双代号和单代号网络图表示逻辑关系。

绘制结果如图 3-40 和图 3-41 所示。

逻辑关系列表

表 3-7

序号	工作名称	工作内容	代号	持续时间（d）
1	修订合同	与建设单位签订合同及办理建筑许可证	A	40
2	编制预算	编制施工图预算及施工预算	C	30
3	组织设计	编制施工组织设计及措施	D	30
4	图纸审查	施工自审与会审	B	25
5	资源组织	劳动力、机具、材料等安排与准备、制定基层承包任务单	G	30
6	总平面设置	现场水、电、路等，拆除障碍物及大临设施	B	80
7	测量放线	永久性、半永久性测量点、水准点设置及有关建筑物放线	E	45
8	加工订货	构件及半成品等加工订货	F	15
9	起重机安装	现场起重、垂直运输工具设置	I	25
10	材料运输	初期供应的施工材料进场	J	15
11	检查验收	施工准备工作检查验收	K	7

45

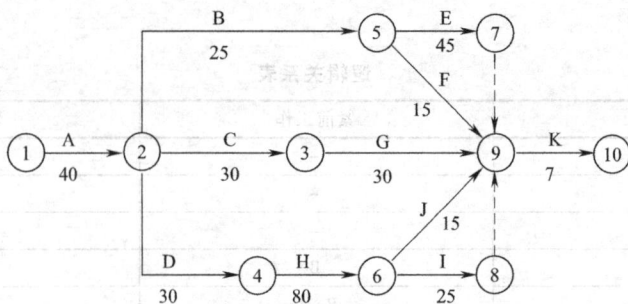

图 3-40　双代号网络图

图例

编号
工作名称
持续时间

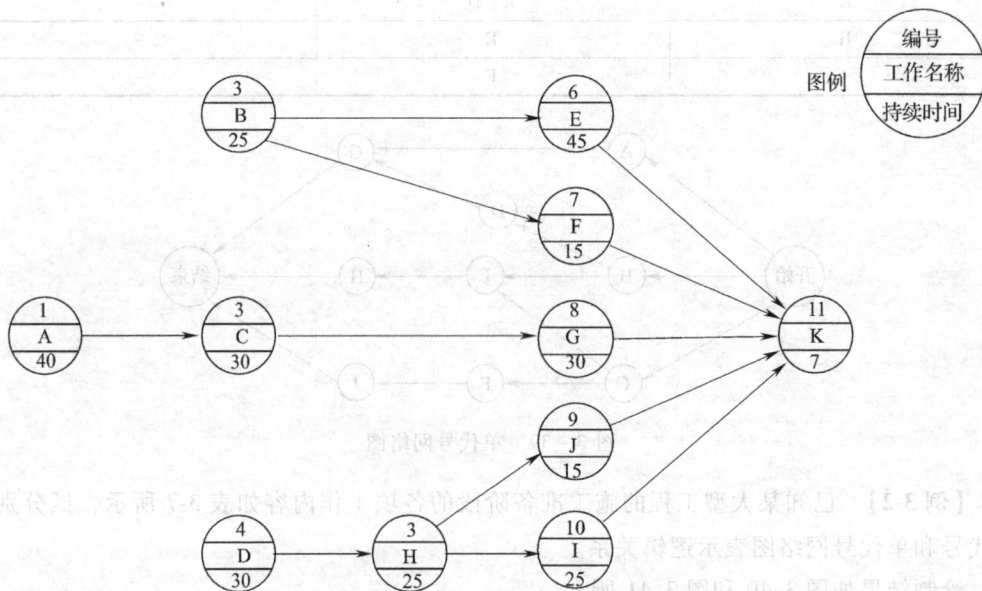

图 3-41　单代号网络图

◆ 第六节　网络计划应用实例

某钢筋混凝土三跨桥梁工程，在河床干涸季节按甲→乙→丙→丁的顺序组织施工，每一桥台（甲、丁）或桥墩（乙、丙）的工艺顺序是挖土→基础→钢筋混凝土桥墩，最后安装上部结构：Ⅰ→Ⅱ→Ⅲ，如图 3-42 所示，各项工作的持续时间列于表 3-8 中。

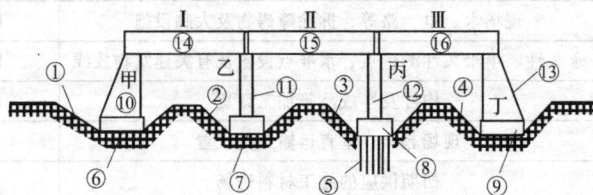

图 3-42　某钢筋混凝土三跨桥梁工程

工作持续时间   表 3-8

序号	工作名称	时间	序号	工作名称	时间
①	挖土甲	4	⑨	基础丁	8
②	挖土乙	2	⑩	桥台甲	16
③	挖土丙	2	⑪	桥墩乙	8
④	挖土丁	5	⑫	桥墩丙	8
⑤	打桩丙	12	⑬	桥台丁	16
⑥	基础甲	8	⑭	上部结构Ⅰ	12
⑦	基础乙	4	⑮	上部结构Ⅱ	12
⑧	基础丙	4	⑯	上部结构Ⅲ	12

如果挖土、基础、桥台（墩）和上部结构安装各组织一个施工队施工时，该工程双代号网络图绘于图 3-43 中。

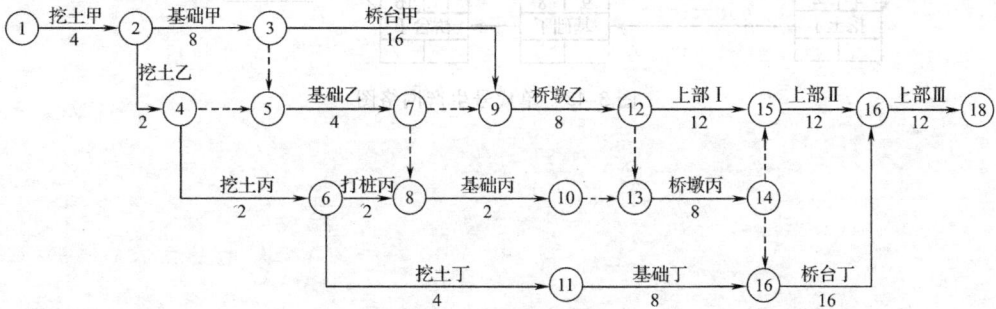

图 3-43　双代号网络图

该工程的单代号工艺网络图和生产网络图分别绘于图 3-44 和图 3-45 中。

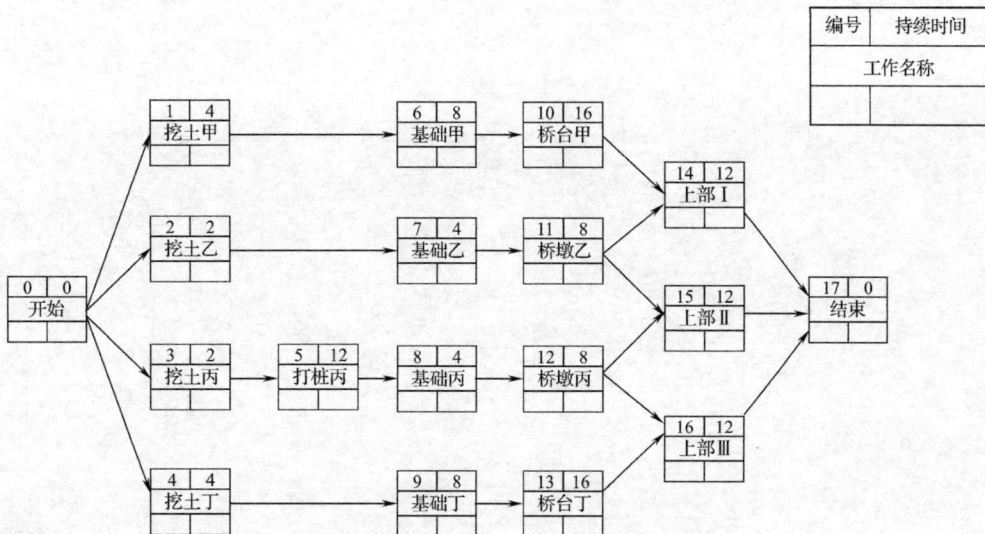

图 3-44　单代号工艺网络图

47

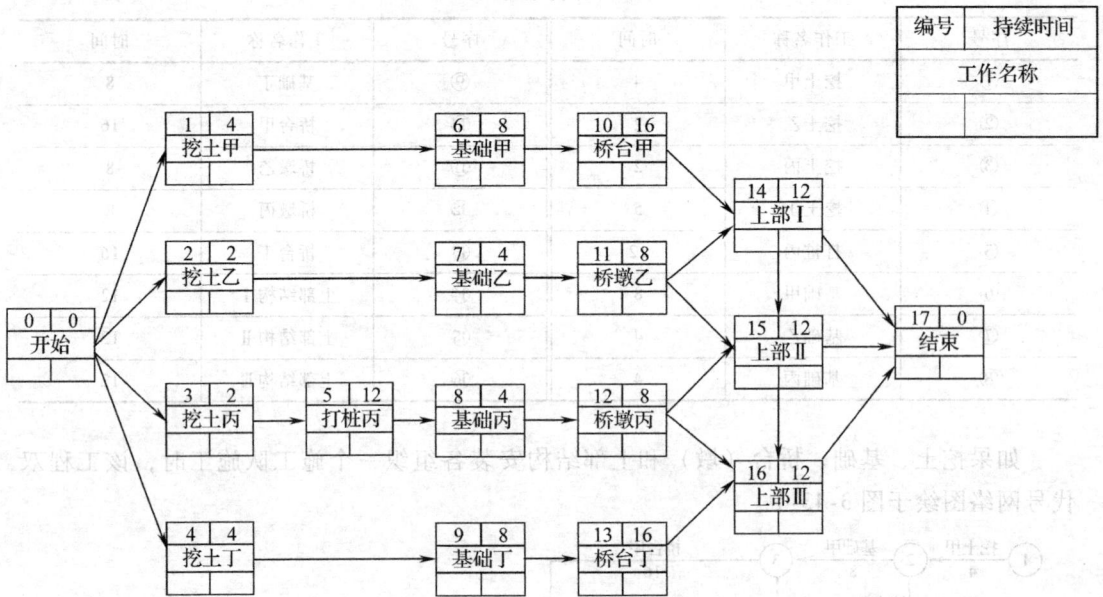

编号	持续时间
工作名称	

图 3-45 单代号生产网络图

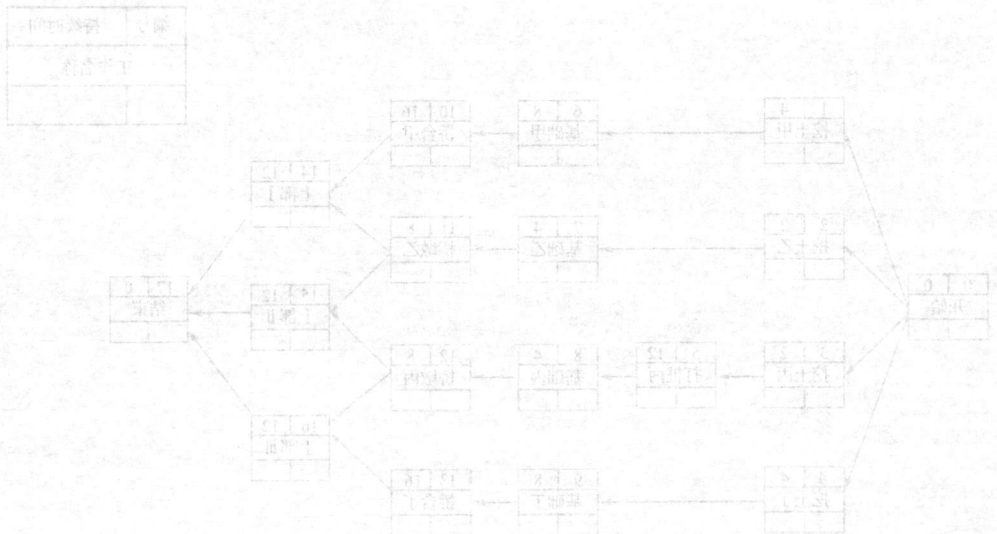

第四章

现代施工管理技术

◆ 第一节　ABC 管理法

一、基本原理与应用

ABC 管理法是根据事物有关方面的主要特征，进行分类和排列，分清重点和一般，以便有区别地进行重点管理的一种科学管理方法。又因为它被分析的对象分为 A、B、C 三大类，故又称为 ABC 分析法。

其基本原理是区别主次，分类管理。首先应根据事物数量多少及作用大小通过制作 ABC 分析表和 ABC 分析图，将事物分成主要的 A 类、次要的 B 类和一般的 C 类，然后针对主次采取不同的措施，对这三大类分别进行管理，以便有针对性地抓住重点、关键，兼顾一般，把有限的人力、物力、财力用到刀刃上，取得事半功倍的效果。其基本图形如图 4-1 所示，又叫巴雷特（Pareto）图。

ABC 管理法适用于建筑管理的各个领域（如生产管理、质量管理、安全管理、物资管理、设备管理以及资金、成本管理等）。

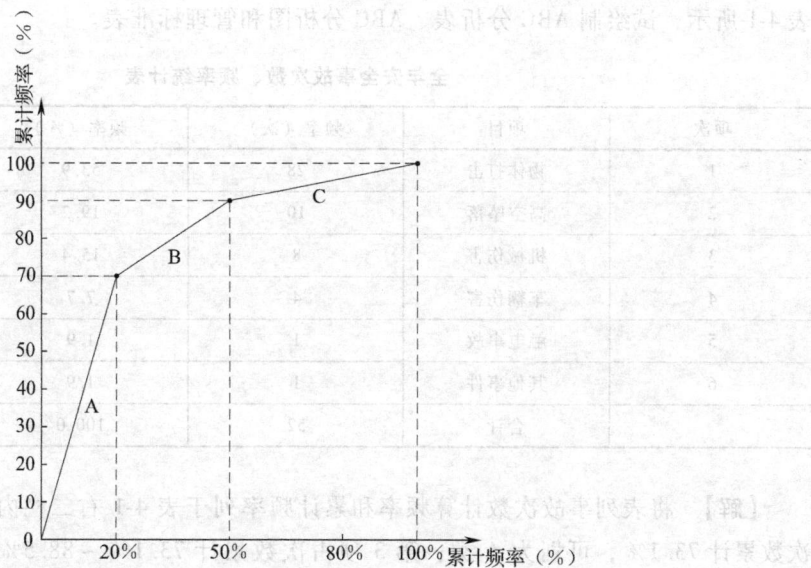

图 4-1　ABC 管理法基本图形

二、基本程序与方法

ABC 管理法包括区别主次和分类管理两个基本程序。

1. 区别主次

把管理的对象按"关键的少数与一般的多数"的原理，分为主要的、次要的和一般的三大类，并绘制 ABC 分析表和 ABC 分析图，其步骤方法为：

（1）数据：针对不同的分析对象和分析内容，收集一定时间里有特点的有关数据资料，列表记录。

（2）统计整理：对收集的原始数据资料进行整理、加工和汇总，从大到小按序排列，并计算其占总数的百分比。如有几个层次，则计算每个层次的种类数，再计算累计种类数和累计种类百分比。

（3）进行 ABC 分类：制作 ABC 分析表，其项目包括分类、占用数量、占总数的百分比，种类数、占全部种类的百分比。

（4）绘制 ABC 分析图：先绘制坐标图，横坐标轴表示因素数目的累计百分数，纵坐标轴表示累计的特性数目的百分数，然后按 ABC 分析表所列出的对应关系，在坐标图上取点，并连接各点得 ABC 曲线（亦称巴雷特曲线），即为 ABC 分析图。

2. 分类管理

在制作 ABC 分析表和 ABC 分析图后，再确定分类管理的方式，针对主要的（A 类）矛盾、次要的（B 类）矛盾和一般的（C 类）矛盾，采取不同的控制方法和管理措施加以克服或解决。

【例 4-1】 某建设公司全年发生各类安全事故共 52 次，按事故次数分类顺序排列如表 4-1 所示，试绘制 ABC 分析表、ABC 分析图和管理标准表。

全年安全事故次数、频率统计表　　　　　　表 4-1

项次	项目	频率（次）	频率（%）	累计频率（%）
1	物体打击	28	53.9	53.9
2	高空坠落	10	19.2	73.1
3	机械伤害	8	15.4	88.5
4	车辆伤害	4	7.7	96.2
5	触电事故	1	1.9	98.1
6	其他事件	1	1.9	100.0
	合计	52	100.0	

【解】 将表列事故次数计算频率和累计频率列于表 4-1 右二栏内，由表知 1、2 项占次数累计 73.1%，可划为 A 类；第 3 项占次数累计 73.1%～88.5%，划为 B 类；第 4、5、6 项占用次数累计 88.5%～100%，划为 C 类。此时可确定 A 类为重点管理，C 类为一般管理，分别制作 ABC 分析表和 ABC 分析图如表 4-2、图 4-2 所示，根据区别主次的原

则，针对发生事故的原因，采取对策，确定分类管理方式如表4-3所示。

全年安全事故 ABC 分析表 表 4-2

项次	种类	次数	比重（%）	累计比重（%）	分类
1	物体打击	28	53.9	53.9	A 类
2	高空坠落	10	19.2	73.1	
3	机械伤害	8	15.4	88.5	B 类
4	车辆伤害	4	7.7	96.2	C 类
5	触电事故	1	1.9	98.1	
6	其他事件	1	1.9	100.0	
	合计	52	100.0		

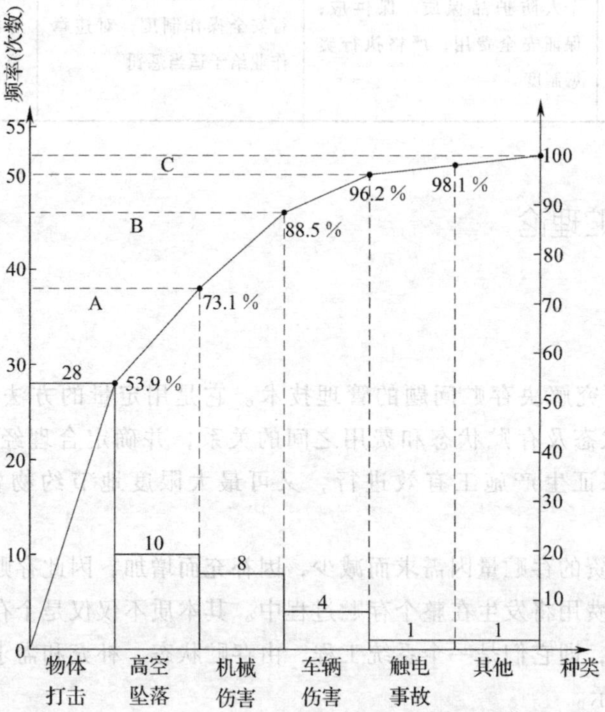

图 4-2 全年安全事故 ABC 分析图

安全事故 ABC 管理标准表 表 4-3

项目 ＼ 分类	A	B	C
思想教育	坚持安全教育制度化，加强现场安全管理与指导，特种作业需进行安全技术培训，提高安全操作意识	加强安全教育，提高安全责任感	按常规定期进行安全教育

项目 \ 分类	A	B	C
现场检查	加大监督检查力度	监督力度不强	按季度或年度检查
环境管理	搞好现场安全防护装置，上岗必须佩戴安全帽，高空设置护栏，挂安全网，系安全带；严禁高空坠物，危险场所需有警示牌，搞好文明施工	做到轮有罩、轴有套，不使用不合格机具，禁止机械带病或超负荷作业	按要求适当注意防护，道路有标识，临时线路按规定搭设，手动、电动机具装有触电保护器，照明使用安全电压
安全管理	认真落实安全技术措施，个人防护品保质、保供应，保证安全费用，严格执行奖惩制度	加强机械设备管理，执行安全操作制度，对违章作业给予适当惩罚	搞好车辆行驶和电工操作的安全培训取证，对违章作业进行教育和批评

◈ 第二节 存贮理论

一、基本概念

存贮理论是研究解决存贮问题的管理技术。它是用定量的方法描述存贮物资供求动态过程和存贮状态及存贮状态和费用之间的关系，并确定合理经济的存贮策略——既有足够的物资保证生产施工有效进行，又可最大限度地节约物资在存贮过程中的总费用。

一般来讲，物资的存贮量因需求而减少，因补充而增加，因此存贮现象本身就是一个动态的过程，其总费用将发生在整个存贮过程中。其本质不仅仅是个存货问题，还必须将其与外界条件联系，即它们是一个系统工程，由存贮状态、补充和需求三部分组成，其意义过程如图 4-3 所示。

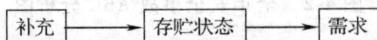

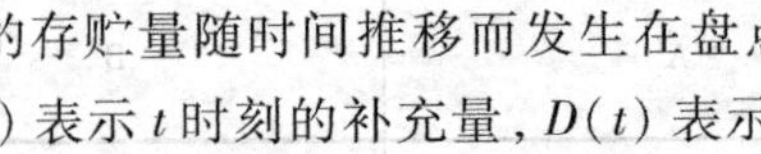

$$\boxed{\text{补充}} \longrightarrow \boxed{\text{存贮状态}} \longrightarrow \boxed{\text{需求}}$$

图 4-3　存贮系统

存贮状态是指某种物资的存贮量随时间推移而发生在盘点上的数量变化，它反映了 t 时刻的存贮量 $V(t)$。设 $X(t)$ 表示 t 时刻的补充量，$D(t)$ 表示 t 时刻的需求量，t_0 表示观察的初始时刻，于是存贮状态函数可表示为：

$$V(t) = V(t_0) + X(t) - D(t) \tag{4-1}$$

研究存贮系统的目的是为了选用最佳的存贮策略，即在满足需求的情况下，结合补充条件，使系统总的存贮费用为最小。总存贮费用一般有存贮费、订货费、生产费、缺货费等。

二、物资存贮技术管理方法

物资存贮量化技术管理常用以下三类方法。

1. ABC 分类法

将材料分为 ABC 三大类，如表 4-4 所示。

材料 ABC 分类表 表 4-4

分类	品种数与总品种数的比重（%）	资金占总资金的比重（%）
A	5～10	70～75
B	20～25	20～25
C	65～75	5～10
合计	100	100

按类别给出管理方式，例如：

A 类材料：品种量较少，往往是高价、重要品种或使用量大的品种，或必须批量购买的品种。对这类型的每种材料都必须进行重点管理，平时严格控制库存，可采用定期不定量的订购方式，进行库存化管理。

B 类材料：往往是中等价格及中等用量的品种。对这类材料应定期盘点，严格检查库存消耗记录，可采用定量和定期相结合的订购方式。

C 类材料：品种量较大，往往是低价或少量使用品种。对这类材料应定期盘点，适当控制库存，可采用定量订购方式（或适当加大订购量），按订货点情况将品种组织在一起订购运输。

2. 定量订购法

定量订购法是指某种材料的库存量消耗到最低库存量之前的某一预定库存量时，便提出并组织订货，每次订货的数量是一定的。订货时的库存量称之为订购点库存量，简称订购点。每次的订货数量称为订购批量。如图 4-4 所示。

由图 4-4 可知，随着需求的进行，库存材料逐渐减少，当库存量降到 A 点时，应立即提出订货，订购批量为 Q，这批材料在 C 点对应的时间到达入库，于是库存量又回到 B 点，以后继续使用出库，库存量又将减少，当降至 D 点时，又进行订货，订购量仍为 Q，接着库存量又回升到 E 点。如此依次重复进行订购。

本法每次的订购批量和订购点是一定的，其关键环节在于确定合理的订购点和经济的订购批量。图 4-4 中安全库存量是指企业为防止意外情况造成的材料供应脱期，或适应生产中各种材料需用量的临时增加而建立的材料贮备，它也是材料的最低库存量，一般情况下，不得动用，如遇特殊情况，动用后应迅速补上。但它需要占用一定的流动资金，因而应当合理确定这一贮备，其计算式如下：

安全库存量 = 平均每天材料消耗量 × 保险天数

库存量

B

E

Q

A D F 订购点库存量

C 安全存储量

Q

交货 交货时间
时间 T_1 T_2

0 时间

订购间隔时间

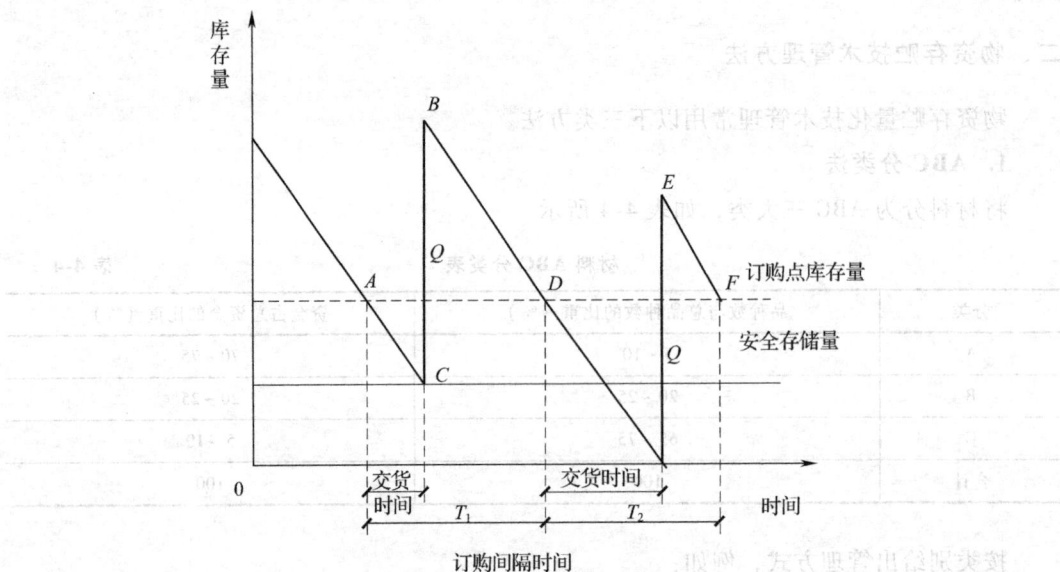

图 4-4 定量订购图

式中，保险天数可根据采购经验或历史资料采用统计方法确定。

3. 定期订购法

定期订购法是指每隔一段时间补充一次库存，即预先确定订购周期，但订购批量则不一定，如图 4-5 所示。

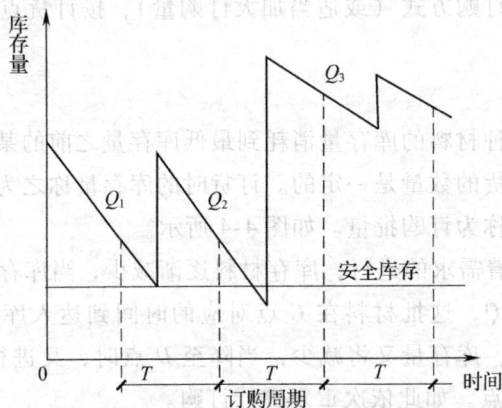

库存量

Q_3

Q_1 Q_2

安全库存

0 T T T 时间

订购周期

图 4-5 定期订购图

由图 4-5 可知，每隔周期 T 订购一次，但订购批量一般不等。其数量要根据各周期初始时的库存量 Q_1、Q_2、Q_3…与外界需求状态而定。本法订购周期是一定的，关键在于确定合理的订购周期与经济的订购批量。后两种量化管理方法都涉及两个关键因素：确定订货日期和确定订货批量。两个关键因素都需要借助存贮模型进行计算确定。

三、存贮模型的计算

1. 经济订货批量模型的计算

该模型假设：

（1）订货批量不限定，即全部订货可一次供应；

（2）补充时间为零，即当存贮量降为零时，立即补充；

（3）不允许缺货，即短缺费无穷大；

（4）需求是连续均匀的，即需求速度为常数。

该模型如图 4-6 所示（T 为进货周期）。

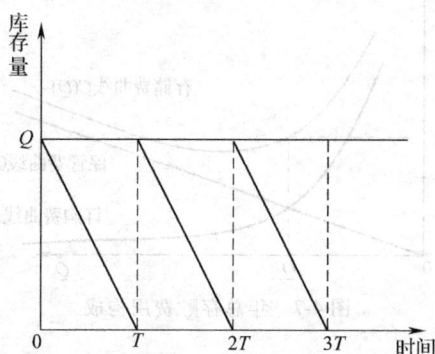

图 4-6 经济订货批量模型图

根据以上的假设，应用微积分求极值，可推导得出：

最优经济批量：

$$Q = \sqrt{\frac{2RS}{I}} \tag{4-2}$$

最优订货周期：

$$T = \frac{Q}{R} = \sqrt{\frac{2S}{RI}} \tag{4-3}$$

最优订货次数：

$$n = \frac{R}{Q} = \sqrt{\frac{RI}{2S}} \tag{4-4}$$

最小总存贮费：

$$C(Q) = \sqrt{2RIS} \tag{4-5}$$

式中　Q ——每次进货（补充）量，也称批量；

　　　R ——年总需求量；

　　　S ——每次订购费；

　　　I ——单位货物年保管费（或存贮费）；

　　　T ——订货周期；

　　　n ——年进货次数；

　　　C ——年总存贮费。

由以上可知，在该模型的假设条件下，当库存量降为零时，应一次性进货，其经济批量为 Q，进货周期为 T，一年内共分 n 次进货，可使年总存贮费达到最小值 C。年总存

贮费由订购费 $\frac{R}{Q} \times S$ 与保管费 $\frac{1}{2}QI$ 之和构成，年订购费随批量 Q 的增加而减少，年保管费随批量 Q 的增加而增加，其曲线变化如图 4-7 所示。由图 4-7 可知，要想使总存贮费最小，应使年订购费与年保管费相等，则令 $\frac{R}{Q} \times S = \frac{1}{2}Q \times I$，可得：

$$Q = \sqrt{\frac{2RS}{I}} \tag{4-6}$$

与通过数学方法推导所得的经济订货批量公式相同。

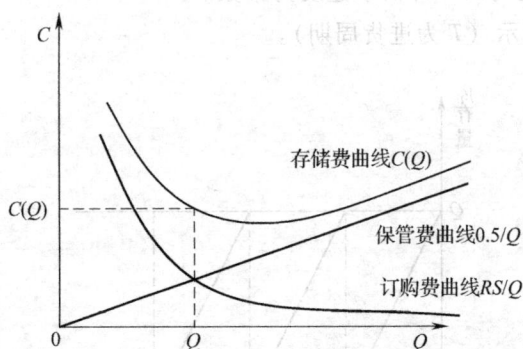

图 4-7　年总存贮费用构成

2. 允许缺货模型的计算

该模型假设存贮现象是允许缺货的，且在收到下批货物时可不进入存贮，直接满足所欠需求。该模型如图 4-8 所示。

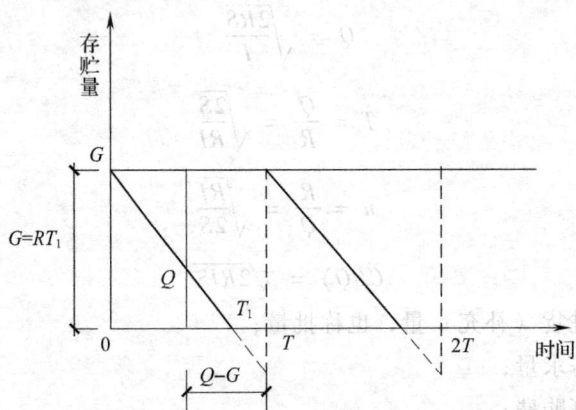

图 4-8　允许缺货模型图

同样根据以上假设，应用微积分求极值，可推导得出：

最优经济批量：

$$Q = \sqrt{\frac{2RS(A+D)}{AI}} \tag{4-7}$$

最大存货量：

$$G = \sqrt{\frac{2RSA}{I(A+D)}} \tag{4-8}$$

最优订货周期：
$$T = \sqrt{\frac{2S(A+D)}{RAI}} \tag{4-9}$$

最优订货次数：
$$n = \sqrt{\frac{RAI}{2S(A+D)}} \tag{4-10}$$

最小总存贮费：
$$C(Q,G) = \sqrt{\frac{2RISA}{A+I}} \tag{4-11}$$

最大缺货量：
$$Q - G = \sqrt{\frac{2RSI}{A(A+D)}} \tag{4-12}$$

式中　A——单位货物年短缺费；

　　　G——最大存货量。

3. 订货批量有限，不允许缺货模型的计算

该模型假设存贮现象的订货批量是有限的，且不允许发生缺货现象。同时还假设补充（进货）是连续均匀的。

同样根据以上假设，应用微积分求极值，可推导得出：

最优经济批量：
$$Q = \sqrt{\frac{2RPS}{I(P-R)}} \tag{4-13}$$

最优订货周期：
$$T = \sqrt{\frac{2SP}{RI(P-R)}} \tag{4-14}$$

最优订货次数：
$$n = \sqrt{\frac{RI(P-R)}{2PS}} \tag{4-15}$$

最小总存贮费：
$$C(Q) = \sqrt{\frac{2RIS(P-R)}{P}} \tag{4-16}$$

式中　P——年进货量。

同样，若订货批量改为无限，则在以上各式中令 $P \to +\infty$，所得结果同模型1。

【例4-2】 某建筑公司全年耗用某项材料的总金额为250000元，这项材料每次订货费为625元，存货保管费为平均存货的12.5%，求最佳订货金额。

【解】 （1）列表法

订购情况如表4-5所示。

订购情况　　　　　　　　　　　　　　　　表4-5

全年订货次数	1	2	3	4	5	10	20
每批订货金额	250000	125000	83333	62500	50000	25000	12500
平均库存价值	125000	62500	41666	31250	25000	12500	6250
保管费	15625	7813	5208	3906	3125	1562	781
订购费	625	1250	1875	2500	3125	6250	12500
总存贮费	16250	9063	7083	6406	6250	7812	13281

57

由表可知，当每年订购次数为 5 次时，保管费与订购费相等，此时总存贮费 6250 元为最小，最佳订货金额为 50000 元。

（2）数解法

已知 $R = 250000$；$S = 625$；$I = 12.5\%$，最佳订货金额为：

$$Q = \sqrt{\frac{2RS}{I}} = \sqrt{\frac{2 \times 250000 \times 625}{0.125}} = 50000$$

故最佳订货金额为 50000 元。

【例 4-3】 某混凝土构件厂明年将以不变速度向某工程提供 72000 块预应力大型屋面板，由于工地采用随吊随运的吊装方案，故不允许缺货。如每一块预制构件的保管费为 0.4 元，每一块预制构件生产循环的建立费为 1200 元。试求其经济批量，生产周期及一年的总存贮费。

【解】 由题意可知：$I = 0.4 \times 12 = 4.8$ 元／年，$R = 72000$ 块／年，$S = 1200$ 元／批

经济批量为：$Q = \sqrt{\dfrac{2RS}{I}} = \sqrt{\dfrac{2 \times 72000 \times 1200}{4.8}} = 6000$ 块

生产周期为：$T = \dfrac{Q}{R} = \sqrt{\dfrac{2S}{RI}} = \sqrt{\dfrac{2 \times 1200}{72000 \times 4.8}} = \dfrac{1}{12}$ 年

一年的总存贮费为：$C = \sqrt{2RIS} = \sqrt{2 \times 72000 \times 4.8 \times 1200} = 28800$ 元／年

【例 4-4】 某木材加工厂年需求木材 125m³，订购费为 750 元，每立方米年存贮费为 50 元，每立方米缺货损失费为 12 元。试求最优经济批量、最大存货量、最优订货周期及最小存贮费。

【解】 由题意可知：$I = 50$，$R = 125$，$S = 750$，$A = 12$

最优经济批量：$Q = \sqrt{\dfrac{2RS(A + D)}{AI}} = \sqrt{\dfrac{2 \times 125 \times 750 \times (12 + 50)}{12 \times 50}} \approx 139\text{m}^3$

最大存货量：$G = \sqrt{\dfrac{2RSA}{I(A + D)}} = \sqrt{\dfrac{2 \times 125 \times 750 \times 12}{50 \times (12 + 50)}} \approx 27\text{m}^3$

最优订货周期：$T = \sqrt{\dfrac{2S(A + D)}{RAI}} = \sqrt{\dfrac{2 \times 750 \times (12 + 50)}{125 \times 12 \times 50}} \approx 1.11$ 年

最小总存贮费：$C = \sqrt{\dfrac{2RISA}{A + I}} = \sqrt{\dfrac{2 \times 125 \times 50 \times 750 \times 12}{12 + 50}} \approx 1347$ 元

◆ 第三节　价值工程

一、基本概念与原理

价值工程（Value Engineering 简称 V·E）是计算、分析和评价建筑产品技术经济效果的一种科学管理技术。它是用建筑产品的功能与实现这些功能所花费的费用之间的相对比值来评定建筑产品的价值，以确定其技术经济效果。

　　价值工程是以最低的总成本（指产品从设计、生产、施工到使用期间的全部成本费用，或称寿命周期成本）可靠地实现用户要求的产品（或作业）的必要功能，着重于功能分析的有组织的活动。

　　本法可运用于科研选题、施工设备选择、技术组织措施、业务决策、改进现有产品设计和指导新产品的设计研发，以达到改善或提高产品功能、节约资源、降低成本、提高经济效益的目的。

　　其基本原理包括三个基本概念：价值、功能和成本。产品的价值由它的功能和实现这一功能所花费的成本之间的关系来确定，表达式为：

$$价值 = \frac{功能}{成本} \tag{4-17}$$

　　价值的含义是表示单位成本所获得的功能有多少，即功能价值。当建筑产品功能一定时，成本越低，产品价值就越高；当建筑产品成本一定时，功能越高，产品价值就越高。价值工程中所指的价值应从消费的角度来进行考察。

二、价值分析原则

（1）收集一切有关形成成本的资料；

（2）充分利用各方面的专家，从而扩大专业知识面；

（3）利用最有价值、最可靠的情报资料；

（4）把重要的公差换算成费用开支来进行评价；

（5）尽量采用专业工厂生产的产品；

（6）尽量利用或购买专业工厂的生产技术；

（7）尽量采用专门的生产工艺；

（8）尽量采用各种标准和标准件；

（9）力争对事物进行具体分析，力戒将其一般化；

（10）力争不断创新和提高，力戒墨守成规；

（11）充分发挥创造性，使产品独具特色；

（12）找出障碍，及时突破障碍；

（13）"以花自己的钱"作为检查和判断的依据。

三、工作程序与基本方法

1. 选择并确定价值工程的对象

　　若从产量考虑，宜选择量大面广、改进后影响面大的产品作为对象；若从分部分项工程考虑，宜选择生产、施工工艺复杂，易影响质量、功能和施工工期的分部分项工程作为对象；若从成本费用方面考虑，宜选择与同类产品比较，成本费用高，或在成本构成中比重大、利润与成本比重不相称的分部分项工程作为对象；若从用户的要求考虑，宜选择质量差、不能满足功能要求及用户意见多的产品或分部分项工程作为对象。

　　选择价值工程对象的方法有经验分析法、百分比法、ABC分析法、分层法和产品寿命周期分析法等。

2．收集有关的情报资料

有目的有计划地进行专门的市场调研和技术调查，收集与对象有关的全部可靠资料，包括同类产品的科研、设计、制造、协作、原材料供应、动力与能源消耗、市场动态、销售机会、使用维修概率、竞争对手及其技术状况和新技术可利用空间等情报资料。对收集到的情报尚需进行仔细分析、判断，剔除不可靠和错误情报，并将可靠的情报整理分类列出。

3．进行功能分析

功能分析是价值工程的核心，是对不同的对象（如整个建筑物、一项分部分项工程、一项方案或一项改进方案），反复交替地进行功能分析来开展活动。它包括功能分类、功能定义、功能整理。功能分类是在一种产品有多种功能的情况下，按重要程度来分清各种功能的主次地位，首先划分为基本功能与辅助功能，前者为产品存在的主要因素和存在价值；后者为有效地实现基本功能而附加的功能或其他次要功能。按其性质又有使用功能和外观功能之分；按其相互关系又可分为上下位功能和并列功能。功能定义是为了加深对功能的理解，应用最简单确切的语言来表达产品的特定功能，通常采用一个动词和一个名词来表达，如承受压力××kN 等，前者为实现功能的手段，后者尽可能定量化。功能整理是将功能按分类进行分析整理，以确定产品的全部功能以及功能之间的相互关系。如将功能分析结果排列成功能系统图，用以表明一种产品所具有的全部功能以及每一个功能在全部功能中的作用和地位，层层展开，构成功能的功能体系。

4．进行功能评价

即对功能定量化，评定功能的价值，是价值工程活动的重要环节。采用价值＝功能／成本这个公式，计算出各个功能（或功能区）的价值系数（简称功能价值）。功能评价常用的方法有功能评价系数法和最适合区域法。前者是先采用某种方法对功能评分，然后求出评价系数，再与其成本系数相比求出功能价值系数。后者也是根据价值系数确定价值工程对象，提出一个选用价值系数的最适合区域。

5．提出并制定改进方案

通常选择"价值"低的产品作为研究改进对象，包括提出改进方案，使方案进一步具体化，以及对方案进行评价和优选，通常以小组活动的方式进行，邀请有关方面专家参加，常用方法有列举特性、优缺点及希望等，活动要求思想活跃，不守成规，相信改进是无止境的。

【例 4-5】 由于目前城市深基坑工程急剧增多，经测算某公司需增添 80 套降水井点设备，按照市场价格，每套 W－3 型井点设备约需 3.5～4 万元，计划投资 280～320 万元，试运用价值工程改进井点降水设备，使其既能减少投资，节约劳动力，降低成本，又能保证施工中的要求，解决降水设备不足的矛盾。

【解】 1．成立课题组，收集信息资料

（1）内部收集：1）从各科室收集设备的技术、经济方面资料；2）在公司召开制造人员、操作人员和维修人员参加的座谈会，以收集设备制造、使用及维修方面的资料。

（2）外部收集：1）走访各个施工工地，运用面谈、观察及查阅资料等方法获取有价值的外部资料；2）着手于国内的建筑市场及国内外杂志资料的研究查阅。

2. 功能分析

井点降水设备基本功能是降低地下水位和保证土质在一定范围内疏干，以便施工。它是通过多种辅助功能来保证和配合基本功能的实现，主要包括电动机、真空泵、电气装置、管道、遮挡板及管道外油漆等六大部分。其功能系统如图 4-9 所示。

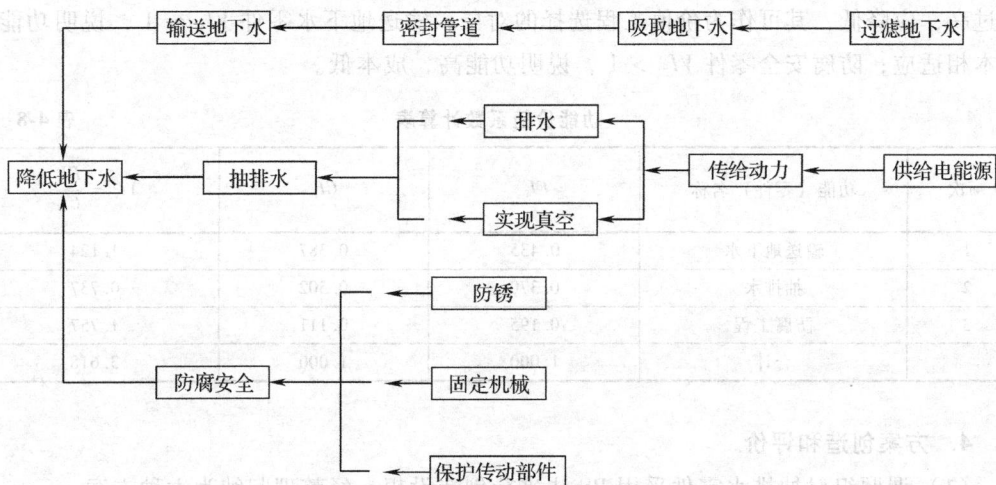

图 4-9　功能系统图

3. 功能评价

经功能分析可知输送地下水、抽排水和防腐安全为其三个主要功能。

（1）功能评价系数：请了六位评价人员用"04"打分法进行评价，如表 4-6 所示。经评价，输送地下水和抽排水这两大功能最为重要。

功能评价系数计算表

表 4-6

项次	功能名称	参加功能评价人员						总分值 $(\sum f_i)$	功能评价系数 $FI_i = \dfrac{f_i}{\sum f_i}$
		1	2	3	4	5	6		
1	输送地下水	4	3	3	4	2	4	20	0.435
2	抽排水	3	4	2	3	3	2	17	0.370
3	防腐工程	2	2	1	2	1	1	9	0.195
	合计							46	1.000

（2）成本系数：设想每套井点降水设备的制作成本降低至 25000 元左右，依次作为总目标成本，并与功能现实成本作比较，如表 4-7 所示。

零件成本系数计算表   表 4-7

项次	功能（零件）名称	目前成本（C_i）	成本系数 $CI_i = \dfrac{C}{\sum C_i}$
1	输送地下水	9680	0.387
2	抽排水	12560	0.502
3	防腐工程	2760	0.111
	合计	25000	1.000

（3）计算功能价值系数：如表 4-8 所示。经评价可知，抽排水零件 $VI_2 < 1$，说明成本过高，应降低，其可作为价值工程选择的对象；输送地下水零件 $VI_1 \approx 1$，说明功能与成本相适应；防腐安全零件 $VI_2 > 1$，说明功能高，成本低。

功能价值系数计算表   表 4-8

项次	功能（零件）名称	FI_i	CI_i	$VI_i = \dfrac{FI_i}{CI_i}$
1	输送地下水	0.435	0.387	1.124
2	抽排水	0.370	0.502	0.737
3	防腐工程	0.195	0.111	1.757
	合计	1.000	1.000	3.618

4. 方案创造和评价

（1）课题组对抽排水零件采用 BS 法进行创造设想，经整理归纳为六种方案：

1）保留真空泵部分，将水泵、电机部分作为不必要功能处理，采用自然排水方法。

2）将真空泵部分改掉，采用空气压抽气，形成真空，达到降低地下水水位的目的。

3）真空泵抽水，结构较复杂，将抽气部分和排水部分结合起来，以简化结构，省略或缩小积水筒。

4）利用水流循环，改变水的流量，增加其流速，达到吸取地下水、降低地下水水位的目的。

5）利用深井泵直接抽水，降低地下水水位。

6）采用放坡开挖，设置明沟和集水井，用潜水泵抽水。

对上述六种方案，从技术、经济和社会三个方面进行概略评价，见表 4-9。

方案概略评价表   表 4-9

项次	方案	技术	经济	社会	是否采用
1	①	0	0	0	0
2	②	×	×	×	×
3	③	0	×	0	△
4	④	0	0	0	0
5	⑤	×	△	×	×
6	⑥	×	×	×	×

经概略评价：可行方案①、④，可考虑方案③，淘汰方案②、⑤、⑥。最后对方案①、④、③进行技术、经济详细评价和综合评价。

（2）详细评价

1）技术评价（见表4-10）

技术评价表　　　　　　　　　　　　　　　　表 4-10

项次	功能评价项目	评分标准	方案①	方案④	方案③
1	连续工作性	4	4	4	4
2	真空度 500 以上	4	4	4	4
3	工作稳定性	4	2	3	4
4	能源消耗	4	2	2	3
5	安装运输	4	1	4	2
6	降水范围	4	3	1	4
	总分值 $\sum P$	24	16	21	18
	技术价值系数 $X = \dfrac{\sum P}{nP_{max}}$		1.00	0.67	0.75	0.88

2）经济评价

$$方案①: Y_1 = \frac{20000 - 17200}{20000} = 0.14$$

$$方案④: Y_4 = \frac{20000 - 13200}{20000} = 0.34$$

$$方案③: Y_3 = \frac{20000 - 16500}{20000} = 0.175$$

3）综合评价

$$方案①: K_1 = (0.67 \times 0.14)^{0.5} = 0.306$$

$$方案④: K_4 = (0.75 \times 0.34)^{0.5} = 0.505$$

$$方案③: K_3 = (0.88 \times 0.175)^{0.5} = 0.392$$

结论：采用方案④。

5. 实施效果

（1）单套设备制作成本比较

W－3 型泵每套制作成本 32000 元，射流型泵每套制作成本 21200 元，每套可节约 10800 元。

（2）全年净节约金额

全年净节约金额 ＝（32000 － 21200）× 80 － 720 ＝ 863280 ≈ 86.3 万元

（3）成本降低率

$$成本降低率 = \frac{32000 - 21200}{32000} \times 100\% = 34\%$$

◈ 第四节 量本利分析法

量本利分析法又称为盈亏分析法、保本分析法和利量分析法。它是对业务量、成本和利润三者之间的内在联系进行综合分析，从而为企业的经营预测、决策、组织和控制等领域提供数量依据的一种科学管理方法，也是加强企业经营管理的一种有效管理手段。其本质是按照目标利润→目标成本→相适应的产销量与品种的顺序组织生产经营活动，找出业务量、成本、利润三者之间相结合的最佳点，使利润最大而成本最低。

一、量本利关系分析

量本利分析的基础是将成本划分为固定成本和可变成本两大部分。固定成本是指在一定时间和一定业务量范围内，不因业务量增减而变动的成本，如工作人员的工资、机械设备的折旧费等；可变成本则是指成本总额随业务量的增减成正比例变动的成本，如材料费、计件工资额、消耗的能源费等。

量本利三者的关系如图 4-10 所示。横坐标为业务量，可用实物量（如施工面积、竣工面积、工程量等）或营业额（如工作量、销售量等）表示。两条斜线分别为业务量和成本的关系线及业务量和销售收入的关系线。两条斜线的交叉点，称为盈亏临界点，也叫盈亏平衡点或保本点。它是指企业的销售收入等于产品总成本，企业既不盈利又不亏损的临界点。该点所对应的业务量 X_0 是企业盈利和亏损的转折业务量。超过此业务量，企业将盈利；低于此业务量，企业亏损。

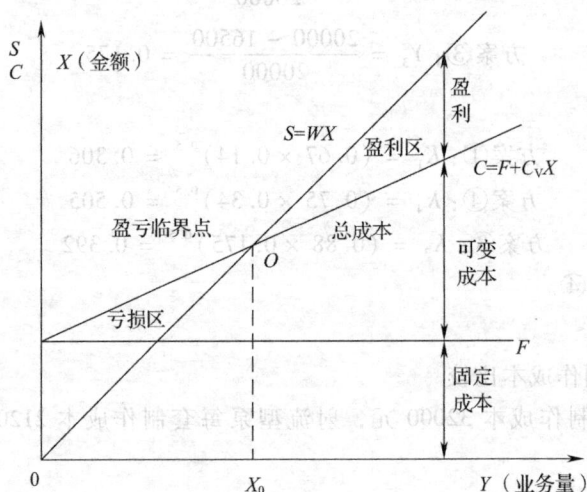

图 4-10 量本利分析关系图

量本利关系可用以下的公式表达：

$$C = F + V \qquad (4\text{-}18)$$

$$C = F + C_V X \qquad (4\text{-}19)$$

$$P = S - F - C_V X \qquad (4\text{-}20)$$

式中 C——总成本；

F——固定成本；

V——可变成本；

X——业务量（产量、销售量）；

P——利润；

S——销售收入，$S = WX$；

W——单位业务量（产品）销售价；

C_V——单位可变成本。

计算步骤与方法如下。

1. 先将总成本划分为固定成本和可变成本，可采用以下几种方法。

（1）直接法：直接观察、分析组成总成本的各个部分，视其性质较接近哪一类成本就将其划分为哪一类成本来处理。

（2）高低点法：由于总成本与产量之间为线性关系，可根据历史资料中最高产量的成本与最低产量的成本求出该企业成本，即产量直线方程式。所求出直线方程在 Y 轴上的截距便是该企业的固定成本，直线的斜率便是该企业的成本变动率，成本变动率与承包任务之积便是可变成本，如图 4-11 所示，或按下式进行计算：

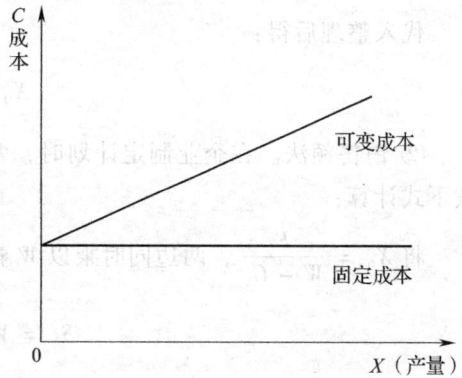

图 4-11 成本与产量关系图

$$C_V(\text{单位可变成本}) = \frac{\text{最高点成本} - \text{最低点成本}}{\text{最高点产量} - \text{最低点产量}} \qquad (4\text{-}21)$$

（3）回归分析法：总成本与产量呈线性关系，可采用以下回归方程式计算：

$$Y = a + bX \qquad (4\text{-}22)$$

其中

$$a = \frac{\sum Y - b \sum X}{n} \qquad (4\text{-}23)$$

$$b = \frac{\sum XY - \dfrac{\sum X \cdot \sum Y}{n}}{\sum X^2 - \dfrac{\left(\sum X\right)^2}{n}} \qquad (4\text{-}24)$$

式中 Y——总成本；

X——产量；

b——单位可变成本；

a——固定成本；

n ——期数（为保证计算正确，宜取 20 个月以上的数据）。

（4）散布图法：根据历史资料绘出成本与承包量的散点图，再按照散点图的变化趋势画出一条成本曲线，依据该曲线来确定固定成本和可变成本。

2. 用图解法或数学分析法求盈亏临界点（盈亏平衡点）。

（1）图解法：以横轴表示销售量，纵轴表示销售收入和成本的金额，然后根据企业的有关资料，画出销售收入与销售成本两条直线，其交点即为盈亏临界点或盈亏平衡点（或保本点）。从临界点向右为盈利区，向左则为亏损区，收入线与总成本线的垂直距离即为损益额。

（2）数学分析法

1）确定盈亏平衡点

① 产量法（销售量法）。根据盈亏平衡点的销售收入与总成本相等的条件可得到：

$$S = C \qquad WX_c = F + C_V X_0$$

代入整理后得：

$$X_0 = \frac{F}{W - C_V} \tag{4-25}$$

② 销售额法。在企业制定计划时，常用销售额代替销售量，此时额定盈亏平衡点可按下式计算：

将 $X_0 = \dfrac{F}{W - C_V}$，两边同时乘以 W 整理得：

$$S_0 = WX_0 = \frac{F}{1 - \dfrac{C_V}{W}} \tag{4-26}$$

式中　S_0 ——保本销售额。

其他符号意义同前。

临界收益（又称边际毛利，即为产品的销售收入减去可变成本后的余额）是衡量经济效益的依据，也是选取最优方案的标准，可用销售的单位产品或全部产品表示：

临界收益：

$$M = S - V = F + P \tag{4-27}$$

单位产品的临界收益：

$$\frac{M}{X} = W - C_V \tag{4-28}$$

临界收益率：

$$m = \frac{M}{S} = \frac{W - C_V}{W} \tag{4-29}$$

由此，可得出保本销售金额：$S_0 = \dfrac{F}{m} = \dfrac{F}{1 - \dfrac{C_V}{W}}$ \hfill (4-30)

2）规划目标利润

为保证目标利润，必须达到的销售额或销售量为：

$$X = \frac{F + P}{W - C_V} \tag{4-31}$$

二、量本利分析的应用

1. 经营（成本）预测，确定目标成本

$$C_V = W - \frac{F + P}{X} \tag{4-32}$$

2. 经营（产量、销售量）决策

（1）计算盈亏平衡点的产量，若销售量大于盈亏平衡点的产量，表明有利可图，可组织生产。

（2）决策安全性分析：

$$经营安全率 = \frac{C}{A} = \frac{X_1 - X_0}{X_1} \times 100\% \tag{4-33}$$

式中 X_1——全部销售额。

经营安全率及其评价指标列于表 4-11 中。

经营安全率 表 4-11

>30%	经营状况良好
25% ~ 30%	经营状况较为良好
15% ~ 25%	经营状况不大好
10% ~ 15%	经营状况不好，需警惕
<10%	经营状况出现危机

3. 短期决策分析，工艺方案选择及经营分析

4. 确定产品价格

$$W = \frac{F + P}{X} + C_V \tag{4-34}$$

【例 4-6】 某建筑公司历年完成建设安装工程量与成本的统计资料如表 4-12 所列，试用高低点法确定该建筑公司的成本变动率和 2003 年的固定成本和可变成本。

公司历年完成建设安装工程量与成本统计数据表 表 4-12

年份	工作量（m³）	总成本（万元）
1997	50000	4400
1998	56000	5000
1999	52000	4800
2000	40000	3600
2001	70000	6000
2002	60000	5400
2003	64000	

【解】 成本变动率 $C_V = \dfrac{最高点成本 - 最低点成本}{最高点产量 - 最低点产量}$

$$= \frac{60000000 - 36000000}{70000 - 40000} = 800 \ 元 / m^2$$

固定成本 $\qquad\qquad\qquad\qquad C = F + C_V X$

$$6000\ 万 = F + 0.08\ 万 / m^2 \times 70000 m^2$$

$$F = 6000 - 5600 = 400\ 万元$$

2003 年承包建筑安装工程量为 64000m² 时的总成本为：

$$C = F + C_V X = 400 + 0.08 \times 64000 = 5520\ 万元$$

其中可变成本为 $C_V X = 0.08 \times 64000 = 5120\ 万元$

因此 2003 年的固定成本为 400 万元，可变成本为 5120 万元。

【例 4-7】 条件同【例 4-6】，试采用图解法确定该公司 2003 年的固定成本和可变成本。

【解】 按表 4-12 中给出的数据绘制出散点图 4-12。根据散点图的变化趋势，画出一条代表成本趋势的直线，使直线上下点数大致相等。延长该直线，使其与纵坐标相截，截距的坐标值便是固定成本，本例大约为 400 万元左右。

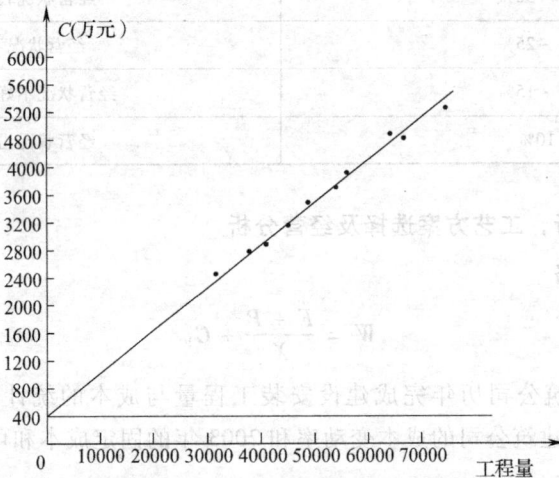

图 4-12 历年完成的工程量与成本散点图

在直线上任取一点的坐标（40000，3600），计算成本变动率为：

$$b = tg\alpha = \frac{3600 - 400}{40000} = 0.08\ 万 / m^2$$

成本公式为：$C = 400 + 0.08 X$

故 2003 年承包建筑安装工程量为 64000m² 时的总成本为：

$C = 400 + 0.08 \times 64000 = 5520\ 万元$

其中 可变成本 $= 0.08 \times 64000 = 5120\ 万元$

由计算可知，用散点法与高低点法所得结果完全相同。

【例 4-8】 条件同【例 4-6】，试采用回归分析法确定该公司 2003 年的固定成本和可变成本。

【解】 将表4-12中的有关数据列于表4-13中。

表 4-12 的有关数据   表 4-13

X	Y	X^2	$X \cdot Y$
50×10^3	4.4×10^3	2500×10^6	220.0×10^6
56×10^3	5.0×10^3	3136×10^6	280.0×10^6
52×10^3	4.8×10^3	2704×10^6	249.6×10^6
40×10^3	3.6×10^3	1600×10^6	144.0×10^6
70×10^3	6.0×10^3	4900×10^6	420.0×10^6
60×10^3	5.4×10^3	3600×10^6	324.0×10^6
$\sum X = 328 \times 10^3$	$\sum Y = 29.2 \times 10^3$	$\sum X^2 = 18440 \times 10^6$	$\sum X \cdot Y = 1637.6 \times 10^6$

单位可变成本 $b = \dfrac{\sum XY - \dfrac{\sum X \cdot \sum Y}{n}}{\sum X^2 - \dfrac{(\sum X)^2}{n}}$

$$= \frac{1637.6 \times 10^6 - \dfrac{328 \times 10^3 \times 29.2 \times 10^3}{6}}{18440 \times 10^6 - \dfrac{(328 \times 10^3)^2}{6}} = 0.0812$$

固定成本 $a = \dfrac{\sum Y - b \sum X}{n}$

$$= \frac{29.2 \times 10^3 - 0.0812 \times 328 \times 10^3}{6} = 427.7$$

回归方程式为：$Y = 427.7 + 0.0812X$

2003年承包建筑安装工程量为 $64000 \mathrm{m}^2$ 时的总成本为：

$$Y = 427.7 + 0.0812 \times 6400 = 5624.5 \text{ 万元}$$

其中固定成本为427.7万元，可变成本为 $0.0812 \times 64000 = 5196.8$ 万元。

由计算可知，结果与采用前两例方法得出的结果稍有差异。原因主要是回归分析法是根据实际散点图来建立回归方程以求得答案，而高低点法是按照最高点与最低点两点的连线作为直线方程以求得答案，可以认为，回归分析法更接近实际。应该注意，采用回归分析法是有条件的。只有在承包建筑安装工程量与工程成本之间成线性相关关系时，才能采用回归分析法，否则不能使用此法。

【例 4-9】 某预制混凝土构件厂要生产一种构件，预计该构件的市场单价为1230元／m^3，其可变成本为520元／m^3，该厂固定成本总额为150万元。求（1）该企业的保本销售量 X_0 和保本销售额 S_0；（2）构件的临界收益和临界收益率。

【解】 由题意 $W = 1230$ 元／m^3；$C_V = 520$ 元／m^3；$F = 1500000$ 元。

保本销售量 X_0 为：$X_0 = \dfrac{F}{W - C_V} = \dfrac{1500000}{1230 - 520} = 2112.7 \mathrm{m}^3$

保本销售额 S_0 为：

$$S_0 = WX_0 = \frac{F}{1 - \dfrac{C_v}{W}} = \frac{1500000}{1 - \dfrac{520}{1230}} = 2598591.5 \ \text{元}$$

构件单位临界收益 $\dfrac{M}{X}$ 为：

$$\frac{M}{X} = W - C_v = 1230 - 520 = 710 \ \text{元} / \text{m}^3$$

临界收益率 m 为：

$$m = \frac{M}{S} = \frac{W - C_v}{W} = \frac{710}{1230} \times 100\% = 57.72\%$$

【例 4-10】 某建筑公司附属材料厂生产的一种防水材料，销售单价为 30 元 / m²，固定成本 640000 元，目标年利润 200000 元，预计销售量为 80000m²。试计算其目标成本和安全经营率。

【解】 （1）计算目标成本：

由题意 $W = 41$ 元 / m²；$P = 200000$ 元；$F = 640000$ 元；$X = 80000$ m²。

$$C_v = W - \frac{F + P}{X} = 41 - \frac{640000 + 200000}{80000} = 30.5 \ \text{元} / \text{m}^2$$

（2）计算经营安全率：

确定保本产量 $X_0 = \dfrac{F}{W - C_v} = \dfrac{640000}{41 - 30.5} = 60952 \ \text{m}^2$

经营安全率 $\dfrac{C}{A} = \dfrac{X_1 - X_0}{X_1} \times 100\% = \dfrac{80000 - 60952}{80000} \times 100\% = 23.8\%$

说明经营状况不太好，需进行技术改造。

【例 4-11】 条件同【例 4-10】，若对主要设备进行技术改造，使固定成本增加到 850000 元，可变成本下降到 28.5 元 / m²，单价不变。试判断该改造方案的优劣及技术改造后的利润和经营安全率。

【解】 （1）首先计算出技术改造前费用相等的产量 X_k

$$640000 + 30.5 X_k = 850000 + 28.5 X_k$$

$$X_k = \frac{850000 - 640000}{30.5 - 28.5} = 105000 \text{m}^2$$

表明当年销售量 $X > 105000 \ \text{m}^2$ 时，改造方案优越；$X < 105000 \ \text{m}^2$ 时，仍应维持原方案。

（2）技术改造的利润

$$P = (W - C_v)X - F = (41 - 28.5) \times 105000 - 850000 = 462500 \ \text{元}$$

（3）经营安全率

$$X_0 = \frac{F}{W - C_v} = \frac{850000}{41 - 28.5} = 68000 \text{m}^2$$

$$\frac{C}{A} = \frac{X_1 - X_0}{X_1} \times 100\% = \frac{105000 - 68000}{105000} \times 100\% = 35.2\%$$

表明技术改进后，经营状况良好。

【例 4-12】 条件同例 4 - 11，由于建筑市场不景气，供大于求，厂方为加强市场竞争能力，决定对防水材料降价 13%。（1）试问要增加多少防水材料的销售量才能确保原利润目标；（2）虽增加销售量能保证目标利润的实现，但会受自身生产能力和市场需求的约束。据市场调研发现，市场目前的需求量为 150000 m²。因此要保证目标利润的实现，市场竞争价格应为多少。

【解】（1）计算销售量

由题意 $W = 41 \times (1 - 13\%) = 35.67$ 元 / m²；$P = 462500$ 元；$F = 850000$ 元；$C_V = 28.5$ 元 / m²。

销售量 $X_2 = \dfrac{F + P}{W - C_V} = \dfrac{850000 + 462500}{35.67 - 28.5} = 183054$ m² / 年

（2）计算防水材料市场竞争价格

$$W = \frac{F + P}{X} + C_V = \frac{850000 + 462500}{150000} + 28.5 = 37.25 \text{ 元 / m}^2$$

第五节　线性规划

线性规划是现代化管理的常用工具和方法，在建筑施工管理工作中，很多的实际问题，如配（下）料、运输（包括土方调配）、施工机具设备、车辆调度、生产布局、经营计划的确定、生产计划的安排、建筑基地建设中各种站场的合理设点、成品半成品原料的合理储存量规划问题以及投资的分配问题等等，都可运用线性规划方法求得最优方案。

线性规划的实质是以研究线性方程和不等式描述建筑领域中的计划、任务、分配等的可行方案、有限资源与预期想要达到的目标之间的关系，求得以最少的人力、物力、财力消耗，取得最优技术经济效益。

一、规划问题的基本原理

规划问题的解决必须满足一定条件，用数学式子描述便形成规划论中的约束条件；同时在满足其约束条件下，常有许多不同方案可供选择，以便选择一个最优方案，取得最佳的经济效果，采用数学式子来描述，便形成规划论中的目标函数；再者很明显，规划问题中的变量必须大于或等于零，不可能为负值，否则便无任何经济意义，由此知线性规划问题的基本结构，系由实际目标的约束条件（即约束方程）和目标函数（即极值问题，求极大值或极小值）两部分组成，故此，线性规划问题的实质是求一组非负变量 $x_1, x_2, x_3 \cdots$ 的值，在满足一组约束条件的情况下，求得目标函数的最优解（极大值或极小值）问题，而目标函数和约束条件方程都必须是线性方程，亦即数学表达式中变量都为一次项。

二、规划的步骤、程序和基本方法

1. 建立问题的数学模型

一般先确定要求的未知变量 $x_1, x_2, x_3 \cdots$ 然后找出所有约束条件，并把其表示为线性方程或不等式，要求是未知量的线性函数。每一组变量的取值代表一个具体的方案。最后找出目标函数，把其表达为未知变量的线性函数，并对其求极大值或者极小值，具体数学模型的建立可表达如下：

设线性规划问题有 n 个决策（方案）变量，需要满足 m 个约束条件，则可得到的一般数学模型就是求一组变量 $x_1, x_2, x_3 \cdots x_n$（非负值），使之满足约束条件：

$$a_{11}x_1 + a_{12}x_2 + \cdots + a_{1n}x_n = b_1 \quad (\geq b_1 \text{ 或 } \leq b_1) \tag{4-35}$$

$$a_{21}x_1 + a_{22}x_2 + \cdots + a_{2n}x_n = b_2 \quad (\geq b_1 \text{ 或 } \leq b_1) \tag{4-36}$$

$$\cdots \quad \cdots \quad \cdots$$

$$a_{m1}x_1 + a_{m2}x_2 + \cdots + a_{mn}x_n = b_n \quad (\geq b_1 \text{ 或 } \leq b_1) \tag{4-37}$$

$$x_1, x_2 \cdots x_n \geq 0 \tag{4-38}$$

且使目标函数（即线性规划中求最小（大）值的方程式）为：

$$Z = c_1x_1 + c_2x_2 + \cdots + c_nx_n \quad \text{达到最大值(最小值)。} \tag{4-39}$$

式中 a_{ij} $(i=1、2、\cdots m; j=1、2、\cdots n)$——结构系数或消耗系数；

b_i $(i=1、2、\cdots m)$——结构系数或消耗系数；一般为非负实数；

c_j $(j=1、2、\cdots n)$——利润系数或成本系数，对前者通常求最大值问题；对后者通常求最小值问题。

式中 a_{ij}、b_i、c_j 均为已知常数。"="、"≤"或"≥"表示三种符号中的某一个成立，但在不同的约束条件关系中，符号可以不同。

2. 模型求解

一般地，若变量的约束条件较少，可用手工计算；若变量约束条件较多，则需运用电子计算机进行求解。

3. 应用模型和数据进行经济分析

【例4-13】 住宅楼楼板工程施工需要加工制作长度分别为 2.9m、2.1m 和 1.5m 三种长度的钢筋各150根，钢筋原材料每根长7.3m，试选择最优配料方案。

【解】 本问题属于线性规划中的"合理配料问题"，现拟定三种可行的配料方案，如表4-14所示。

钢筋配料方案表　　　　　　　　　　　表4-14

规格（m）	下料数（根）	配料方案		
		I	II	III
2.9	x_1	2	0	1
2.1	x_2	0	2	2
1.5	x_3	1	2	0
剩余量（m）		0	0.1	0.2

按照配套要求及每种规格的钢筋各要 150 根的要求，可建立以下的约束方程组：

$$2x_1 + x_3 = 150$$
$$2x_2 + 2x_3 = 150$$
$$x_1 + 2x_2 = 150$$

解方程组得到配料最优方案是：

$$x_1 = 60（即用 A 方案配 60 根）$$
$$x_2 = 45（即用 B 方案配 45 根）$$
$$x_3 = 30（即用 C 方案配 30 根）$$

合计需要 7.3m 钢筋原材料 135 根，剩余材料的总量为：

$$Z = 60 \times 0 + 45 \times 0.1 + 30 \times 0.2 = 10.5m$$

【例 4-14】 1 号、2 号、3 号、4 号四座混凝土搅拌站，台班产量分别为 $1200m^3$、$1200m^3$、$1200m^3$ 和 $960m^3$，现有甲、乙、丙三个工地需要混凝土量分别为 $1920m^3$、$1440m^3$、$1200m^3$，从搅拌站运送到工地的运距如表 4-15 所列，试求混凝土从搅拌站运送到工地的最优分配方案，使总运输量最小。

表 4-15

混凝土运距表

搅拌站编号	甲工地	乙工地	丙工地	供应量
	运距（km）			（m^3）
1 号	15	21	30	1200
2 号	21	12	27	1200
3 号	18	33	21	1200
4 号	24	30	12	960
需求量（m^3）	1920	1440	1200	4560

【解】 本题属于线性规划中的"运输调配问题"。

设 1 号、2 号、3 号、4 号四座混凝土搅拌站分别向甲、乙、丙三个工地运送混凝土的数量为 x_{ij}（$i = 1、2、3、4；j = 1、2、3$），则可以列出下面的约束方程式：

（1）四座搅拌站供应混凝土数量：

$$1 号搅拌站：x_{11} + x_{12} + x_{13} = 1200m^3$$
$$2 号搅拌站：x_{21} + x_{22} + x_{23} = 1200m^3$$
$$3 号搅拌站：x_{31} + x_{32} + x_{33} = 1200m^3$$
$$4 号搅拌站：x_{41} + x_{42} + x_{43} = 960m^3$$

（2）三个工地需要混凝土数量：

$$甲工地：x_{11} + x_{12} + x_{13} + x_{14} = 1920m^3$$
$$乙工地：x_{21} + x_{22} + x_{23} + x_{24} = 1440m^3$$
$$丙工地：x_{31} + x_{32} + x_{33} + x_{34} = 1200m^3$$

（3）各个搅拌站运送到各个工地的混凝土数量大于等于零，即 $x_{ij} \geq 0$（$i = 1、2、3、$

73

$4；j = 1、2、3$)。

以上一共有 $m + n - 1 = 6$ 个独立的方程式，有 $m \times n = 12$ 个未知数，因此方程有多个解（即 $x_{12}、x_{13}、x_{21}、x_{22}、x_{23}、x_{31}、x_{32}、x_{33}、x_{41}、x_{42}、x_{43}$ 的答案不唯一），即四个搅拌站向三个工地运送的混凝土数量有多种方案，可采用试算法求得其中的一组未知量：$x_{11} = 960$；$x_{12} = 240$；$x_{13} = 0$；$x_{21} = 0$；$x_{22} = 1200$；$x_{23} = 0$；$x_{31} = 960$；$x_{32} = 0$；$x_{33} = 240$；$x_{41} = 0$；$x_{42} = 0$；$x_{43} = 960$。

则在这组解下，混凝土运输最优调配方案总的运输量最小值为：

$$Z = 15x_{11} + 21x_{12} + 30x_{13} + 21x_{21} + 12x_{22} + 27x_{23} + 18x_{31} + 33x_{32} + 21x_{33} + 24x_{41} + 30x_{42} + 12x_{43}$$

$$= 15 \times 960 + 21 \times 240 + 30 \times 0 + 21 \times 0 + 12 \times 1200 + 27 \times 0 + 18 \times 960 + 33 \times 0 + 21 \times 240 + 24 \times 0 + 30 \times 0 + 12 \times 960 = 67680 \ m^3 \cdot km$$

【例 4-15】 条件同【例 4-14】，试用表上作业法求出最优合理调配方案。

【解】 首先用"最小元素法"编制初始方案。即根据对应与 l_{ij}（平均运距、运费）的最小的 x_{ij} 取最大值的原则进行调配，可得到一个容许解，然后采用"位势法"或"闭回路法"求得所有检验数 λ_i，当所有 $\lambda_i \geq 0$ 时对应的容许解为最优方案，否则该方案就不是最优方案，再需进一步调配，直至所有检验数全部大于等于零为止。

位势数及检验数按下式计算：

$$L_{iojo} = u_{io} + v_{jo} \tag{4-40}$$

$$\lambda_{iojo} = L_{iojo} - u_{io} - v_{jo} \tag{4-41}$$

式中　　L_{iojo}——运距或运费；

　　　　$u_{io}、v_{io}$——位势数（$i = 1、2、\cdots m$；$j = 1、2、\cdots n$）；

　　　　λ_{iojo}——检验数。

（1）编制初始调配方案

将各个搅拌站和各个工地间运送的混凝土数量及运距列于表 4-16 中。

运距表（km）　　　　　　　　　　　　　　　　表 4-16

搅拌站编号	甲工地	乙工地	丙工地	供应量
	运距（km）			（m³）
1 号	15	21	30	1200
2 号	21	12	27	1200
3 号	18	33	21	1200
4 号	24	30	12	960
需求量（m³）	1920	1440	1200	4560

首先在运距表（小方格）中找出一个最小运距值，表 4-16 中的 $L_{22} = L_{43} = 12$（任取其一，本例取 L_{43}），于是先确定 x_{43} 的值，使其尽可能的大，即 $x_{43} = \min(960, 1200) = 960$，由于 4 号搅拌站的混凝土全部运送到丙工地，所以 $x_{41} = x_{42} = 0$，将 960 填入表 20-39 中的 x_{43} 格内，并加上括号，同时在 x_{41}、x_{42} 格内分别画上一个"×"。然后再在没有括号和有"×"的方格内再选一个运距最小的方格，为 $L_{22} = 12$，仍让 x_{22} 值尽可能的大，即 $x_{22} = \min(1200, 1440) = 1200$，同时使 $x_{21} = x_{23} = 0$，同样将 1200 填入 x_{22} 方格内并画上括号，并在 x_{21}、x_{23} 格内画上"×"，重复上述过程，依次画出其余的 x_{ij} 值，最后可得表 4-17。

初始方案   表 4-17

搅拌站编号	甲工地		乙工地		丙工地		供应量
	运距（km）						（m³）
1 号	(1200)	15	×	21	×	30	1200
2 号	×	21	(1200)	12	×	27	1200
3 号	(720)	18	(240)	33	(240)	21	1200
4 号	×	24	×	30	(960)	12	960
需求量（m³）	1920		1440		1200		4560

表 4-17 求得的一组 x_{ij} 值即为初始方案。由于利用的是"最小元素法"确定初始方案，优先考虑了"就近调配"问题，所以求得的运输量一般较小，但却并不能保证其是最小值，因而还需进行判别，检验其是否为最优方案。

（2）最优方案的判别

采用位势法求全部检验数 $\lambda_{ij} \geq 0$，与此对应的方案即为最优调配方案。检验时，首先将初始方案中有调配数方格的运距列出来（表 4-18），然后根据这些方格中的数字利用计算位势数及检验数的公式求出位势数 u_{io}、v_{jo} 和检验数 λ_{iojo}（为便于填写，在表 4-18 中增加一行 v_j 和一列 u_i）。计算时，先令 $u_1 = 0$，则：

$v_1 = L_{11} - u_1 = 15 - 0 = 15$；$u_3 = L_{31} - v_1 = 18 - 15 = 3$；$v_2 = L_{32} - u_3 = 33 - 3 = 30$；

$v_3 = L_{33} - u_3 = 21 - 3 = 18$；$u_2 = L_{22} - v_2 = 12 - 30 = -18$；$u_4 = L_{43} - v_3 = 12 - 18 = -6$；

$\lambda_{21} = L_{21} - u_2 - v_1 = 21 - (-18) - 15 = 24$；$\lambda_{41} = L_{41} - u_4 - v_1 = 24 - (-6) - 15 = 15$；

$\lambda_{12} = L_{12} - u_1 - v_2 = 21 - 0 - 30 = -9$；$\lambda_{42} = L_{42} - u_4 - v_2 = 30 - (-6) - 30 = 6$；

$\lambda_{13} = L_{13} - u_1 - v_3 = 30 - 0 - 18 = 12$；$\lambda_{23} = L_{23} - u_2 - v_3 = 27 - (-18) - 18 = 27$。

表 4-18 中出现了一个负值检验数，即初始方案不是最优方案，需进一步调整。

位势数、运距和检验数表　　　　　　　　　　　　　　表 4-18

搅拌站编号	位势数 v_j / u_i	甲工地 $v_1 = 15$	乙工地 $v_2 = 30$	丙工地 $v_3 = 18$
1 号	$u_1 = 0$	0　　15	（ − ）	（ ＋ ）
2 号	$u_2 = -18$	（ ＋ ）	0　　12	（ ＋ ）
3 号	$u_3 = 3$	0　　18	0　　33	0　　21
4 号	$u_4 = -6$	（ ＋ ）	（ ＋ ）	0　　12

（3）方案调整

第一步：在所有负值检验数中挑选出一个（通常选取最小的一个），本例为 λ_{12}，把它所对应的 x_{12} 值作为调整对象。

第二步：找出 x_{12} 的闭回路。作法：从 x_{12} 所在方格出发，沿水平或竖直方向前进，遇到有数字的方格作 90° 转弯（也可不转弯），然后继续前进，最后回到出发点，形成一条以数字的方格为转折点、水平或竖直直线连接起来的闭回路，见表 4-19。

第三步：从方格 x_{12} 出发，沿着闭回路（任意方向）一直前进，在各奇数次转角数字中，挑出一个最小值（本例是在"1200"与"240"中选取"240"），将它从 x_{32} 调到 x_{12} 方格中。

第四步：将 240 填入 x_{12} 方格中，同时被挑出的 x_{32} 方格中的值为 0，并将闭回路上其他奇数次转角上的数字均减去 240，偶数次转角上的数字均加上 240，使搅拌站供应的混凝土量与工地需求量仍保持平衡，调整后得表 4-20 的新调配方案。对新调配方案，仍采有位势法进行检验，看其是否为最优方案。若检验数中仍有负值出现，则需按上述步骤再继续调整，直至所有的检验数均大于等于零为止，此时对应的方案即为最优方案。

x_{12} 闭回路表　　　　　　　　　　　　　　表 4-19

搅拌站编号	甲工地	乙工地	丙工地
1 号	1200（ − 240 ）←	x_{12}（ ＋ 240 ）	
2 号	↓	↑　800	
3 号	720（ ＋ 240 ）→	240（ − 240 ）	240
4 号		960	

新的调整表　　　　　　　　　表 4-20

搅拌站	位势数 $u_i v_j$	甲工地 $v_1 = 15$		乙工地 $v_2 = 21$		丙工地 $v_3 = 18$		供应量 (m³)
1 号	$u_1 = 0$	960	15	240	21	(+)	30	1200
2 号	$u_2 = -9$	(+)	21	1200	12	(+)	27	1200
3 号	$u_3 = 3$	960	18	(+)	33	240	21	1200
4 号	$u_4 = -6$	(+)	24	(+)	30	960	12	960
需求量 (m³)		1920		1440		1200		4560

表 4-20 中新调整方案的检验数均大于等于零，该方案即为最优方案。该最优方案的混凝土总运输量为：

$$Z = 960 \times 15 + 960 \times 18 + 240 \times 21 + 1200 \times 12 + 240 \times 21 + 960 \times 12$$
$$= 67680 \ \mathrm{m^3 \cdot km}$$

第五章

单位工程施工组织设计

◆ 第一节 概述

单位工程施工组织设计是由施工承包单位的工程项目经理部编制的，用来指导单位工程现场施工活动的技术经济文件。目前，我国的单位工程施工组织设计制度正在不断完善。在工程招标阶段，承包商就精心编制施工组织设计大纲，根据工程的具体特点、建设要求、施工条件和本单位的管理水平，制定初步施工方案，考虑施工进度计划，规划施工平面图，确定施工技术物资的供应，并拟定了各类技术组织措施和安全质量措施。在工程中标、签订施工合同以后，承包商还需要对施工组织设计大纲进行深入研究和详细分析，形成具体指导施工活动的单位工程施工组织设计文件。

建设项目的单项工程或单位工程的各个施工过程，可以采用不同的施工方案、施工方法、机械设备和不同的施工顺序。构件和半成品的生产，可以采用不同的方式和方法；运输工作可以采用不同的工具和方式；施工工地上的机械设备、仓库、搅拌站、运输道路、办公和生活用房、水电线路等可以采用不同的布置方式；开工前的施工准备工作，可以用各种不同的方法加以完成。对于这一系列问题，如何根据国家和各地区的方针政策法规，结合各土木工程的性质、规模和各种客观条件，从经济和技术统一的全局出发，对各种问题加以全面考虑，做出科学合理的部署。编制指导施工准备工作和施工全过程的技术经济文件是施工组织设计需要研究和完成的任务。因此，单位工程施工组织设计是施工企业依据国家的政策和技术法规及工程设计图纸的要求，从工程实施的目标出发，结合客观的施工条件，拟定工程施工方案，确定施工顺序，制定各分部分项工程的施工工艺技术和施工方法，提出保证质量的措施和安全生产的措施，安排施工进度，组织劳动力、机具、材料、构件和半成品的供应，对现场道路、运输、水电供应、仓库和生产、生活和办公用房做出规划和布置，为使施工活动能有计划地、有条不紊地进行，从而实现优质、低耗、快速的施工目标而编制的技术经济文件。

一、单位工程施工组织设计的编制依据

为了达到单位工程施工组织设计能切实指导施工生产的目的，便于施工人员的贯彻执行，关键是要在编制方法上下工夫，内容上要结合工程实际，管理上要服从于施工组织设计的需要。

单位工程施工组织设计的编制依据主要有以下几方面：

（1）建设主管部门的批示文件和建设单位对该施工项目的要求，如工期要求、质量标准和工程投资。

（2）施工组织总设计或大纲。当单位工程作为建筑群体的一个组成部分时，该建筑物的施工组织设计必须按照总设计的有关规定和要求编制。

（3）工程施工图、工程地质勘探报告以及地形图、测量控制网等施工现场条件和勘察资料。

（4）工程预算情况。根据工程预算文件制定详细的分部、分项工程量及相应的分层、分段工程量。

（5）国家和建设地区现行的有关规范、规程、规定和定额，上述文件是确定施工方案，编制进度计划的主要依据。

（6）有关的新技术成果以及类似工程的经济资料，当地的各种资源供应情况等。

二、单位工程施工组织设计的编制程序

单位工程施工组织设计程序，是指单位工程施工组织设计中各个组成部分之间的先后顺序和相互制约关系。根据工程实践经验，较合理的编制程序如图 5-1 所示。

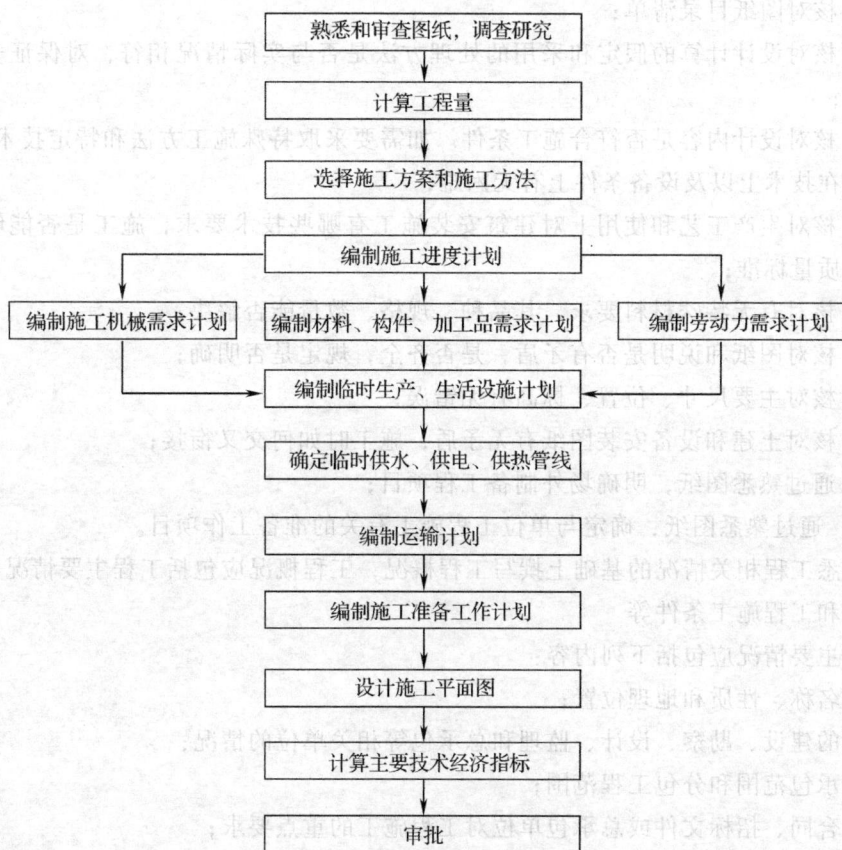

图 5-1　单位工程施工组织设计编制程序

◈ 第二节　施工方案确定

合理确定施工方案是单位工程施工组织设计的关键要素。施工方案确定中的进度安排和空间组织应符合下列规定：

1. 工程主要施工内容及其进度安排应明确说明，施工顺序应符合工序逻辑关系；

2. 施工流水段应结合工程具体情况分阶段进行划分；单位工程施工阶段的划分一般包括地基基础、主体结构、装饰装修和机电设备安装三个阶段。

施工方案包括了工程概况、施工程序的确定、施工过程的划分、工程量的计算、施工顺序的确定，以及施工方案的技术经济比较等，其合理与否直接影响了施工速度、质量、工期以及技术经济效果，其主要的内容包括：

一、编制工程概况及施工程序的确定

工程概况以及施工程序的确定应建立在熟悉施工图纸、领会设计意图、明确工程内容的基础上，熟悉、审查施工图纸一般包括以下几个方面：

（1）核对图纸目录清单；

（2）核对设计计算的假定和采用的处理方法是否与实际情况相符，对保证安全施工有无影响；

（3）核对设计内容是否符合施工条件。如需要采取特殊施工方法和特定技术措施时，则应考虑在技术上以及设备条件上有无困难；

（4）核对生产工艺和使用上对建筑安装施工有哪些技术要求，施工是否能够满足设计规定的质量标准；

（5）核对有无特殊材料要求，其品种、规格、数量能否解决；

（6）核对图纸和说明是否有矛盾，是否齐全，规定是否明确；

（7）核对主要尺寸、位置、标高有无错误；

（8）核对土建和设备安装图纸有无矛盾，施工时如何交叉衔接；

（9）通过熟悉图纸，明确场外制备工程项目；

（10）通过熟悉图纸，确定与单位工程施工有关的准备工作项目。

在熟悉工程相关情况的基础上撰写工程概况，工程概况应包括工程主要情况、各专业设计简介和工程施工条件等。

工程主要情况应包括下列内容：

工程名称、性质和地理位置；

工程的建设、勘察、设计、监理和总承包等相关单位的情况；

工程承包范围和分包工程范围；

施工合同、招标文件或总承包单位对工程施工的重点要求；

其他应说明的情况。

各专业设计简介应包括下列内容：

建筑设计简介应依据建设单位提供的建筑设计文件进行描述，包括建筑规模、建筑功能、建筑特点、建筑耐火、防水及节能要求等，并应简单描述工程的主要装修做法；

结构设计简介应依据建设单位提供的结构设计文件进行描述，包括结构形式、地基基础形式、结构安全等级、抗震设防类别、主要结构构件类型及要求等；

机电及设备安装专业设计简介应依据建设单位提供的各相关专业设计文件进行描述，包括给水、排水及采暖系统、通风与空调系统、电气系统、智能化系统、电梯等各个专业系统的做法要求。

项目主要施工条件应包括下列内容：

项目建设地点气象状况；

项目施工区域地形和工程水文地质状况；

项目施工区域地上、地下管线及相邻的地上、地下建（构）筑物情况；

与项目施工有关的道路、河流等状况；

当地建筑材料、设备供应和交通运输等服务能力状况；

当地供电、供水、供热和通信能力状况；

其他与施工有关的主要因素。

二、划分施工过程

建筑物的建造过程是由许多施工过程所组成的，在编制进度计划及实施施工时都要按划分的施工过程进行组织和安排。

在施工进度计划中，需要填入所有施工过程名称，而水电工程和设备安装工程通常是由专业性施工单位负责施工的。因此，在一般土建施工单位的施工进度计划中，只要反映出这些工程和一般土建工程如何配合即可。而专业性施工单位和设备安装单位等，则应当根据单位工程进度计划的总工期以及如何同一般土建工程进行配合，另行编制专业工程的施工进度计划。

劳动量大的施工过程，都要一一列出。那些不重要的、劳动量小的施工过程，可以合并起来列为"其他"一项，在进度计划中按总劳动量的百分率计。

所有的施工过程应按计划施工的先后顺序排列。

在划分施工过程时，要注意以下几个方面：

（1）施工过程划分的精细程度。分项越细，项目越多。例如砌筑砖墙施工过程，可以作为一个施工过程，也可以划分为四个施工过程（砌第一、二、三施工层（布架层）墙，安装楼板）或六个施工过程（砌第一施工层的墙、搭设供第二施工层用的脚手架、砌第二施工层的墙、搭设供第三施工层用的脚手架、砌第三施工层的墙、安装楼板）。

（2）施工过程的划分要结合具体的施工方法。例如装配式钢筋混凝土结构的安装，如果是采用分件安装法，则施工过程应该按照构件（柱、基础梁、连系梁、屋面梁和屋面板等）来划分。如果是采用综合安装法，则施工过程应该按照单元（节间）来划分。

（3）凡是在同一时间内由同一工作队进行的施工过程可以合并在一起，否则就应当分列。例如，建筑工程中的隔声楼板的铺设，可以划分为钢筋混凝土楼板的浇筑、敷设隔声层和铺地板三个施工过程，因为这些工程是在不同的时期内由不同的工作队来进行的，所以这三个施工过程应分别列出。

三、计算工程量

工程量项目经济管理、工程造价控制是基本建设的核心任务，正确、快速的计算工程量是这一核心任务的首要工作，工程量计算是编制工程预算的基础工作，具有工作量较大、繁琐、费时、细致的特点，而且其精确度和快慢程度将直接影响预算的质量与速度。改进工程量计算方法，对于提高概预算质量，加快概预算速度，减轻概预算人员的工作量，增强审核、审定透明度都具有十分重要的意义。

在编制单位工程施工进度计划时，应当根据施工图和工程预算工程量计算规则来计算工程量。当没有施工图时，可以根据技术设计图纸计算。设计和预算文件中有时列有主要工种的工程量，这就给编制施工组织设计带来了很大的方便。如果工程量没有列出，必须另行计算时，可以利用技术设计图纸和各种结构、构件的标准设计图集以及各种手册资料进行计算。

工程量的计算依据主要是以下几个方面：

施工图纸及配套的标准图集

施工图纸及配套的标准图集，是工程量计算的基础资料和基本依据。因为，施工图纸全面反映建筑物（或构筑物）的结构构造、各部位的尺寸及工程做法。

预算定额、工程量清单计价规范

根据工程计价的方式不同（定额计价或工程量清单计价），计算工程量应选择相应的工程量计算规则，编制施工图预算，应按预算定额及其工程量计算规则算量；若工程招标投标编制工程量清单，应按"计价规范"附录中的工程量计算规则算量。

施工组织设计或施工方案

施工图纸主要表现拟建工程的实体项目，分项工程的具体施工方法及措施，应按施工组织设计或施工方案确定。如计算挖基础土方，施工方法是采用人工开挖，还是采用机械开挖，基坑周围是否需要放坡、预留工作面或做支撑防护等，应以施工组织设计或施工方案为计算依据。

工程量的计算应和预算定额的计算单位相符合，以免换算。为了便于计算和复核，工程量的计算应当按照一定的顺序和格式进行。

四、确定施工顺序

在单位工程施工组织设计中，应该在工程概况和施工特点分析的基础上，确定施工程序、顺序，主要施工方法和施工机械。

单位工程施工应遵循的施工顺序：

（1）先地下后地上。主要是指首先完成土方工程和基础工程等地下工程，然后开始进行地上工程的施工；对于地下工程本身而言也要按照先浅后深的程序，以免造成工程返工等对上部结构的干扰，造成施工不便。

（2）先主体后围护。主要是指要先施工完主体结构，再进行围护结构的施工。

（3）先结构后装饰。主要是指主体结构施工完成后再进行装修工程的施工，但随着工业化程度的不断提高，某些装饰与结构构件均在工厂完成。

（4）先土建后设备。一般是指土建工程与水暖电卫等工程的总体施工顺序。

上述原则需要结合具体工程的结构特征、施工条件和建设要求，合理确定该工程的施工开展程序，如是建筑物，要确定建筑物各楼层、各单元（跨）的施工顺序、施工段的划分，各主要施工过程的流水方向等。对于大面积单层装配式工业厂房的施工，如何确定各单元（跨）施工的顺序显得尤为重要。

1. 主体结构工艺顺序

（1）混合结构：混合结构标准层的施工顺序为：弹线→砌筑墙体→浇过梁及圈梁→板底找平→安装楼板（浇筑楼板）。

（2）装配式结构：装配式结构的主导工程是结构安装。单层厂房的柱和屋架一般在现场预制，预制构件达到设计要求的强度后可进行吊装。单层厂房结构安装可以采用分件吊装法或综合吊装法，基本安装顺序为：吊装柱→吊装基础梁、连系梁、吊车梁等（扶直屋架→吊装屋架、天窗架、屋面板。支撑系统穿插在其中进行）。

（3）现浇混凝土结构：现浇混凝土结构的主导工程为现浇钢筋混凝土。标准层的施工顺序为：弹线→绑扎墙体钢筋→支墙体模板→浇筑墙体混凝土→拆除墙模→搭设楼面模板→绑扎楼面钢筋→浇筑楼面混凝土。其中柱、墙的钢筋绑扎在支模之前完成，而楼面的钢筋绑扎则在支模之后进行，施工中应考虑技术间歇。

2. 基础工程工艺顺序

（1）浅基础的施工顺序为：清除地下障碍物→软弱地基处理→挖土→垫层→砌筑（或浇筑）基础→回填土。其中基础常用砖基础和钢筋混凝土基础（条形基础或片筏基础）。砖基础的砌筑中有时要穿插进行地梁的浇筑，砖基础的顶面还要浇筑防潮层。钢筋混凝土基础则包括支撑模板→绑扎钢筋→浇筑混凝土→养护→拆模。如果基础开挖深度较大、地下水位较高，则在挖土前尚应进行土壁支护及降水工作。

（2）桩基础的施工顺序为：打桩（或灌注桩）→挖土→垫层→承台→回土。

3. 装饰工程

一般的装饰及屋面工程包括抹灰、勾缝、饰面、喷浆、门窗扇安装、玻璃安装、油漆、屋面找平、屋面防水层等。其中抹灰和屋面防水层是主导工程。

装饰工程没有严格一定的顺序。同一楼层内的施工顺序一般为：地面→天棚→墙面，有时也可采用天棚→墙面→地面的顺序。又如内外装饰施工，两者相互干扰很小，可以先外后内，也可先内后外，或者两者同时进行。

卷材屋面防水层的施工顺序是：铺保温层（如需要）→铺找平层→刷冷底子油→铺防水卷材→撒绿豆沙。屋面工程在主体结构完成后开始，并应尽快完成，为顺利进行室内装饰工程创造条件。

确定各施工过程的施工顺序应注意下列要求：

（1）遵循施工程序

（2）符合施工工艺的要求

各种施工过程之间客观存在的工艺顺序关系，随结构和构造的相异而不同。在确定施工顺序时，不能违背这种关系。

（3）考虑施工方法和施工机械的要求

例如在建造装配式单层工业厂房时，如果采用分件吊装法，施工顺序应该是先吊柱，后吊吊车梁，最后吊屋架和屋面板；如果采用综合吊装法，则施工顺序应该是吊装完一个节间的柱、吊车梁、屋架、屋面板之后，再吊装另一节间的构件。

（4）施工组织的要求

如一般的安排框架结构的施工顺序时，可按照施工组织规定的先后顺序进行。

（5）考虑施工安全和质量的要求

如基坑的回填土，特别是从一侧进行的回填土，必须在砌体达到必要的强度以后才能开始，否则砌体的质量会受到影响。又如卷材屋面，必须在找平层充分干燥后铺设。

（6）考虑当地的气候影响

例如在华东、中南地区施工时，应当考虑雨期施工的特点；在华北、东北、西北地区施工时，应当考虑冬期施工的特点。土方、砌墙、屋面等工程应当尽量安排在雨期或冬期到来之前施工，而室内工程则可以适当推后。

五、确定施工方法和施工机械

正确的制定施工方法和选择施工机械是施工组织设计编制的重要组成部分，影响着施工进度、工程质量和工程成本。

施工方法和施工机械的选择是紧密联系的，如基础工程的土方开挖应采用什么机械完成，要不要采取降低地下水的措施，浇筑大型基础混凝土的水平运输垂直运输采用什么方式；主体结构构件的安装应采用什么型号的起重机才能满足吊装范围和起重高度的要求；墙体工程和装饰工程的垂直运输如何解决等。这些问题的解决，在很大程度上受到工程结构形式和建筑特征的制约。通常所说的结构选型和施工选案是紧密相关的，一些大型建筑工程，往往在工程初步设计阶段就要考虑施工方法，并根据施工方法决定结构设计模式。

拟定施工方法时，应着重考虑影响整个单位工程施工的分部分项工程的施工方法，对于常规做法的分项工程则不必详细拟定，可只提具体要求。

在选择施工机械时，应首先选择主导工程的机械，如地下工程的土方机械等，然后根据建筑特点及材料、构件种类配备辅助机械。最后确定与施工机械相配套的专用工具设备。另外，在同一工地上，应该力求施工机械的型号尽可能少，以利于管理，提高熟练化程度。

六、施工方案的技术经济比较

同一工程的各个施工过程都可以采用多种不同的施工方法和施工机械来完成。确定施工方案时，应当根据现有的或可能获得的机械的实际情况，同时设计多个技术上可能的方案，然后从技术及经济上互相比较，如技术上是否可行，劳动力及机械是否能够满足要求，施工安全性如何等，从中选出最合理的方案，使技术上的可行性同经济上的合理性统一起来。一般有单位工程成本、劳动消耗量和施工持续时间（工期）。

1. 单位工程成本

$$c = \frac{C}{A}$$

式中　C ——施工发生的实际费用；

　　　A ——施工项目建筑面积。

2. 施工工期

$$T = \frac{Q}{v} \tag{5-1}$$

式中　Q ——工程量；

　　　v ——单位时间内计划完成的工程量（如采用流水施工，v 即流水强度）。

反映施工项目相对速度的指标可用单位建筑面积施工工期，其计算公式为：

$$t = \frac{T}{A} \tag{5-2}$$

式中　t ——单位建筑面积施工工期；

　　　A ——施工项目建筑面积。

3. 劳动消耗量

劳动消耗量反映施工机械化程度与劳动生产率水平，劳动消耗量 N 包括主要工种用工 n_1，辅助用工 n_2，以及准备工作用工 n_3，即

$$N = n_1 + n_2 + n_3 \tag{5-3}$$

劳动消耗量的单位为工日，有时也可用单位产品劳动消耗量（工日/m^3，工日/t，…）来计算。

对于以上的计算指标进行综合全面衡量，选取最合理的方案。

◆ 第三节　编制施工进度计划

单位工程施工进度计划应按照施工部署的安排进行编制。施工进度计划可采用网络图或横道图表示，并附必要说明；对于工程规模较大或较复杂的工程，宜采用网络图表示。

单位工程施工进度计划以施工方案为基础，根据规定工期和技术物资的供应条件，遵循各施工过程合理的工艺顺序，统筹安排各项施工活动。它的任务是为各施工过程指明一个确定的施工日期（即进出场的时间计划），并以此为依据确定施工作业所必需的劳动力和各种技术物资的供应计划。

施工进度计划编制的一般步骤为：划分施工过程，计算工程量，确定劳动量和机械台班数，确定各施工过程的天数，编制施工进度计划初步方案，方案调整。

一、划分施工过程

划分施工过程的具体方法参见本章第二节施工部署的相关内容。

二、确定各施工过程的工程量

确定各施工过程工程量可参见本章第三节计算工程量的相关内容，并查出相应的定额，在实际工程中，一般依据工程预算书以及拟定的施工方案确定各施工过程的工程量，如果施工进度计划所用定额和施工过程的划分与工程预算书一致时，则可直接利用预算的工程量，不必重新进行计算。若某些项目有出入，或分段分层有所不同时，可结合施工进度计划的要求进行变更、调整和补充。

三、确定劳动量和机械台班数

根据施工过程的分项分部的工程量、施工方法和地方颁发的施工定额，并参照施工单位的实际情况，确定计划采用的定额（实际定额和产量定额），一次计算劳动量和机械台班数；

$$p = \frac{Q}{S} \tag{5-4}$$

或 $$p = QH \tag{5-5}$$

式中　　p——某施工过程所需的劳动量（或机械台班数）；

　　　　Q——该施工过程的工程量；

　　　　S——计划采用的产量定额（或机械产量定额）；

　　　　H——计划采用的时间定额（或机械时间定额）。

或者，也可以使用综合定额，其公式为：

$$\bar{S} = \frac{\sum_1^n Q_i}{\dfrac{Q_1}{S_1} + \dfrac{Q_2}{S_2} + \cdots + \dfrac{Q_n}{S_n}} \tag{5-6}$$

式中　　Q_1，Q_2，$\cdots$，Q_n——同一施工过程各分项工程的工程量；

　　　　S_1，S_2，$\cdots$，S_n——同一施工过程中各分项工程的产量定额（或机械产量定额）；

　　　　$\bar{S}$——施工过程的综合定额产量（或平均机械产量定额）。

有些新技术或特殊的施工方法，其定额尚未列入定额手册中，此时，可将类似项目的定额进行换算，或根据实验资料确定，或采用三时估计法。

四、确定各施工过程的作业天数

计算各施工过程的持续时间的方法一般有两种：

（1）定额计算法

根据配备在某施工过程上的施工工人数量及机械数量来确定作业时间。

根据施工过程计划投入的工人数量及机械台数，可按下式计算该施工过程的持续时间：

$$T = \frac{p}{nb} \tag{5-7}$$

式中 T——完成某施工过程的持续时间（工日）；

p——该施工过程所需的劳动量（工日）或机械台班数（台班）；

n——每工作班安排在该施工过程上的机械台数或劳动的人数；

b——每天工作班数。

（2）工期倒排计算法：

根据工期要求倒排进度，及由 T、p、b 求 n：

$$n = \frac{p}{Tb} \tag{5-8}$$

即可求得 n 值。

确定施工持续时间，应考虑施工人员和机械所需的工作面。人员和机械的增加可以缩短工期，但它有一个限度，超过了这个限度，工作面不充分，生产效率必然会下降。

五、编制施工进度计划图

编排施工进度计划的一般方法，是首先找出并安排控制工期的主导施工过程，并使其他施工过程尽可能地与其平行施工或作最大限度的搭接施工。

在主导施工过程中，先安排其中主导的分项工程，而其余的分项工程则与它配合、穿插、搭接或平行施工。

在编排时，主导施工过程中的各分项工程，各主导施工过程之间的组织，可以应用流水施工方法和网络计划技术进行设计，最后形成初步的施工进度计划。

施工进度计划可采用网络图或横道图表示，并附必要说明；对于工程规模较大或较复杂的工程，宜采用网络图表示。

横道图是用横道在时间刻度上表示分项工程的起止时间和延续时间，用此方法表达一项工程的全面计划，其表达形式简单、形象，但缺点是不能反映施工过程中的关键分项工程和可以机动灵活使用的时间；网络图可以明确的表现施工过程中各工序之间的逻辑关系，突出关键工序，显示其他工序的机动时间，便于管理人员抓住关键线路，并可以预见各个工序对工期的影响程度。

六、编制资源计划

在单位工程施工进度计划确定之后，需要编制各主要工种劳动力需要量计划、主要建筑材料需要量计划、构件需要量计划、施工机械需要量计划等，以利于及时组织劳动力和技术物资的供应，保证施工进度计划的顺利执行。

1. 劳动力需要量计划

将各施工过程所需要的主要工种劳动力，根据施工进度的安排进行叠加，就可编制出主要工种劳动力需要量计划，如表 5-1 所示。它的作用是为施工现场的劳动力调配提供依据。

劳动力需要量计划表　　　　　　　　　　　表 5-1

序号	工作名称	总劳动量（工种）	每月需要量（工日）					
			1	2	3	5	…	12

2. 主要材料需要量计划

材料需要量计划主要为组织备料、确定仓库、堆场面积、组织运输之用。其编制方法是将施工预算中或进度表中各施工过程的工程量，按材料名称、规格、使用时间并考虑到各种材料消耗进行计算汇总即为每天（或旬、月）所需材料数量。材料需要量计划格式如表 5-2 所示。

主要材料需要量计划表　　　　　　　　　　表 5-2

序号	材料名称	规格	需要量		供应时间	备注
			单位	数量		

若某分部分项工程是由多种材料组成，例如混凝土工程，在计算其材料需要量时，应按混凝土配合比，将混凝土工程量换算成水泥、砂、石、外加剂等材料的数量。

3. 构件需要量计划

建筑结构构件、配件和其他加工品的需要量计划，同样可按编制主要材料需要量计划的方法进行编制。它是同加工单位签订供应协议或合同、确定堆场面积、组织运输工作的依据，如表 5-3 所示。

构件需要量计划表　　　　　　　　　　　　表 5-3

序号	品名	规格	图号	需要量		使用部位	加工单位	供应日期	备注
				单位	数量				

4. 施工机械需求量计划

根据施工方案和施工进度确定施工机械的类型、数量、进场时间。一般是把单位工程施工进度表中每一个施工计划、每天所需的机械类型、数量和施工日期进行汇总，以得出施工机械模具需要量计划，如表 5-4 所示。

施工机械、模具需要量计划表　　　　　　　表 5-4

序号	机械名称	机械类型（规格）	需要量		来源	使用起讫时间	备注
			单位	数量			

◆ 第四节 施工现场平面布置

单位工程施工平面图是施工现场平面布置的依据，合理的施工平面布置对于顺利执行施工进度计划是非常重要的。因此，在施工组织设计中，对施工平面图的设计应予重视。施工平面图一般需分施工阶段来编制，如基础施工平面图、主体结构施工平面图和装修工程平面图等，用以指导各个阶段的施工活动。施工现场平面布置图应符合下列原则：

（1）平面布置科学合理，施工场地占用面积少；

（2）合理组织运输，减少二次搬运；

（3）施工区域的划分和场地的临时占用应符合总体施工部署和施工流程的要求，减少相互干扰；

（4）充分利用既有建（构）筑物和既有设施为项目施工服务，降低临时设施的建造费用；

（5）临时设施应方便生产和生活，办公区、生活区和生产区宜分离设置；

（6）符合节能、环保、安全和消防等要求；

（7）遵守当地主管部门和建设单位关于施工现场安全文明施工的相关规定。

单位工程的施工平面图应结合施工组织总设计，按不同施工阶段分别绘制。单位工程是由多个分部工程组成，严格来说，每个分部工程都应该独立的设计一个施工平面图。

一、设计内容和依据

1. 设计内容

单位工程施工平面图通常采用1:200～1:500的比例绘制，一般应在图上表明下列内容：

（1）工程施工场地状况；

（2）拟建建（构）筑物的位置、轮廓尺寸、层数等；

（3）工程施工现场的加工设施、存贮设施、办公和生活用房等的位置和面积；

（4）布置在工程施工现场的垂直运输设施、供电设施、供水供热设施、排水排污设施和临时施工道路等；

（5）施工现场必备的安全、消防、保卫和环境保护等设施；

（6）相邻的地上、地下既有建（构）筑物及相关环境。

2. 设计依据

单位工程施工平面图应在施工设计人员踏勘现场、取得施工环境第一手资料的基础上，根据施工方案和施工进度计划的要求进行设计。设计时依据的资料有：

（1）施工组织设计文件及原始资料；

（2）施工总平面图；

（3）单位工程的平面图和剖面图；

（4）各个分部分项工程的施工方案；

（5）一切已有和拟建的地上、地下管道布置资料；

（6）工程施工机械、模具、运输工具的数量。

3．设计原则

本着节约施工用地、减少二次搬运的原则进行施工平面图的设计。

二、设计步骤和要求

单位工程施工平面图设计的一般步骤如下：

1．确定垂直运输机械的布置

垂直运输机械的位置直接影响仓库、料堆、砂浆和混凝土制备站的位置及道路和水、电线路的布置等。因此要首先予以考虑。

固定式垂直运输设备的布置方式主要取决于机械性能、建（构）筑物的平面形状和大小、施工段划分的情况、材料来向和已有运输道路情况而定。其目的是充分发挥起重机械的能力并使地面与高空上的水平运距最小。但有时为了运输方便，运距稍大些也是可取的。一般来说，当建筑物各部位的高度相同时，布置在施工段的分界线附近；当建（构）筑物各部位的高度不同时，布置在高低分界线处。这样布置的优点是：高空各施工层上各段水平运输互不干扰。

有轨式起重机轨道的布置方式主要取决于建筑物的平面形状、尺寸和四周的施工现场的条件。要使起重机的起重幅度能够将材料和构件直接运至任何施工地点，尽量避免出现"死角"，争取轨道距离最短。轨道布置方式通常是沿建筑物的一侧或内、外两侧布置，必要时，还需要在增加运转设备。同时做好轨道路基四周的排水工作。

无轨自行起重机的开行路线，主要取决于建（构）筑物的平面布置、构件的重量、安装高度和吊装方法等。

2．确定搅拌站、仓库和材料、构件堆场的位置

搅拌站、仓库和材料、构件的位置应尽量靠近使用地点或在起重能力范围内，并考虑到运输和装卸料的方便。图 5-2 为搅拌站、仓库和材料、构件堆场位置的决策过程。

（1）根据施工阶段、施工部位和使用先后的不同，材料、构件等堆场位置一般有以下几种布置方式：

1）建（构）筑物基础和第一批施工使用的材料，应该布置在建（构）筑物的四周。材料堆放位置，应根据基槽（坑）的深度、宽度及其坡度确定，并与基槽边缘保持一定距离，以免造成基槽（坑）土壁的塌方事故。

2）第二批及以后使用的施工材料，布置在起重机附近。

3）砂、砾石等大宗材料尽量布置在搅拌站附近。

4）多种材料同时布置时，对大宗的、重量大的和先期使用的材料，尽可能靠近使用地点或起重机附近布置；而少量的、轻的和后期使用的材料，则可布置得稍远一些。

5）按不同施工阶段，使用不同材料的特点，在同一位置上可先后布置几种不同的材料，例如砖混结构民用房屋中的基础施工阶段，可在其四周布置毛石，而在主体结构第一层施工阶段可沿四周布置砖等。

```
┌─────────────────────────┐
│    选择与材料有关的设施    │
└─────────────────────────┘
            │
┌─────────────────────────┐        ┌──────────┐
│  决定哪些材料对此设施有影响 │ ◄──── │  经验知识  │
└─────────────────────────┘        └──────────┘
            │
┌─────────────────────────┐        ┌──────────┐
│  计算整个工程所需的永久性工程 │ ◄──── │   图纸    │
└─────────────────────────┘        │  材料表   │
            │                      │  进度表   │
                                   └──────────┘
┌─────────────────────────┐        ┌──────────┐
│  决定在工地仓库储存的最长时间 │ ◄──── │ 项目政策  │
└─────────────────────────┘        │ 材料性质  │
            │                      └──────────┘
┌─────────────────────────┐        ┌──────────┐
│ 决定整个工程每星期的实际需要量│ ◄──── │ 永久工程的 │
└─────────────────────────┘        │ 要求及储存时间│
            │                      └──────────┘
┌─────────────────────────┐        ┌──────────┐
│ 决定每一种材料的尺寸、重量及特性│ ◄──── │  材料表   │
└─────────────────────────┘        │ 知识经验  │
            │                      │ 专家的知识 │
                                   └──────────┘
┌─────────────────────────┐        ┌──────────┐
│    决定设施的形式及尺寸     │ ◄──── │ 实际的材料需要│
└─────────────────────────┘        │ 量及材料尺寸 │
            │                      └──────────┘
┌─────────────────────────┐        ┌──────────┐
│    决定设施接近工地的程度   │ ◄──── │ 经验知识  │
└─────────────────────────┘        │ 公司政策  │
            │                      └──────────┘
┌──────────┐  ┌─────────────────────────┐
│ 必要时进  │  │     考虑其他的有关设施     │
│ 行重新估价 │  └─────────────────────────┘
└──────────┘            │
┌─────────────────────────┐
│     在工地现场平面图       │
│     上标出设施的地点       │
└─────────────────────────┘

┌──────────┐                      ┌──────────┐
│ 如没有空间,再│                    │ 如果有空间,进行│
│ 考虑设施的尺寸│                    │ 其他设施的布置 │
└──────────┘                      └──────────┘
```

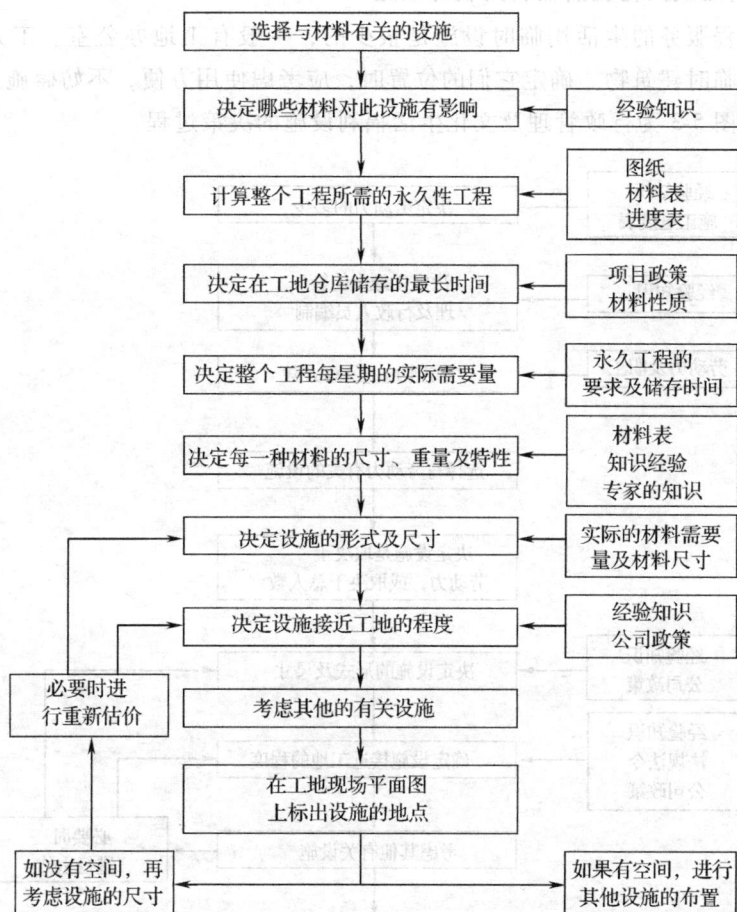

图 5-2 搅拌站、仓库和材料、构件堆场位置的决策过程

（2）根据起重机的类型，搅拌站、仓库和材料、构件堆放场位置又有以下几种布置方式：

1）当采用固定式垂直运输设备时，尽可能靠近起重机布置，以减少远距或二次搬运；

2）当采用塔式起重机进行垂直运输时，应布置在塔式起重机有效起重幅度范围内；

3）当采用无轨自行式起重机进行水平或垂直运输时，应沿起重机运行路线布置，且其位置应在起重臂的最大外伸长度范围内。

3. 运输道路的布置

现场主要道路应尽可能利用永久性道路，或先建好永久性道路的路基，在土建工程结束之前再铺路面。布置应按材料和构件运输的需要，沿着仓库和堆场进行布置，现场道路布置时要注意保证行驶畅通，使运输工具有回转的可能性。因此，运输路线最好围绕建筑物布置成一条环形道路。道路宽度一般不小于 3.5m。

4. 行政管理及文化生活福利用临时设施

为单位工程服务的生活用临时设施是很少的，一般有工地办公室、工人休息室、餐厅、工具库等临时建筑物。确定它们的位置时，应考虑使用方便，不妨碍施工，并符合防火保安要求。图 5-3 为行政管理及文化生活福利设施的决策过程。

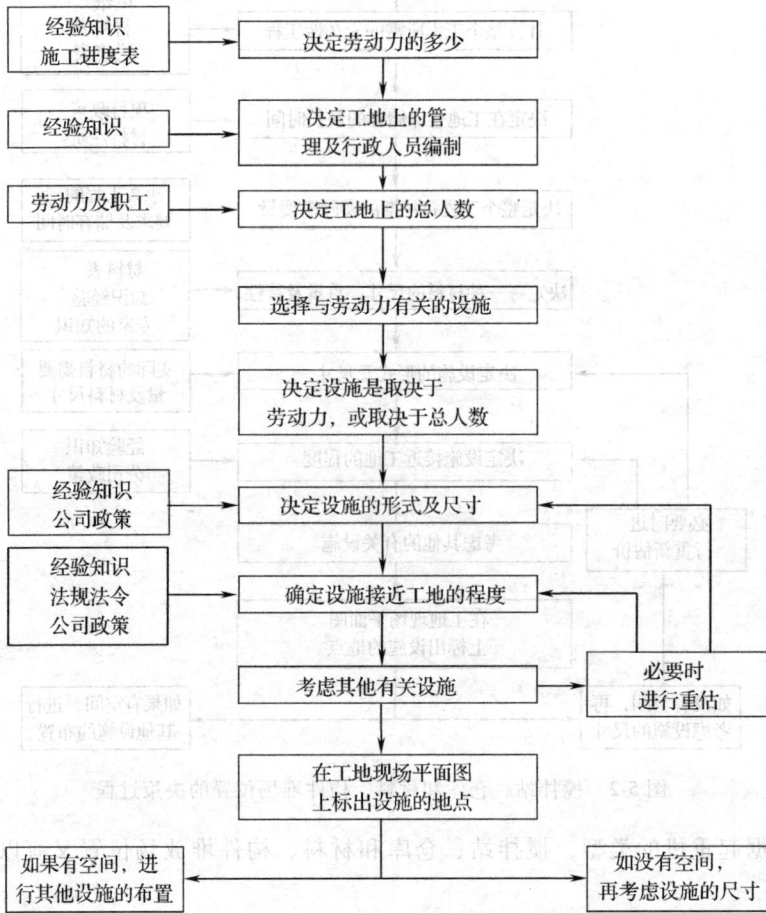

图 5-3　行政管理及文化生活福利设施的决策过程

例如，工地餐厅的位置及大小的决定过程如下：

先计算施工期间工人最多人数及平均人数，确定行政管理人员人数；然后根据工地总人数选择餐厅设备，一般可按最多人数配置设备，或按平均人数配置，并考虑超过此数时的临时措施；再确定餐厅面积及位置。此时应注意各地习惯（如考虑工人与管理人员是否共用一个餐厅等）及工地施工用地大小及工人宿舍位置等；最后还应考虑与其他生活设施（如厕所、浴室）的配套布置。在布置时，除必要外，应避免在工程施工期内移动餐厅的位置。

5. 供水设施的布置

临时供水一般由建设单位的干管或自行布置的干管接到用水地点。布置前要经过计算、设计，然后进行设置，布置时应力求管网总长度最短。管径的大小和龙头数目的设置需视工程规模大小通过计算确定。管道可埋于地下，也可铺设在地面上，由当时的气温条件和使用期限的长短而定。工地内要设置消防栓，消防栓距离建筑物不应小于5m，也不应大于25m，距离路边不大于2m。条件允许时，可利用城市或建设单位的永久消防设施。

　　有时，为了防止水的意外中断，可在建（构）筑物附近设置简单蓄水池，储有一定数量的生产和消防用水。如果水压不足时，应设置高压水泵。

　　为便于排除地面水和地下水，要及时修通永久性下水道，并结合现场地势在建（构）筑物四周设置排泄地面水和地下水的沟渠。

6. 临时供电设施

　　单位工程施工用电应在全工地的施工平面图中一并考虑。临时供电的设计包括用电量的计算、电源选择、电力系统的选择和配置。若属于扩建的单位工程，一般计算出在施工期间的用电总数，提供建设单位解决，不另设变压器。只有独立的单位工程施工时，才根据计算出的现场用电量选出变压器。变压器站的位置应布置在现场边缘高压线接入处，四周用铁丝网围住，但不宜布置在交通要道口处。

第六章

施工组织总设计

随着社会经济发展和建筑技术的进步，现代建筑施工已成为一项十分复杂的生产活动。一项大型工程，不仅要投入众多的人力、机械设备、材料和构配件，还要安排好施工现场的临时供水、供电、供热及各种临时建筑物等。这些工作的规划和组织协调，关系到能否高速度、高质量、高效益地完成工程建设的施工安装任务，尽快地发挥施工企业的经济效益和项目投资效益。

◆ 第一节　编制程序和内容

施工组织总设计是以建设项目或民用建筑群体为对象编制的，用以指导施工单位进行全场性的施工准备和有计划地运用各种物资资源，安排工程综合施工活动。施工组织总设计的主要内容包括：

（1）工程概况
（2）施工部署和主要建筑施工方案
（3）施工总进度计划
（4）资源需要量计划
（5）施工总平面图
（6）技术经济评价

编制程序如图 6-1 所示。

工程概况，是对建设项目的总说明、总分析，工程概况应包括项目主要情况和项目主要施工条件等。

1. 项目主要情况应包括下列内容

（1）项目名称、性质、地理位置和建设规模；
（2）项目的建设、勘察、设计和监理等相关单位的情况；
（3）项目设计概况；
（4）项目承包范围及主要分包工程范围；
（5）施工合同或招标文件对项目施工的重点要求；
（6）其他应说明的情况。

2. 项目主要施工条件应包括下列内容

（1）项目建设地点气象状况；

研究分析原始资料

| 勘察资料 | 设计图纸 | | 总(概)预算 | 施工期限 |

研究分析原始资料

计算工程量

选择施工方法和建筑机械

设计主要工作工程流水施工进度设计(辅助性施工进度计划)

编制施工总进度计划

编制工程量汇总表

编制劳动力汇总表

编制建筑结构半成品、零件及主要材料一览表

编制建筑机械及运输工具一览表

居住房屋及其他临时建筑业务的组织

附属企业业务的组织

运输及仓库业务的组织

供电供水及供热供气业务的组织

编制临时设施费用预算及准备工程施工进度计划

设计施工总平面图

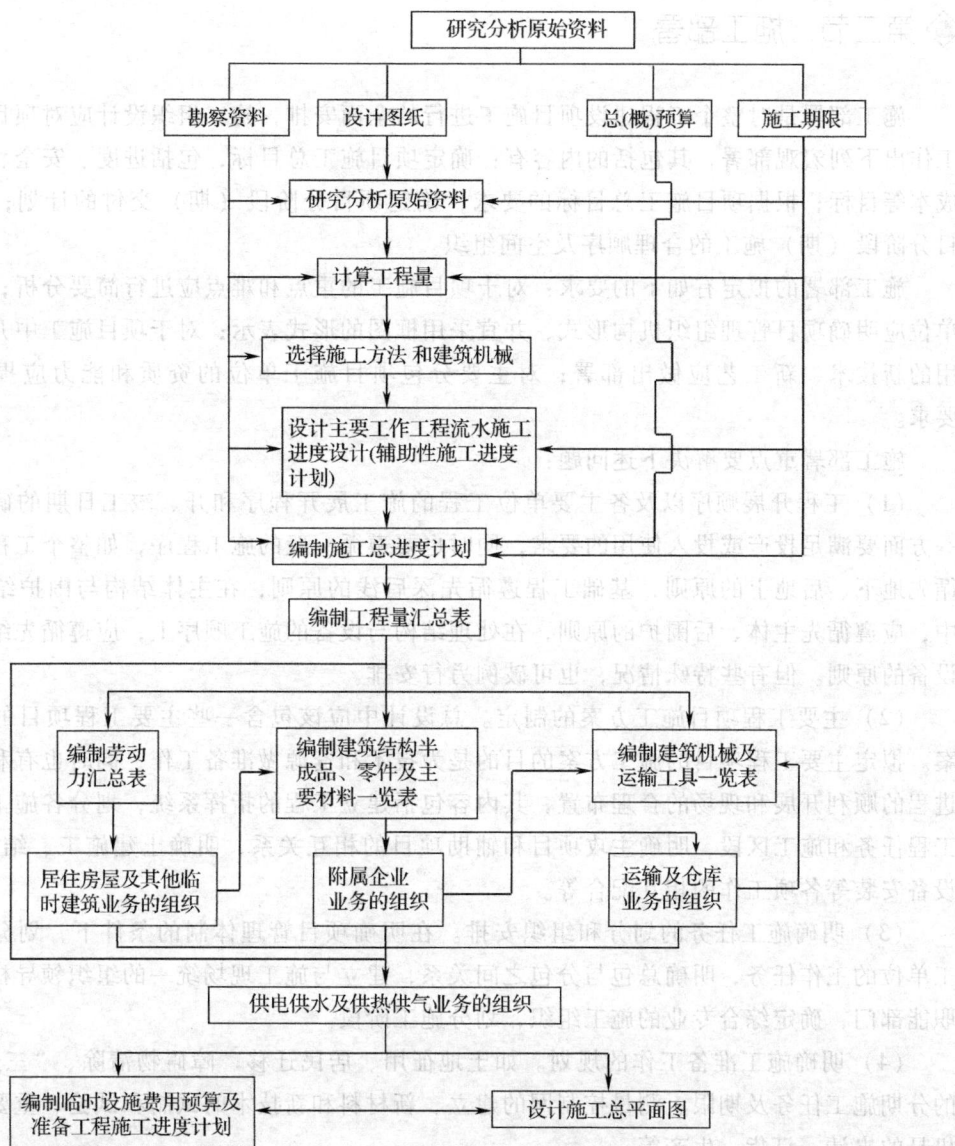

图 6-1 施工组织总设计编制程序

（2）项目施工区域地形和工程水文地质状况；

（3）项目施工区域地上、地下管线及相邻的地上、地下建（构）筑物情况；

（4）与项目施工有关的道路、河流等状况；

（5）当地建筑材料、设备供应和交通运输等服务能力状况；

（6）当地供电、供水、供热和通信能力状况；

（7）其他与施工有关的主要因素。

◈ 第二节 施工部署

施工部署是对整个工程建设项目施工进行的全面安排，施工组织设计应对项目总体施工作出下列宏观部署，其包括的内容有：确定项目施工总目标，包括进度、安全、环境和成本等目标；根据项目施工总目标的要求，确定项目分阶段（期）交付的计划；确定项目分阶段（期）施工的合理顺序及空间组织。

施工部署的拟定有如下的要求：对于项目施工的重点和难点应进行简要分析；总承包单位应明确项目管理组织机构形式，并宜采用框图的形式表示；对于项目施工中开发和使用的新技术、新工艺应做出部署；对主要分包项目施工单位的资质和能力应提出明确要求。

施工部署重点要解决下述问题：

（1）工程开展顺序以及各主要单位工程的施工展开程序和开、竣工日期的确定。它一方面要满足投产或投入使用的要求，同时也要遵循一般的施工程序，如整个工程施工遵循先地下、后地上的原则，基础工程遵循先深后浅的原则，在主体结构与围护结构施工中，应遵循先主体、后围护的原则，在处理结构与设备的施工顺序上，应遵循先结构、后设备的原则。但有些特殊情况，也可破例另行安排。

（2）主要工程项目施工方案的制定。总设计中应该包含一些主要工程项目的施工方案。拟定主要工程项目的施工方案的目的是为技术和资源做准备工作，同时也有利于施工进程的顺利开展和现场的合理布置，其内容包括建立工程的指挥系统，划分各施工单位的工程任务和施工区段，明确主攻项目和辅助项目的相互关系，明确土建施工、结构安装、设备安装等各项工作的相互配合等。

（3）明确施工任务的划分和组织安排。在明确项目管理体制的条件下，划分各个施工单位的工作任务，明确总包与分包之间关系，建立与施工现场统一的组织领导机构以及职能部门，确定综合专业的施工组织，划分施工阶段。

（4）明确施工准备工作的规划。如土地征用、居民迁移、障碍物清除、"三通一平"的分期施工任务及期限、测量控制网的建立、新材料和新技术的试制和试验、重要机械和机具的申请、订货、生产等。

◈ 第三节 施工总进度计划

根据建设项目的综合计划要求和施工条件，以拟建工程的投产和交付使用时间为目标，按照合理的施工顺序和日程安排的工程施工计划，称为施工总进度计划。施工总进度计划是施工现场施工活动在时间上的体现。施工总进度计划的作用在于确定各单位工程、准备工程和全工地性工程的施工期限及其开竣工日期，确定各项工程施工的衔接关系。从而确定：建筑工地上的劳动力、材料、半成品、成品的需要量和调配情况；附属生产企业的生产能力；建筑职工居住房屋的面积；仓库和堆场的面积；供水、供电和其他动力的数量等。

施工进度计划是施工组织设计中的主要内容，也是现场施工管理的中心内容。如果施工进度计划编制得不合理，将导致人力、物力的运用不均衡，延误工期，甚至还会影响工程质量和施工安全。因此，正确的编制施工总进度计划是保证各项工程以及整个建设项目按期交付使用、充分发挥投资效果、降低建筑工程成本的重要条件。

编制施工总进度计划的基本要求是：保证拟建工程在规定期限内完成；迅速发挥投资效益；施工连续性及均衡性；施工总进度计划应按照项目总体施工部署的安排进行编制；施工总进度计划可采用网络图或横道图表示，并附必要说明。

根据施工部署中建设分期分批投产顺序，将每一个系统的各项工程分别列出，在控制的期限内进行各项工程的具体安排。如建设项目的规模不很大，各系统的工程项目不多时，也可不先按分期分批投产顺序安排，而直接安排总进度计划。关于编制施工总进度计划的方法和步骤，视具体单位和编制人员的经验多少而有所不同。施工总进度计划的编制步骤如下：

一、列出工程项目表计算工程量

施工总进度计划主要起控制总工期的作用，项目划分不宜过细，通常按照分期分批投产顺序和工程开展顺序列出工程项目一览表并突出每个交工系统中的主要工程项目。

然后，按初步设计（或扩大初步设计）图纸并根据定额手册或有关资料计算工程量。可根据下列定额、资料选取一种进行计算：

1. 万元、十万元投资工程量、劳动力及材料消耗扩大指标。在这种定额中，规定了某一种结构类型建筑，每万元或十万元投资中劳动力、主要材料等消耗数量。对照设计图纸中的结构类型，即可求得拟建工程分项需要的劳动力和主要材料消耗数量。

2. 概算指标或扩大结构定额。这两种定额都是在预算定额基础上的进一步扩大。概算指标是以建筑物每立方米体积为单位；扩大结构定额则以每平方米建筑面积为单位。查定额时，首先查阅与本建筑物结构类型、跨度、高度相类似的部分；然后查出这种建筑物按定额单位所需的劳动力和各项主要建筑材料的消耗数量；从而便可求得拟计算建筑物所需的劳动力和材料的消耗数量。

3. 标准设计或已建成的类似建筑物。在缺乏上述几种定额的情况下，可采用标准设计或已建成的类似建筑物实际所消耗的劳动力及材料，加以类推，按比例估算。但是和拟建工程完全相同的已建工程是比较少见的，因此在采用已建成工程的资料时，可根据设计图纸与预算定额予以折算调整。

这种消耗指标都是各单位多年积累的经验数字，实际工作中常采用这种方法计算。除房屋外，还必须计算主要的全工地性工程的工程量，例如场地平整，铁路、道路和地下管线的长度等，这些可以根据建筑总平面图来计算。将按上述方法计算出的工程量填入统一的工程量汇总表中。

二、确定各单位工程的施工期限

建筑物的施工期限，随着各施工单位的机械化程度、施工技术和施工管理的水平、劳动力和材料供应情况等不同，而有很大差别。因此，应根据各施工单位的具体条件，并考虑建筑物的类型、结构特征、体积大小和现场环境等因素加以确定。此外，也可参考有关的工期定额来确定各单位工程的施工期限。工期定额是根据我国有关部门多年来的建设经验，在调查统计的基础上，经分析对比后制定的，是签订承发包合同和确定工期目标的依据。

三、确定单位工程的开工和竣工时间以及相互间的搭接关系

在施工部署中已确定了总的施工程序、各生产系统的控制期限及搭接时间，但对每一单位工程具体在何时开工，何时完工，尚未具体确定。经过对各主要建筑物的工期进行分析，确定了各主要建筑物的施工期限之后，就可以进一步安排各建筑物的搭接施工时间。安排各建筑物的开竣工时间和衔接关系时，一方面要根据施工部署中的控制工期，及施工单位的具体情况（施工力量、材料的供应、设计单位提供设计图纸的时间等）来确定；另一方面也要尽量使主要工种的工人基本上连续、均衡地施工，减少劳动力调度的困难。通常主要考虑以下各主要因素：保证重点、兼顾一般；满足连续、均衡的施工要求；满足生产工艺的要求；考虑施工总平面图的空间关系；全面考虑各种条件的限制。

四、安排施工进度

施工总进度计划可采用网络图或横道图表示，并附必要说明。总进度计划表的格式可以根据各单位的实际情况与编制经验来定。因为总进度主要是控制性的，所以，没有必要搞得很细。如把计划编得过细，由于施工的多变，实施过程中情况变化，调整计划反而不便。为了简化总进度计划可将若干幢次要建筑物合并成一项，如表6-1所示。

施工组织总设计进度计划表 表 6-1

序号	单位工程名称	建筑面积（m²）	结构形式	工作量（万元）	工作天数	施工进度表																
						20××年												20××年				
						一季度			二季度			三季度			四季度			一季度			二季度		三季度
						1	2	3	4	5	6	7	8	9	10	11	12	1	2	3	4 5 6	7 8 9

五、总进度计划调整与修正

施工进度安排好以后，把同一时期各项单位工程的工作量加在一起，用一定的比例画在总进度表的底部，即可得出建设项目的工作量动态曲线。根据动态曲线可以大致地判断

各个时期的工程量情况。如果在曲线上存在着较大的低谷或高峰，则需调整个别单位工程的施工速度或开竣工时间，以便消除低谷或高峰，使各个时期的工作量尽量达到均衡。并且，投资曲线也大致地反映不同时期的劳动力和物资的消耗情况。

在编制了各个单位工程的施工进度计划以后，有时还需要对施工总进度计划作必要的修正和调整。并且，在贯彻执行过程中，也应随着施工的进展变化及时作必要的调整。有些建设项目的施工总进度计划是跨几个年度的。此时，还需要根据国家每年的基本建设投资情况，调整施工总进度计划。

第四节　施工准备

施工准备工作是为了创造有利的施工条件，保证施工任务能够顺利完成。在事先做好各项准备工作，它是施工程序中的重要环节。总体施工准备应包括技术准备、现场准备和资金准备等。技术准备、现场准备和资金准备应满足项目分阶段（期）施工的需要。

1. 技术准备

（1）技术力量配备。根据工程规模、结构特点和复杂程度，建立既有施工经验，又有领导才能的干部组成工地领导机构；配齐一支既有承担各项技术责任的专业技术人员，又有实施各项操作的专业技术工人的精干队伍。

（2）审查设计图纸。开工之前，建设项目的工程设计图纸已出齐，施工技术人员已熟悉了图纸；设计人员已作了设计交底，使施工人员掌握了设计意图；还要注意检查建筑、结构、设备等图纸本身及相互之间是否有错误与矛盾，图纸与说明书、门窗表、构件表之间有无矛盾和遗漏。一般应进行图纸自审、会审和现场签证三个阶段。

（3）技术文件的编制。施工前应做好以下技术文件的编制工作：编制施工图预算和施工预算及编制施工组织设计；拟定出推广新技术的项目及特殊工程施工、复杂设备安装的技术措施；制定技术岗位责任制和技术、质量、安全管理网络。

（4）办理开工手续。对于独立的单位工程，施工单位必须在项目开工前，申请办理施工许可。

2. 现场准备

无论单位工程是独立的或者是某建筑群的一部分，都只有在工程技术资料齐全、施工现场完成"三通一平"（即通水、通路、通电和场地平整）以及主要建筑材料、构、配件基本落实的前提下，才具备开工条件。因此，施工现场准备工作，对于该工程施工活动的顺利开展，同样具有重要的作用。这方面准备工作的主要内容是：

（1）及时做好施工现场补充勘测，取得工程地质第一手资料，了解拟建工程位置的地下有无暗沟、墓穴或地下管道等。

（2）砍伐树木，拆除障碍物，平整场地。

（3）铺设临时施工道路，接通施工临时供水供电管线。

（4）做好场地排水防洪设施。

（5）搭设仓库、工棚和办公、生活等施工临时用房屋。

3. 资金准备

（1）落实建设资金。建设项目的资金已经落实，投资方已按计划任务书批准的初步设计、工程项目一览表、批准的设计概算和施工图预算、批准的年度基本建设财务和物资计划等文件，将建设项目的所需资金拨付建设单位，建设单位按建设项目施工合同将工程备料预付款拨给承包的施工单位，施工单位可备料准备开工。

（2）办理建筑构件、配件及材料的购买和委托加工手续。

对钢材、木材、水泥等主要材料，应根据工程进度编制材料需要量计划交材料供应部门，及时组织材料的采购供应，以确保施工需要；砖、瓦、灰、砂、石等地方材料，是建筑施工的大宗材料，其质量、价格、供应情况对施工影响极大，施工单位应作为准备工作的重点，落实货源，办理订购，择优购买，必要时可直接组织地方材料的生产，以降低成本，满足施工要求；对工程建设需求量较大的工程构配件，如混凝土构件、木构件、水暖设备和配件、建筑五金、特种材料。

（3）组织机械设备和模具等的进场。

施工用的塔吊、卷扬机、搅拌机等施工机械，以及模板、脚手架、支撑、安全网等施工工具，都由施工现场统一调配，并按施工计划分批进场，做到既满足施工需要，又要节省机械台班等费用。

◆ 第五节　资源总需要量计划编制

施工总进度计划编制好后，可以进行主要资源配置计划的编制，主要资源需要量计划应包括劳动力配置计划和物资配置计划等。

劳动力配置计划应包括下列内容：确定各施工阶段（期）的总用工量；根据施工总进度计划确定各施工阶段（期）的劳动力配置计划。

物资配置计划应包括下列内容：根据施工总体进度计划确定主要工程材料和设备的配置计划；根据总体施工部署和施工总进度计划确定主要施工周转材料和施工机具的配置计划。

一、综合劳动力和主要劳动力配置计划

劳动力需要量计划是规划暂设工程和组织劳动力进场的依据。编制的方法是：先根据工种工程量汇总表中分别列出的各个建筑物分工种的工程量，据此查预算定额，便可得到各个建筑物几个主要工种的工日数，再根据总进度计划表中各个建筑物的开竣工时间，按照一般施工经验可大致估计出在某一段时间里做什么工作，便将定额中所查出某工种的工日数平均分摊在这段时间里，就可得到某一建筑物在某段时间里的平均劳动力数。同样方法可计算出各个建筑物的主要工种在各个时期的平均工人数。在总进度计划表纵坐标方向将各个建筑物同工种的人数叠加起来并连成一条曲线，此即某工种劳动力曲线图，如图6-2所示。其他几个工种也用同样方法绘成曲线图。从而便可根据劳动力曲线图列出各主要工种劳动力需要量计划表。有了主要工种劳动力曲线图和计划表，就不难得到综合劳动力曲线图和计划汇总表，绘于表6-2中：

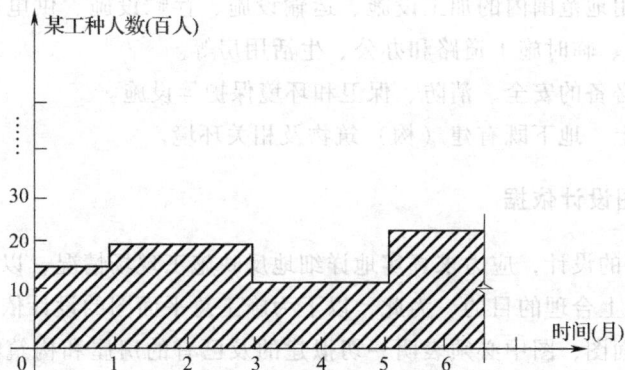

图 6-2　某工种劳动力曲线图

建设项目劳动力需求总表　　表 6-2

序号	工种名称	劳动量（工日）	工业建筑及全工地性工程							居住建筑		仓库、加工厂等临时建筑	20××年				20××年	
			工业建筑			道路	铁路	上下水道	电气工程	永久性住宅	临时性住宅		一	二	三	四	一	二
			主厂房	辅助	附属													
	钢筋工 木工 …																	

二、物资配置计划

物资配置主要包括拟定材料、构件及半成品需要量计划以及施工机具需要量计划。

根据工种工程量汇总表所列的工程量，查定额标准便可得到各建筑物所需的建筑材料、构件和半成品需要量，根据总进度计划表，估计出某些建筑材料的需要量，从而编制出建筑材料、构件、和半成品需要量计划。

编制施工机具需要量计划，主要施工机械（如挖土机、起重机等）的需要量，根据施工进度计划、主要建筑物施工方案和工程量，并套用机械产量定额求得；辅助机械可以根据建筑安装工程每十万元扩大概算指标求得；运输机具的需要量根据运输量计算。

◆ 第六节　施工总平面图

一、施工总平面图内容

施工总平面图应表现下述内容：

1. 项目施工用地范围内的地形状况。

2. 全部拟建的建（构）筑物和其他基础设施的位置。

3. 项目施工用地范围内的加工设施、运输设施、存贮设施、供电设施、供水供热设施、排水排污设施、临时施工道路和办公、生活用房等。

4. 施工现场必备的安全、消防、保卫和环境保护等设施。

5. 相邻的地上、地下既有建（构）筑物及相关环境。

二、施工总平面图设计依据

施工总平面图的设计，应力求真实地详细地反映施工现场情况，以期能达到便于对施工现场控制和经济上合理的目的。为此，以下为施工总平面图的设计依据：

1. 建筑总平面图，图中必须表明一切拟建的及已有的房屋和构筑物. 标明地形的变化。这是正确决定仓库和加工场的位置以及铺设工地运输道路和解决排水问题等所必需的资料。

2. 一切已有的和拟建的地下管道位置。避免把临时建筑物布置在管道上面，便于考虑是否可以利用已有管道或及时拆除这些管道。

3. 整个建筑工程的施工进度计划和拟定的主要工种的施工方案。由此可以了解各建设阶段的施工情况以及各房屋和构筑物的施工次序，这对规划场地具有很重要的作用。

4. 各种建筑材料、半成品和零件的供应情况及运输方式。这一资料对规划施工总平面图具有决定性的作用。

5. 所需建筑材料、半成品和零件一览表及其数量，全部仓库和临时建筑物一览表及其性质、形式、面积和尺寸。

6. 各加工厂规模、现场施工机械和运输工具数量。

7. 水源、电源及建筑区域的竖向设计资料。这对布置水电管线和安排土方的挖填非常需要。

8. 制定单个建筑物施工总平面图所需的各个房屋的设计资料（如平面图、剖面图等）。

三、施工总平面图的设计要求

1. 平面布置科学合理，施工场地占用面积少。

在进行大规模建筑工程施工时，要根据各阶段施工平面图的要求。分期分批地征用土地，以便做到少占用土地和不占用土地。

2. 施工区域的划分和场地的临时占用应符合总体施工部署和施工流程的要求，减少相互干扰。

一切临时性建筑业务设施最好不占用拟建永久性建筑物和设施的位置（不论地上的或地下的）。这就可以避免拆迁这些设施所引起的浪费和损失。在特殊的情况下，当被占用场地上的新建筑物施工时期较晚，并与其上所布置的设施使用时间不冲突时，才可以使用该场地。

3. 合理组织运输，减少二次搬运。

为了降低运输费用，必须合理地布置各种仓库、起重设备、加工厂和机械化装置，正确地选择运输方式和铺设工地运输道路，以保证各种建筑材料、动能和其他资料的运输距离以及其转运数量最小，加工厂的位置应设在便于原料运进和成品运出的地方，同时保证在生产上有合理的流水线。

在建筑工地上需要设置材料仓库和混凝土搅拌站等设施，其位置设在哪里才能使材料和半成品等运到工地各需要点的吨公里数最小（即费用最省，时间也节约），这类问题可用运筹学方法去解决。

4. 充分利用既有建（构）筑物和既有设施为项目施工服务，降低临时设施的建造费用。

为了降低临时工程的费用，首先应该力求减少临时建筑和设施的工程量，主要方法是尽最大可能利用现有的建筑物以及可供施工使用的设施。对于临时工程的结构，应尽量采用简单的装拆式结构，或采用标准设计，尽可能使用当地的廉价材料。

临时道路的选线应该考虑沿自然标高修筑，以减少土方工程量。当修建运输量不大的临时铁路时，尽量采用旧枕木旧钢轨，减少道砟厚度和曲率半径。当修筑临时汽车路时，可以采用装配式钢筋混凝土道路铺板，根据运输的强度采用不同的构造与宽度。

加工厂的位置，在考虑生产需要的同时，应选择开拓费用最少之处。这种场地应该是地势平坦和地下水位较低的地方。

中心供应装置及仓库等，应尽可能布置在使用者中心或靠近中心。这主要是为了使管线长度最短、断面最小以及运输道路最短、供应方便。同时还可以减低水头损失、电压损失以及降低养护与修理费用等。

5. 工地上各项设施，应该明确为工人服务，而且使工人在工地上因往返而损失的时间最少。这就要求最合理地规划行政管理及文化生活福利用房的相对位置并考虑卫生、防火安全等方面的要求。

6. 符合节能、环保、安全和消防等要求。

必须使各房屋之间保持一定的距离。例如木材加工厂、锻工场等距离施工对象均不得小于30m，易燃房屋应布置在下风向。储存燃料及易燃物品的仓库，如汽油、火油和石油等，距拟建工程及其他临时性建筑物不得小于50m，必要时应做成地下仓库。

在铁路与公路及其他道路交叉处应设立明显的标志。在工地内应设立消防站、消防栓、瞭望台、警卫室等。在布置道路的同时，还要考虑到消防道路的宽度。应使消防车可以通畅地到达所有临时与永久性建筑物处。

施工总平面图的设计，应根据上述原则并结合具体情况编制出若干个可能的方案进行比较，取其最合理最经济者。

四、施工总平面图的设计方法

施工总平面图的设计步骤如下：

引入场外交通道路→布置仓库→布置加工厂和混凝土搅拌站→布置内部运输道路→布置临时房屋→布置临时水电管网和其他动力设施→绘制正式施工总平面图。

1. 引入场外交通道路

主要材料进入场地的方式不外乎铁路、公路和水路。当由铁路运输时，则根据建筑总平面图中永久性铁路专用线布置主要运输干线。而且考虑提前修筑以便为施工服务，引入时应注意铁路的转弯半径和竖向设计。当由水路运输时，应考虑码头的吞吐能力，码头数量一般不少于两个，码头宽度应大于2.5m。当由公路运输时，则应先布置场内仓库和附属企业，然后再布置场内外交通道路，因为汽车线路布置比较灵活。

2. 仓库的布置

材料若由铁路运入工地，仓库布置较灵活。此时应考虑尽量利用永久性仓库；仓库位置距各使用地点要比较适中，以使运输吨公里尽可能小；仓库应位于平坦、宽敞、交通方便之处，且应遵守安全技术和防火规定。

3. 加工厂和混凝土搅拌站的布置

加工厂布置时主要考虑原料运来工厂和成品、半成品运往需要地点的总运输费用最小，同时考虑到生产企业有最好的工作条件，生产与建筑施工互不干扰，此外，还需考虑今后的扩建和发展。一般情况下，把加工厂集中布置在工地边缘。这样，既便于管理，又能降低铺设道路、动力管线及给排水管道的费用。

混凝土搅拌站可采用集中与分散相结合的方式。集中布置可以提高搅拌站机械化、自动化程度，从而节约劳动力。保证重点工程和大型建筑物、构筑物的施工需要。因此集中搅拌站的位置。应尽量靠近混凝土需要量最大的工程。根据建设工程分布的情况，适当的设计若干个临时搅拌站，使其与集中搅拌站有机的配合以满足各方面的需要。

砂浆搅拌站宜分散布置为宜，随拌随用。

4. 内部运输道路的布置

根据加工厂、仓库和施工对象的位置以及场外道路情况确定场内运输道路。

研究货流情况，以明确各段道路上的运输负担，区别主要道路与次要道路。规划这些道路时要特别注意满足运输车辆的安全行驶，在任何情况下，不致形成交通断绝或阻塞，以免影响材料机具的及时供应。

在规划临时道路时，还应考虑利用拟建的永久性道路系统，提前修建或先修建路基及简易路面，作为施工所需的临时道路。根据需要，选择不同的道路宽度。主要道路可以采用双车道，其宽度不得小于6m；次要道路可为单车道，其宽度不得小于3.5m。临时道路的路面结构，也应根据运输情况，运输工具的不同，采用不同的结构。当结构不同时，最好也能在施工总平面图中用不同的符号标明。对有轨道路来讲，运输量大、车辆往来频繁之处应考虑设置避车线。

5. 临时房屋的布置

临时房屋包括行政管理和辅助生产用房、居住用房和文化福利用房等。

临时房屋的布置应尽量利用已有的和拟建的永久性房屋，生活区与生产区应分开，行政管理用房布置在工地进出口附近，便利对外联系，文化福利用房布置在人员较集中的地方。

布置时还应注意尽量缩短工人上下班的路程，并应符合环保条件。

6. 临时水电管网及其他动力线路的布置

布置临时水电管网以及其他动力线路包括以下两种情况：

第一种情况是利用已有水源、电源，这时应从外面接入工地，沿主要干道布置干管、主线，然后与各用户接通。必须指出，接进高压线时，应在接入之处设变电站，尽可能不把变电站设在工地中心，因为这样可避免高压线路经过工地内部而导致的危险。

第二种情况是无法利用现有水电，这时为了获得电源，可以在工地中心或靠近中心之处设置固定的或移动式的临时发电设备，由此把电线接出，沿干道布置主线。为了获得水源可以利用地表水或地下水，如果用深井水，则可在靠近使用中心之处凿井，设置抽水设备及简易水塔，若用地面水，则需在水源旁边设置抽水设备及简易水塔，以便储水和提高水压。然后由此把水管接出，布置管网。

第七章

施工现场临时设施计算

◆ 第一节　工地材料储备量计算

一、材料储备量计算

1. 工地材料总储备量计算

工地（建筑群）的材料总储备量，主要用于备料计划，一般按年（季）组织储备，按下式计算：

$$Q_1 = q_1 K_1 \qquad (7-1)$$

式中　Q_1——材料总储备量；

　　　q_1——该项材料最高年（季）需要量；

　　　K_1——储备系数，对型钢、木材、砂、石及用量小、不经常使用的材料取 0.3~0.4；对水泥、砖瓦、块石、管材、暖气片、玻璃、油漆、卷材、沥青取 0.2~0.3；特殊条件下根据具体情况确定。

2. 单位工程材料储备量计算

单位工程材料储备量应保证工程连续施工的需要，同时应与全工地材料储备量综合考虑，其储备量按下式计算：

$$Q_2 = \frac{n q_2}{T} K_2 \qquad (7-2)$$

式中　Q_2——单位工程材料储备量；

　　　n——储备天数，按表7-1取用；

　　　q_2——计划期内须用的材料数量；

　　　T——须用该项材料的施工天数，且不大于 n；

　　　K_2——材料消耗量不均匀系数（日最大消耗量/平均消耗量）。

仓库及堆场面积计算数据参考指标　　　　　　　　　　　　　表 7-1

材料名称	单位	储备天数 n（d）	每平方米储存量 P	堆置高度（m）	仓库面积利用系数 K_3	仓库类型保管方法
槽钢、工字钢	t	40~50	0.7~0.8	0.6	0.32~0.54	露天、堆垛
扁钢、角钢	t	40~50	1.3~1.8	1.2	0.45	露天、堆垛
钢筋（直筋）	t	40~50	1.8~2.5	1.2	0.11	露天、堆垛
钢筋（盘筋）	t	40~50	0.8~1.2	1.0	0.11	棚或库约占20%

续表

材料名称	单位	储备天数 n (d)	每平方米储存量 P	堆置高度 (m)	仓库面积利用系数 K_3	仓库类型保管方法
钢管 ϕ200 以上	t	40~50	0.5~0.6	1.2	0.11	露天、堆垛
钢管 ϕ200 以下	t	40~50	0.7~1.0	2.0	0.11	露天、堆垛
薄中厚钢板	t	40~50	4.0~4.5	1.0	0.57	仓库或棚、堆垛
五金	t	20~30	1.0	2.2	0.35~0.40	仓库、料架
钢丝绳	t	40~50	0.7	1.2	0.11	仓库、堆垛
电线、电缆	t	40~50	0.3	2.0	0.35~0.40	仓库或棚、堆垛
木材、原木	m³	40~50	0.8~0.9	2.0	0.40~0.50	露天、堆垛
成材	m³	30~40	0.8	3.0	0.40~0.50	露天、堆垛
胶合板	张	20~30	200~300	1.5	0.40~0.50	仓库、堆垛
木门窗	m²	3~7	30	2.0	0.40~0.50	仓库或棚、堆垛
水泥	t	30~40	1.3~1.5	1.5	0.45~0.60	仓库、堆垛
砂、石子（人工堆）	m³	10~30	1.2	1.5	—	露天、堆放
砂、石子（机械堆）	m³	10~30	2.4	3.0	—	露天、堆放
块石	m³	10~30	1.1	1.2	—	露天、堆垛
红砖	千块	10~30	0.5	1.5	—	露天、堆垛
玻璃	箱	20~30	6~10	0.8	0.45~0.60	仓库、堆垛
卷材	卷	20~30	15~24	2.0	0.35~0.45	仓库、堆垛
沥青	t	20~30	1.0	1.2	0.50~0.60	露天、堆垛
电石	t	20~30	0.3	1.2	0.35~0.40	仓库
油脂	t	20~30	0.45~0.8	1.2	0.35~0.40	仓库、料架
炸药、雷管	t	10~30	0.7	1.0	0.35~0.40	仓库、料架
水电及卫生设备	t	20~30	0.35	1	0.32~0.54	库、棚各约占1/4
多种劳保用品	件	—	250	2	0.40~0.50	仓库、料架

【例 7-1】 某建筑工地需主要材料用量：水泥 11000t、砂石 65000t、钢材 4000t、其他材料 7500t，试求其总储备量。

【解】 取钢材、砂石料 $K_1 = 0.35$，水泥及其他材料 $K_1 = 0.25$；材料总储备量由式（7-1）得：

$$Q_1 = q_1 \cdot K_1 = (65000 + 4000) \times 0.35 + (11000 + 7500) \times 0.25$$
$$= 28775t$$

故材料总储备量为 28775t。

◈ 第二节 仓库面积计算

一、仓库面积计算

仓库需要的面积一般按材料储备量由下式计算：

$$F = \frac{Q}{PK_3}$$

(7-3)

式中　F——仓库需要面积（m^2）；

　　　Q——材料储备量，用于全工地时为 Q_1；用于单位工程时为 Q_2；

　　　P——每平方米仓库面积上材料储存量，按表 7-1 取用；

　　　K_3——仓库面积利用系数，按表 7-1 取用。

　　每一仓库必须具有必要长度的材料装卸线，其长度按下式计算：

$$L = K \frac{nL_1 + (n-1)L_2}{m} \tag{7-4}$$

式中　L——装卸线长度（m）；

　　　n——每昼夜到达的运输车辆数量；

　　　L_1——运输车辆长度（m），对铁路双轴车厢（载重量 20t）为 10.86m；对铁路四轴车厢（载重量 50～60t）为 15.1～15.4m；对铁路四轴平板车（载重量 20t）为 10.4m；对铁路四轴平板车（载重量 50～60t）为 14.2～14.6m；对载重汽车：侧面卸料时为 6.5m；端头卸料时 3.0m；对马车为 6.0m；

　　　L_2——运输车辆的间距（m）；对汽车、端部卸料时为 1.5m，侧面卸料时为 2.5m；

　　　m——每昼夜向仓库输送次数；

　　　K——输送不均匀系数，铁路运输为 1.2；汽车运输为 1.3～1.5。

　　在设计仓库和卸货线长度时，尚应考虑铁路双轴车厢的卸货时间；对毛石及骨料为 1.0h；对木材为 1.5h；对散装材料（水泥、石灰）为 2.5h。

二、堆场面积计算

　　材料露天堆场面积计算与仓库面积计算大体相同，亦可按式（7-3）进行，有关数据亦可按表 7-1 取用。

　　钢结构构件堆场面积，可按以下经验公式计算：

$$F = Q_{max} \cdot \alpha \cdot K_4 \tag{7-5}$$

　　钢结构构件堆场面积亦可根据场地允许的单位负荷按下式进行估算：

$$F = \frac{Q}{q_0} \cdot K_5 \tag{7-6}$$

式中　F——钢结构构件堆放场地总面积（m^2）；

　　　Q_{max}——构件的月最大储存量（t），根据构件进场时间和数量按月计算储存量，取最大值；

　　　α——经验用地指标（m^2/t），一般为 7～8m^2/t；叠堆构件时取 7m^2/t，不叠堆构件时取 8m^2/t；

　　　K_4——综合系数，$K_4 = 1.0～1.3$；按辅助用地情况取用；

　　　Q——同时堆放的钢结构构件重力（kN）；

　　　K_5——考虑装卸等因素的面积计算系数，一般为 1.10～1.20；

　　　q_0——包括通道在内的每平方米堆放场地面积上的平均单位负荷（kN/m^2），按表 7-2 取用。根据不同钢结构构件的重量 Q_1、Q_2…Q_n 和不同钢结构构件在每平方米堆放场地面积上的单位负荷 q_1、$q_2 \cdots q_n$ 按下式计算：

$$q_0 = \frac{Q_1 q_1 + Q_2 q_2 + \cdots + Q_n q_n}{Q_1 + Q_2 + \cdots + Q_n} \tag{7-7}$$

钢结构构件堆放场地的单位负荷　　　　　表 7-2

类　别	钢结构构件及堆放方式	计入通道的单位负荷（kN/m²）
钢柱	5t 以内的轻型实体柱	6.00
	15t 以内的中型格构柱	3.50
	15t 以上的重型柱	6.50
钢吊车梁	10t 以内的（竖放）	5.00
	10t 以上的（竖放）	10.00
钢桁架	3t 以内的（竖放）	1.00
	3t 以内的（平放）	0.60
	3t 以上的（竖放）	1.20
	3t 以上的（平放）	0.70
其他构件	檩条、构架、连接杆件（实体）	5.00
	格构式檩条等	1.68
	池罐钢板	10.00
	池罐节段	3.00

三、贮料仓容积的计算

为了贮存和转运散粒状材料（如水泥、砂、石等）在工地常需设置一些临时性贮料仓，其使用材料有钢制、钢筋混凝土和木制三种，以前二种使用最多。料仓贮存量一般应满足使用 4h 或 4h 以上的要求。料仓的形状有角锥形、角锥混合型、圆锥形等；料仓的倾角，取决于物料的自然休止角及物料与仓壁间的摩擦系数；料仓的出料口多用方形。

各种材料的密度、自然休止角及对仓壁的摩擦系数见表 7-3；料仓底壁的倾角参见表 7-4，用闸门关闭的料仓出料口最小尺寸见表 7-5。

各种材料的密度、自然休止角及其对仓壁的摩擦系数　　　　　表 7-3

散状物料名称	密度（t/m³）	自然休止角	侧压力系数	摩擦系数 对金属壁	摩擦系数 对混凝土壁
干砂	1.60	35°	0.271	0.50	0.70
湿砂	1.80	40°	0.217	0.40	0.65
饱和湿砂	2.00	25°	0.406	0.35	0.45
粉状熟石灰	0.70	35°	0.271	0.35	0.55
水泥	1.60	30°	0.333	0.30	0.58
碎石	1.4~1.7	35°~45°	0.271~0.171	0.55	—
卵石	1.4~1.8	35°~45°	0.271~0.171	0.75	0.45
生石灰	1.1~0.9	30°~35°	0.333~0.271	0.35	0.45~0.55
水泥熟料	1.4	33°	0.295	—	—

料仓底壁倾角参考表   表 7-4

材料名称	贮仓壁材料		
	金属	混凝土	刨光木料
干砂	40°	50°~55°	50°
湿砂	50°	60°	60°
特湿砂	65°	—	75°
砂砾混合物	50°	—	60°
洗过的砾石	45°	50°~55°	55°
未分类的碎石	50°	—	60°
分类碎石	45°	50°~55°	60°~65°
混凝土拌合物	50°	—	—
水泥	55°	60°	65°

用闸门关闭的料仓出料口最小尺寸（mm）   表 7-5

物料种类		方形口每边尺寸	物料种类	方形口每边尺寸
中等砾石		300	水泥	250
碎石	直径小于 50mm	300	炉渣	
	直径小于 100mm	450	颗粒直径小于 20mm	300
	直径小于 150mm	500	颗粒直径小于 40mm	350
一般砂		300	颗粒直径小于 80mm	400
陶粒		300	颗粒直径小于 150mm	500
干砂		150	干粉煤灰	250
珍珠岩		200	湿粉煤灰	500
湿砂		450	磨细生石灰	250
粒状矿渣		300	石膏	250

常用角锥形和圆锥形料仓有效容积按下列公式计算。

1. 角锥形和角锥形混合料仓容积计算（图 7-1）

对角锥形料仓（图 7-1a）：

$$V = \frac{H}{6}\left[A \cdot B + A_a \cdot B_b + (A + A_a)(B + B_b)\right]K \tag{7-8}$$

当 $A = B$、$A_a = B_b$ 时

$$V = \frac{H}{3}\left[A^2 + A_a^2 + A \cdot A_a\right]K \tag{7-9}$$

对角锥形混合料仓（图 7-1b）：

$$V = \left\{\frac{H_2}{6}\left[A \cdot B + A_a B_b + (A + A_a)(B + B_b)\right] + A_a \cdot B_b \cdot H_1\right\}K \tag{7-10}$$

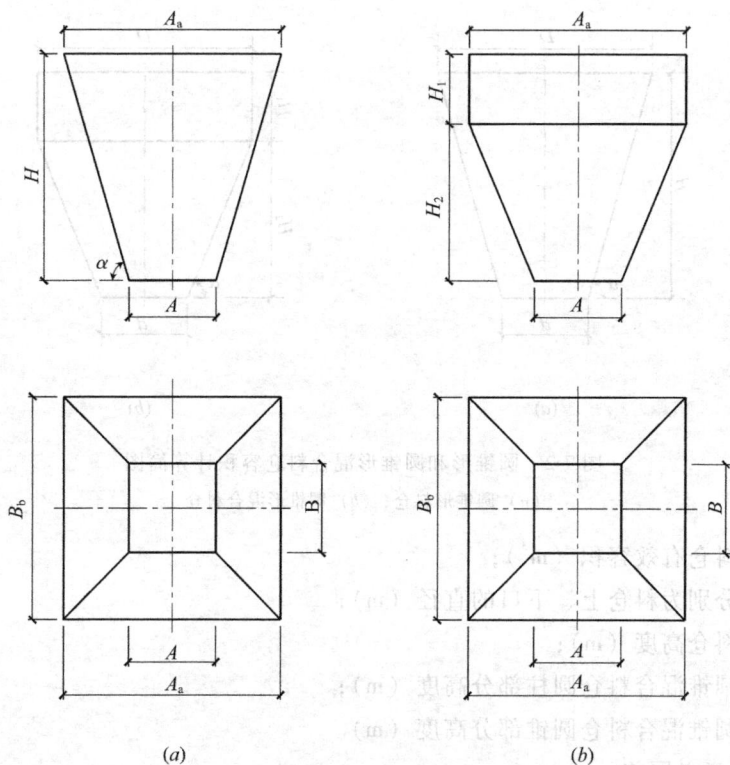

(a)   (b)

图 7-1 角锥形和角锥形混合料仓容积计算简图

(a) 角锥形料仓；(b) 角锥形混合料仓

式中 V——料仓有效容积（m^3）；

    H——料仓高度（m）；

  A、B——放料口尺寸（m）；

  A_a、B_b——料仓上口尺寸（m）；

    K——料仓有效利用系数；一般可取 0.75 ~ 0.90；当料仓设有加热设备时，分别乘 0.80 ~ 0.90（加热管竖向布置取下限，横向布置取上限）；

    H_1——角锥混合料仓直壁部分的高度（m）；

    H_2——角锥混合料仓角锥部分的高度（m）。

2. 圆锥形和圆锥混合料仓容积计算（图 7-2）

对圆锥形料仓（图 7-2a）：

$$V = \frac{\pi}{12}(D^2 + d^2 + D \cdot d)H \cdot K \qquad (7-11)$$

对圆锥形混合料仓（图 7-2b）：

$$V = \left[\frac{\pi}{12}(D^2 + d^2 + D \cdot d)H_2 + \frac{\pi}{4}D^2 \cdot H_1\right]K \qquad (7-12)$$

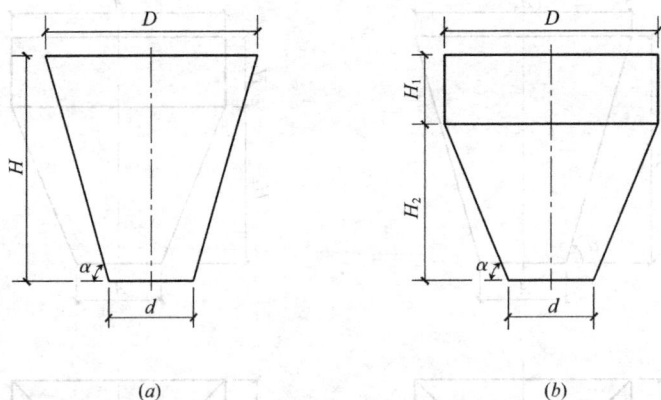

图 7-2　圆锥形和圆锥形混合料仓容积计算简图

(*a*) 圆锥形料仓；(*b*) 圆锥形混合料仓

式中　V——料仓有效容积（m^3）；

　D、d——分别为料仓上、下口的直径（m）；

　　H——料仓高度（m）；

　　H_1——圆锥混合料仓圆柱部分高度（m）；

　　H_2——圆锥混合料仓圆锥部分高度（m）。

其他符号意义同前。

◆ 第三节　临时设施建筑面积计算

一、行政生活福利设施建筑面积计算

工地行政生活福利临时设施建筑面积需要的数量，系根据建筑工程的性质、工程量、工期要求、施工条件及组织方法等，依据建筑工程劳动定额，先确定工地年（季）高峰平均职工人数，然后再按现行的定额或实际经验数值，计算出需要的工地临时行政业务、居住及文化生活用房的面积。其计算方法是将临时性建筑物的使用人数，乘以相应的使用面积定额。

行政管理生活文化福利等临时设施的建筑面积指标见表 7-6。

行政管理生活文化福利临时设施建筑面积指标参考　　　　　表 7-6

名　称	定额（m^2/人）	指 标 使 用 方 法
办公室	3.0~4.0	按全部干部计算
宿舍： 单层通铺 双人床 单人床	2.5~3.0 2.0~2.5 3.5~4.0	按高峰年（季）平均职工人数计算 （扣除不在工地住宿人数）

续表

名　称	定额（m²/人）	指标使用方法
食堂	0.5 ~ 0.8	按高峰年平均职工人数计算
医务室	0.05 ~ 0.07	按高峰年平均职工人数计算
浴室	0.07 ~ 0.1	按高峰年平均职工人数计算
理发室	0.01 ~ 0.03	按高峰年平均职工人数计算
小卖部	0.03	按高峰年平均职工人数计算
托儿所	0.03 ~ 0.06	按高峰年平均职工人数计算
开水房	10 ~ 40	
厕所	0.02 ~ 0.07	按高峰年平均职工人数计算
工人休息室	0.15	按高峰年平均职工人数计算

二、临时生产设施建筑面积计算

按建筑工地承担工程的规模不同，有时需要修建一些临时附属生产设施，如采料、骨料加工、混凝土制备、木材加工、钢筋加工、钢结构加工、机械修配站等。

临时生产设施建筑面积的计算，可根据选用设备的台数或作业人数、生产量参照表7-7和表7-8直接求得。

临时生产房屋面积参考　　　　　　　　　　　　　　表 7-7

名　称	单位	面积（m²）	名　称	单位	面积（m²）
汽车或拖拉机库	m²/辆	20 ~ 25	木工作业棚	m²/人	2
混凝土或灰浆搅拌棚	m²/台	10	钢筋作业棚	m²/人	3
移动式（或固定式）空压机棚	m²/台	18（9）	烘炉房	m²	30 ~ 40
立式锅炉房	m²/台	5 ~ 10	焊工房	m²	20 ~ 40
发动机房	m²/台	10 ~ 20	电工房	m²	15
水泵房	m²/台	3 ~ 8	白铁工房	m²	20
通风机房	m²/台	5	油漆工房	m²	20
充电机房	m²/台	8	机、钳工修理房	m²	20
电锯房（1台小圆锯）	m²	40	汽车修理棚	m²	80
卷扬机棚	m²/台	6 ~ 12	汽车保养棚	m²	40
钻机房	m²/台	4	机料库及油库	m²	80

临时加工厂需用面积参考指标　　　　　　　　　　　　表 7-8

加工厂名称	生产量		单位产量需用建筑面积	占地总面积（m²）	备　注
	单位	数　量			
混凝土搅拌机	m³	3200 ~ 6400	0.022 ~ 0.020（m²/m³）	按砂、石堆场考虑	400L 搅拌机 2 ~ 4 台
临时性混凝土预制厂	m³	1000 ~ 3000 5000	0.25 ~ 0.15（m²/m³） 0.125（m²/m³）	2000 ~ 4000 <6000	生产屋面板、梁、柱、板等配有蒸养设备

113

加工厂名称	生产量		单位产量需用建筑面积	占地总面积（m²）	备 注
	单位	数量			
半永久性混凝土预制厂	m³	3000	0.6 （m²/m³）	9600 ~ 12000	生产大中型构件，配有各种设施
		5000	0.4 （m²/m³）	12000 ~ 15000	
		10000	0.3 （m²/m³）	15000 ~ 20000	
木材加工厂	m³	15000	0.0244 （m²/m³）	1800 ~ 3600	进行原木、木方加工
		20000	0.0199 （m²/m³）	2200 ~ 4800	
		30000	0.0181 （m²/m³）	3000 ~ 5500	
综合木工加工厂	m³	200 ~ 500	0.30 ~ 0.25 （m²/m³）	100 ~ 200	加工门窗、模板、地板、屋架等
		1000	0.20 （m²/m³）	300	
		2000	0.15 （m²/m³）	420	
粗木加工厂	m³	5000 ~ 10000	0.12 ~ 0.10 （m²/m³）	1350 ~ 2500	加工木屋架、模板及支撑、木方等
		15000	0.09 （m²/m³）	3750	
		20000	0.08 （m²/m³）	4800	
细木加工厂	万 m²	5 ~ 10	0.014 ~ 0.0114 （m²/万 m²）	7000 ~ 10000	加工木门窗、地板等
		15	0.0106 （m²/万 m²）	14500	
钢筋加工厂	t	200 ~ 500	0.35 ~ 0.25 （m²/t）	300 ~ 750	钢筋下料、加工、成型、焊接
		1000 ~ 2000	0.20 ~ 0.15 （m²/t）	450 ~ 900	
现场钢筋调直或冷拉场地			所需场地（长×宽）（m²）		3 ~ 5t 电动卷扬机 1 台
拉直场			70 ~ 80 × 3 ~ 4		
卷扬机棚			15 ~ 20		均包括材料及成品堆场
冷拉场			40 ~ 60 × 3 ~ 4		
时效场			30 ~ 40 × 6 ~ 8		
钢筋对焊场地			所需场地（长×宽）（m²）		包括材料及成品堆放、寒冷地区应适当增加
对焊场地			30 ~ 40 × 3 ~ 4		
对焊棚			15 ~ 24		
钢筋冷加工场地			所需场地（m²/台）		
冷拔、冷轧机			40 ~ 50		钢筋、拔冷轧、剪断、弯曲等
剪断机			30 ~ 50		
弯曲机 ϕ12 以下			50 ~ 60		按一批加工数量计算
弯曲机 ϕ10 以下			60 ~ 70		
金属加工场地（包括一般铁件）			年产 500 ~ 1000t 为 10 ~ 8 （m²/t）		
			年产 2000 ~ 3000t 为 6 ~ 5 （m²/t）		
石灰消化			所需场地（长×宽）（m²）		每 2 个贮灰池配 1 套淋灰池和淋灰槽，每 600kg 石灰可消化 1m³ 石灰膏
贮灰池			5 × 3 = 15		
淋灰池			4 × 3 = 12		
淋灰槽			3 × 2 = 6		
沥青锅场地			20 ~ 40 （m²）		台班产量 1 ~ 1.5t/台

◈ 第四节 工地临时供水计算

一、工地用水量计算

工地施工工程用水量可按下式计算：

$$q_1 = K_1 \cdot \frac{\sum Q_1 \cdot N_1}{T_1 \cdot t} \cdot \frac{K_2}{8 \times 3600} \qquad (7\text{-}13)$$

式中 q_1——施工工程用水量（L/s）；

K_1——未预计的施工用水系数，取 $1.05 \sim 1.15$；

Q_1——年（季）度工程量（以实物计量单位表示）；

N_1——施工用水定额，见表7-9；

t——每天工作班数（班）；

K_2——用水不均衡系数，见表7-10。

施工用水量（N_1）定额　　　　　表7-9

用水名称	单位	耗水量（L）	用水名称	单位	耗水量（L）
浇筑混凝土全部用水	m³	1800～2400	抹灰工程全部用水	m²	30
搅拌普通混凝土	m³	250	砌耐火砖砌体（包括砂浆搅拌）	m³	100～150
搅拌轻质混凝土	m³	300～350	浇砖	千块	200～250
混凝土自然养护	m³	200～400	浇硅酸盐砌块	m³	300～350
混凝土蒸汽养护	m³	500～700	抹灰（不包括调制砂浆）	m²	4～6
模板浇水湿润	m²	10～15	楼地面抹砂浆	m²	190
搅拌机清洗	台班	600	搅拌砂浆	m³	300
人工冲洗石子	m³	1000	石灰消化	t	3000
机械冲洗石子	m³	600	原土地坪、路基	m²	0.2～0.3
洗砂	m³	1000	上水管道工程	m	98
砌筑工程全部用水	m³	150～250	下水管道工程	m	1130
砌石工程全部用水	m³	50～80	工业管道工程	m	35

施工用水不均衡系数　　　　　表7-10

系数号	用水名称	系　数
K_2	现场施工用水	1.50
	附属生产企业用水	1.30
K_3	施工机械、运输机械	2.00
	动力设备	1.05～1.10
K_4	施工现场生活用水	1.30～1.50
K_5	生活区生活用水	2.00～2.50

二、机械用水量计算

施工机械用水量可按下式计算：

$$q_2 = K_1 \sum Q_2 N_2 \cdot \frac{K_3}{8 \times 3600} \tag{7-14}$$

式中　q_2——施工机械用水量（L/S）；

　　　K_1——未预计施工用水系数，取 1.05~1.15；

　　　Q_2——同一种机械台数（台）；

　　　N_2——施工机械台班用水定额，参考表 7-11 中的数据换算求得；

　　　K_3——施工机械用水不均衡系数，见表 7-10。

施工机械用水量（N_2）定额　　　表 7-11

机械名称	单位	耗水量（L）	机械名称	单位	耗水量（L）
内燃挖土机	m³·台班	200~300	拖拉机	台·昼夜	200~300
内燃起重机	t·台班	15~18	汽车	台·昼夜	400~700
蒸汽起重机	t·台班	300~400	锅炉	t·h	1050
蒸汽打桩机	t·台班	1000~1200	点焊机 50 型	台·h	150~200
内燃压路机	t·台班	12~15	点焊机 75 型	台·h	250~300
蒸汽压路机	t·台班	100~150	对焊机·冷拔机	台·h	300
蒸汽机车	台·昼夜	10000~20000	凿岩机	台·min	8~12
内燃机动力装置	kW·台班	160~400	木工场	台·台班	20~25
空压机	m³/min·台班	40~80	锻工场	炉·台班	45~50

三、工地生活用水量计算

施工工地生活用水量可按下式计算：

$$q_3 = \frac{P_1 \cdot N_3 \cdot K_4}{t \times 8 \times 3600} \tag{7-15}$$

式中　q_3——施工工地生活用水量（L/s）；

　　　P_1——施工工地高峰昼夜人数（人）；

　　　N_3——施工工地生活用水定额见表 7-12；

　　　K_4——施工工地生活用水不均衡系数，见表 7-10；

　　　t——每天工作班数（班）。

生活用水量（N_3、N_4）定额　　　表 7-12

用水名称	单位	耗水量（L）	用水名称	单位	耗水量（L）
盥洗、饮用用水	L/人	25~40	学校	L/学生	10~30
食堂	L/人	10~15	幼儿园、托儿所	L/幼儿	75~100
淋浴带大池	L/人	50~60	医院	L/（病床）	100~150
洗衣房	L/（人·斤）	40~60	施工现场生活用水	L/人	20~60
理发室	L/（人·次）	10~25	生活区全部生活用水	L/人	80~120

四、生活区生活用水量计算

生活区生活用水量可按下式计算：

$$q_4 = \frac{P_2 \cdot N_4 \cdot K_5}{24 \times 3600}$$ （7-16）

式中 q_4——生活区生活用水（L/s）；

   P_2——生活区居住人数；

   N_4——生活区昼夜全部生活用水定额，见表7-12；

   K_5——生活区生活用水不均衡系数见表7-10。

五、消防用水量计算

消防用水量 q_5，可根据消防范围及发生次数按表7-13取用。

表 7-13

消防用水量 q_5 定额

用水名称	火灾同时发生次数	单　位	用水量（L）
居住区消防用水：			
5000人以内	一次	L/S	10
10000人以内	二次	L/S	10～15
25000人以内	二次	L/S	15～20
施工现场消防用水：			
施工现场在30ha内	二次	L/S	10～15
每增加30ha			5

六、施工工地总用水量计算

施工工地总用水量 Q 可按以下组合公式计算：

1. 当 $(q_1 + q_2 + q_3 + q_4) \leqslant q_5$ 时，则：

$$Q = q_5 + \frac{1}{2}(q_1 + q_2 + q_3 + q_4)$$ （7-17）

2. 当 $(q_1 + q_2 + q_3 + q_4) > q_5$ 时，则：

$$Q = q_1 + q_2 + q_3 + q_4$$ （7-18）

3. 当工地面积小于5ha，而且 $(q_1 + q_2 + q_3 + q_4) < q_5$ 时，则：

$$Q = q_5$$ （7-19）

最后计算出的总用水量，还应增加10%，以补偿不可避免的水管漏水损失。

◆ 第五节　工地临时供电计算

一、用电量计算

工地临时供电包括施工及照明用电两个方面，其用电量可按以下简式计算：

$$P = 1.1(K_1 \sum P_c + K_2 \sum P_a + K_3 \sum P_b) \tag{7-20}$$

式中　P——计算用电量（kW），即供电设备总需要容量；

　　　　$\sum P_c$——全部施工动力用电设备额定用量之和，查表 7-14 取用；

　　　　$\sum P_a$——室内照明设备额定用量之和，查表 7-15 取用；

　　　　$\sum P_b$——室外照明设备额定用量之和，查表 7-16 取用；

　　　　K_1——全部施工用电设备同时使用系数，总数 10 台以内时，$K_1 = 0.75$；10～30 台时，$K_1 = 0.7$；30 台以上时，$K_1 = 0.6$；

　　　　K_2——室内照明设备同时使用系数，一般取 $K_2 = 0.8$；

　　　　K_3——室外照明设备同时使用系数，一般取 $K_3 = 1.0$；

　　　　1.1——用电不均匀系数。

施工机具电动机额定用量参考表　　　　　　　　　　　　表 7-14

机 具 名 称	额定功率（kW）	机 具 名 称	额定功率（kW）
单斗挖掘机 W₁50（100）	55（100）	塔式起重机 QTF - 80（广西）	99.5
单斗挖掘机 W - 4	250	塔式起重机 QJ₄ - 10A（北京）	119
推土机 T₁ - 100	100	塔式起重机 88HC（德国）	42
蛙式夯土机 HW - 20～60	1.6～2.8	塔式起重机 FO/23B（法国）	61
振动夯土机 HZ - 330A	6	1～1.5t 单筒卷扬机	7.5～11.0
振动沉桩机（北京 580 型）	45	3～5t 慢速卷扬机	7.5～11.0
振动沉桩机 CH - 20 型	55	500L 混凝土搅拌机	7.3
振动沉桩机 CZ - 80 型	90	325～400L 混凝土搅拌机	5.5～11.0
螺旋钻孔桩	24～30	800L 混凝土搅拌机	17
冲击式钻孔桩	24～30	J₄ - 375 强制式混凝土搅拌机	10
潜水式钻机	22	J₄ - 1500 强制式混凝土搅拌机	55
深层搅拌桩机 SJB - 1	60	200～325L 砂浆搅拌机	1.2～6.0
塔式起重机 QT - 80A（北京）	55.5	混凝土输送泵 HB - 15	32.2
塔式起重机 ZT120（上海）	70.5	灰浆泵（1～6m³/h）	1.2～6.0
插入式振动器	1.1～2.2	地面磨光机	0.4
平板式振动器	0.5～2.2	木工圆锯机	3.0～4.5
外附振动器	0.5～2.2	普通木工带锯机	20～47.5
钢筋切断机 GJ - 40	7	单面杠压刨床	8～10.1
钢筋调直机 GJ₄ - 14/4	9	木工平刨床	2.8～4.0
钢筋弯曲机 GJ₇ - 40	2.8	单头直榫开榫机	1.5
交流电弧焊机	21（kVA）	泥浆泵（红星 - 30）	30
直流电弧焊机	10（kVA）	泥浆泵（红星 - 75）	60
单盘水磨石机	2.2	100m 高扬程水泵	20
双盘水磨石机	3		

室内照明用电参考定额　　　表 7-15

项　目	定额容量（W/m²）	项　目	定额容量（W/m²）
混凝土及灰浆搅拌站	5	锅炉房	3
钢筋室外加工	10	仓库及棚仓库	2
钢筋室内加工	8	办公楼、试验室	6
木材加工锯木及细木作	5～7	浴室盥洗室、厕所	3
木材加工模板	8	理发室	10
混凝土预制构件厂	6	宿舍	3
金属结构及机电修配	12	食堂或俱乐部	3
空气压缩机及泵房	7	诊疗所	6
卫生技术管道加工厂	8	托儿所	9
设备安装加工厂	8	招待所	5
发电站及变电所	10	学校	6
汽车库及机车库	5	其他文化福利	3

室外照明用电参考定额　　　表 7-16

项　目	定额容量（W/m²）	项　目	定额容量（W/m²）
人工挖土工程	0.8	卸车场	1.0
机械挖土工程	1.0	设备堆放、砂石、木材、钢筋、	0.8
混凝土浇灌工程	1.0	半成品堆放	
砖石工程	1.2	车辆行人主要干道	2000W/km
打桩工程	0.6	车辆行人非主要干道	1000W/km
安装及铆焊工程	2.0	夜间运料（夜间不运料）	0.8（0.5）
警卫照明 1000W/km	1000		

一般建筑工地多采取单班制作业，少数为工序配合需要或抢工期采用两班制作业。故此，综合考虑施工用电约占总用电量的 90%，室内外照明用电约占总用电量的 10%，于是可将式（7-20）进一步简化为：

$$P = 1.1\left(K_1 \sum P_c + 0.1P\right) = 1.24 K_1 \sum P_c \qquad (7\text{-}21)$$

二、变压器容量计算

工地附近有 10kV 或 6kV 高压电源时，一般多采取在工地设小型临时变电所，装设变压器将二次电源降至 380V/220V，有效供电半径一般在 500m 以内。大型工地可在几处设变压器（变电所）。需要变压器的容量，可按下式计算：

$$P_0 = \frac{1.05P}{\cos\varphi} = 1.4P \qquad (7\text{-}22)$$

式中　P_0——变压器容量（kVA）；

1.05——功率损失系数；

$\cos\varphi$——用电设备功率因素，一般建筑工地取 0.75。

在求得 P_0 值之后，即可查表 7-17 选择变压器的型号和额定容量。

常用电力变压器性能表　　　　　　　　　　表 7-17

型　号	额定容量 (kVA)	额定电压（kV）		损耗（W）		总重 (kg)
		高压	低压	空载	短路	
$SL_7-30/10$	30	6；6.3；10	0.4	150	800	317
$SL_7-50/10$	50	6；6.3；10	0.4	190	1150	480
$SL_7-63/10$	63	6；6.3；10	0.4	220	1400	525
$SL_7-80/10$	80	6；6.3；10	0.4	270	1650	590
$SL_7-100/10$	100	6；6.3；10	0.4	320	2000	685
$SL_7-125/10$	125	6；6.3；10	0.4	370	2450	790
$SL_7-160/10$	160	6；6.3；10	0.4	460	2850	945
$SL_7-200/10$	200	6；6.3；10	0.4	540	3400	1070
$SL_7-250/10$	250	6；6.3；10	0.4	640	4000	1235
$SL_7-315/10$	315	6；6.3；10	0.4	760	4800	1470
$SL_7-400/10$	400	6；6.3；10	0.4	920	5800	1790
$SL_7-500/10$	500	6；6.3；10	0.4	1080	6900	2050
$SL_7-630/10$	630	6；6.3；10	0.4	1300	8100	2760
$SL_7-50/35$	50	35	0.4	265	1250	830
$SL_7-100/35$	100	35	0.4	370	2250	1090
$SL_7-125/35$	125	35	0.4	420	2650	1300
$SL_7-160/35$	160	35	0.4	470	3150	1465
$SL_7-200/35$	200	35	0.4	550	3700	1695
$SL_7-280/35$	280	35	0.4	640	4400	1890
$SL_7-315/35$	315	35	0.4	760	5300	2185
$SL_7-400/35$	400	35	0.4	920	6400	2510
$SL_7-500/35$	500	35	0.4	1080	7700	2810
$SL_7-630/35$	630	35	0.4	1300	9200	3225
$SZL_7-200/10$	200	10	0.4	540	3400	1260
$SZL_7-250/10$	250	10	0.4	640	4000	1450
$SZL_7-315/10$	315	10	0.4	760	4800	1695
$SZL_7-400/10$	400	10	0.4	920	5800	1975
$SZL_7-500/10$	500	10	0.4	1080	6900	2200
$SZL_7-630/10$	630	10	0.4	1400	8500	3140
$S_6-10/10$	10	11	0.433	60	270	245
$S_6-30/10$	30	11	0.4	125	600	140
$S_6-50/10$	50	11	0.433	175	870	540
$S_6-80/10$	80	11	0.4	250	1240	685
$S_6-100/10$	100	6~10	0.4	300	1470	740
$S_6-125/10$	125	6~10	0.4	360	1720	855
$S_6-160/10$	160	6~10	0.4	430	2100	600
$S_6-200/10$	200	6~11	0.4	500	2500	1240
$S_6-250/10$	250	6~10	0.4	600	2900	1330
$S_6-315/10$	315	6~10	0.4	720	3450	1495
$S_6-400/10$	400	6~10	0.4	870	4200	1750
$S_6-500/10$	500	6~10.5	0.4	1030	4950	2330
$S_6-630/10$	630	6~10	0.4	1250	5800	3080

三、配电导线截面计算

配电导线截面一般根据用电量计算允许电流进行选择，然后再以允许电压降及机械强队加以校核。

1. 按导线的允许电流选择

三相四线制低压线路上的电流可按下式计算：

$$I_l = \frac{1000P}{\sqrt{3} \cdot U_l \cdot \cos\varphi} \qquad (7\text{-}23)$$

式中　I_l——线路工作电流值（A）；

　　　U_l——线路工作电压值（V），三相四线制低压时，$U_l = 380\text{V}$；

　　　P、$\cos\varphi$ 符号意义同前。

将 $U_l = 380\text{V}$、$\cos\varphi = 0.75$ 代入式（7-23）可简化得：

$$I_l = \frac{1000P}{1.73 \times 380 \times 0.75} = 2P \qquad (7\text{-}24)$$

即表示 1kW 耗电量等于 2A 电流，此简化结果可给计算带来很大方便。

建筑工地常用配电导线规格及允许电流见表 7-18。

求出线路电流后，可根据导线允许电流，按表 7-18 数值初选导线截面，使导线中通过的电流控制在允许范围内。

常用配电导线持续允许电流表（A）　　　　　表 7-18

导线标称截面（mm²）	裸线		橡皮或塑料绝缘线单芯500			
	TJ 型（铜线）	LJ 型（铝线）	BX 型（铜芯橡皮线）	BLX 型（铝芯橡皮线）	BV 型（铜芯橡皮线）	BLV 型（铝芯橡皮线）
2.5	—	—	35	27	32	25
4	—	—	45	35	42	32
6	—	—	58	45	55	42
10	—	—	85	65	75	50
16	130	105	110	85	105	80
25	180	135	145	110	138	105
35	220	170	180	138	170	130
50	270	215	230	175	215	165
70	340	265	285	220	265	205
95	415	325	345	265	325	250
120	485	375	400	310	375	385
150	570	440	470	360	430	325
185	645	500	540	420	490	380
240	770	610	600	510		

2. 按导线允许电压降校核

配电导线截面的电压降可按下式计算：

$$\varepsilon = \frac{\sum P \cdot L}{C \cdot S} = \frac{\sum M}{C \cdot S} \leq [\varepsilon] = 7\% \qquad (7-25)$$

式中　ε——导线电压降（%），一般照明允许电压降为 2.5% ~ 5%；电动机电压降不超
　　　　　　过 ±5%；对工地临时网路取 7%；

　　　$\sum P$——各段线路负荷计算功率（kW），即计算用电量 $\sum P$；

　　　L——各段线路长度（m）；

　　　C——材料内部系数，根据线路电压和电流种类按表 7-19 取用；

　　　S——导线截面（mm²）；

　　　$\sum M$——各段线路负荷矩（kW·m），即 $\sum P \cdot L$ 乘积。

　　导线上引起的电压降必须控制在允许范围内，以防止在远处的用电设备不能启动。

材料内部系数 C　　　　　　　　　　表 7-19

线路额定电压（V）	线路系统及电流种类	系数 C 值	
		铜 线	铝 线
380/220	三相四线	77	46.3
380/220	二相三线	34	20.5
220		12.8	7.75
110		3.2	1.9
36		0.34	0.21
24	单相或直流	0.153	0.092
12		0.038	0.023

3. 按导线机械强度校核

当线路上电杆之间挡距在 25 ~ 40m 时，其允许的导线最小截面，可按表 7-20 查用。

导线按机械强度所允许的最小截面　　　　　　表 7-20

导线用途	导线最小截面（mm²）	
	铜线	铝线
照明装置用导线：户内用	0.6	2.5①
户外用	1.0	2.5
双芯软电线：用于电灯	0.35	—
用于移动式生活用电设备	0.5	—
多芯软电线及软电缆：用于移动式生产用电设备	1.0	—
绝缘导线：用于固定架设在户内绝缘 支持件上，其间距为：2m 及以下	1.0	2.5①
6m 及以下	2.5	4
25m 及以下	4	10

续表

导线用途	导线最小截面（mm²）	
	铜线	铝线
裸导线：户内用	2.5	4
户外用	6	16
绝缘导线：穿在管内	1.0	2.5①
木槽板内	1.0	2.5①
绝缘导线：户外沿墙敷设	2.5	4
户外其他方式	4	10

①根据市场供应情况，可采用小于2.5mm²的铝芯导线。

以上通过计算或查表所选用的导线截面，必须同时满足上述三个条件，并以求得的最大导线截面作为最后确定导线的截面。根据实践，在一般建筑工地，当配电线路较短时，导线截面可先用允许电流选定，再按允许电压降校核；对小负荷的架空线路，导线截面一般按机械强度选定即可。

第六节 工地临时供热计算

临时供热主要用于工地办公室、宿舍、食堂等临时建筑物冬期内部采暖；冬期施工用水、砂、石的加热和暖棚法施工的供热，以及预制厂钢筋混凝土构件的蒸汽养护等。

一、采暖耗热量计算

建筑物内部采暖耗热量按下式计算：

$$Q = 3.6 \sum F \cdot K(T_n - T_a)\omega \tag{7-26}$$

式中 Q——建筑物内部采暖所需热量（kJ/h）；

F——围护结构的表面积（m²）；

K——围护结构的传热系数（W/m²·K），可按下式计算：

$$K = \frac{1}{R_n + R_a + \sum R} \tag{7-27}$$

R_n、R_a——分别为围护结构的内外表面的热阻（m²·K/W）；

$\sum R$——围护结构各层材料的热阻（m²·K/W），$R = \dfrac{d}{\lambda}$；

d——围护结构各层材料的厚度（m）；

λ——围护结构各层材料的导热系数（W/m·K）；

T_n——室内计算温度（℃），见表7-21；

T_a——室外计算温度，根据当地气象资料定，主要代表性城市冬期室外计算温度见表7-22；

ω——根据缝隙和门窗等透风而采用的系数，见表7-23。

建筑施工耗热量参考数值见表7-24～表7-27。

室内计算温度（T_n） 表 7-21

房屋名称	计算温度（℃）	房屋名称	计算温度（℃）
宿舍办公室走廊	+18	手术室	+25
食堂、俱乐部、会议室、厕所	+16	成人病室	+20
厨房	+15	儿童病室	+22

主要代表城市冬期采暖室外计算温度（T_a） 表 7-22

地名	室外计算温度（℃）	地名	室外计算温度（℃）	地名	室外计算温度（℃）
北京	-9	济南	-7	贵阳	-1
上海	-2	合肥	-3	成都	+2
天津	-9	南京	-3	武汉	-1
石家庄	-8	银川	-15	长沙	-1
太原	-12	兰州	-11	南昌	-1
呼和浩特	-20	西宁	-13	杭州	-1
沈阳	-20	乌鲁木齐	-23	福州	+5
长春	-23	西安	-5	广州	+7
哈尔滨	-26	拉萨	-6	南宁	+7
郑州	-5	昆明	+3		

透风系数 ω 表 7-23

外围结构的种类	一般情况的 ω 值	急风吹袭下的 ω 值
由易渗透的保温材料组成	2.6	3.0
易渗透的保温材料内加一层不易渗透的保温材料	2.0	2.3
易渗透的保温材料外侧表面加一层不易渗透的保温材料	1.7	1.9
易渗透的保温材料内外表面都加一层不易渗透的保温材料	1.3	1.5
由不易渗透的保温材料组成	1.3	1.5

施工空间需要的温度 表 7-24

用途	需要温度（℃）	用途	需要温度（℃）
钢筋时效	70～100	水加热	60～80
钢筋时效	100～200	混凝土养生	75～85
砂、石加热	10～40	暖棚或养生池、养生槽	20～40

建筑施工耗热量 表 7-25

名 称	单位	耗热量	
		热量（kJ）	蒸汽（kg）
用水蒸汽加热至75℃	m³	314000	140
混凝土结构的蒸汽养生	m³	921000	400
在暖棚内浇筑混凝土	m³	586000	260
在土上浇筑混凝土	m³	795000	350
溶化土：砂质土	m³	63000	28
黏质土	m³	84000	37

每立方米混凝土、砂浆搅拌加热的平均耗热量（kJ）　　　　表 7-26

名称	拌合料的最初温度（℃）	拌合料体积含湿率（%）	拌合料达下列温度（℃）时			
			+10	+20	+30	+40
混凝土	-5	2.5	39800	65300	90900	116400
		5	48900	74200	100000	125500
		10	67200	92700	118300	143800
	-10	2.5	48800	74300	99800	125400
		5	58200	83700	109300	137700
		10	77000	102600	128100	153700
	-15	2.5	57800	83400	108900	134400
		5	67600	93100	118500	144200
		10	86900	112400	138000	163500
砂浆	-5	2.5	36600	64300	91900	119300
		5	38100	65700	93400	121000
		10	40800	68500	96100	123700
	-10	2.5	44000	71200	99200	126900
		5	45600	73300	100900	128500
		10	48800	76400	104000	131700
	-15	2.5	50900	78500	106100	133800
		5	53000	80600	108200	135900
		10	56700	84400	112000	139600

注：对加热后运输及往搅拌机里填料等过程的热量损失全部考虑在内，则表内数字应再乘以 1.2 损失系数。

各种燃料的发热量　　　　表 7-27

种类	发热量（J/kg）	种类	发热量（J/kg）
无烟煤、烟煤	29200～33500	泥煤	20900～25100
沥青煤	25100～29300	焦煤	31400～33500
褐煤	20900～25100	木柴	12600

注：热量 1kWh = 3600kJ；蒸汽 1kg = 3680kJ。

◆ 第七节　工地临时供气计算

工程施工压缩空气需要量可按下式计算：

$$Q = \sum m \cdot K \cdot q \qquad (7\text{-}28)$$

式中　Q——压缩空气需要量（m^3/min）；

m——某型号风动工具的数量；

K——同一时间开动使用系数，按表 7-28 取用；

q——某型号风动工具的空气消耗量（m^3/min），见表 7-29。

表 7-28

同一时间开动系数 K

联结的工具器具数	1	2~3	4~6	7~10	11~20	25 以上
K	1	0.9	0.8	0.7	0.6	0.5

常用风动机具耗气量　　　　　表 7-29

机具名称	耗风量 （m³/min）	需要风压 （N/mm²）	机具名称	耗风量 （m³/min）	需要风压 （N/mm²）
潜孔凿岩机	9~13	0.5~0.6	除锈机	1~1.4	0.5~0.6
导轨式凿岩机	8.5~13	0.5~0.7	风 钻	0.5~2.2	0.5
气腿式凿岩机	2.6~3.3	0.5~0.7	风螺刀	0.2	0.5
手持式凿岩机	0.7	0.5	风砂轮	0.7~1.7	0.5
凿岩机 Y-30	2.4	0.5	风扳手	0.6~0.9	0.5
冲击器 C100（C150）	6（12）	0.5~0.6	风 锯	2.0	0.5
铆钉机 MQ 型	0.3~0.5	0.5	气动马达	2.3~6	0.5~0.6
铆钉机 M 型	0.8~1.0	0.4~0.5	气动磨杆机	1.4	0.6
风镐	0.9~1.0	0.4~0.5	冲击把柄	1.4	0.5~0.6
风铲	0.6	0.5	水泥喷枪	5.0	0.5~0.6

◆ 第八节　工地临时道路计算

一、道路简易平曲线计算

道路平曲线一般采用圆弧形，常用最小半径为 15m。平曲线的有关尺寸按以下公式计算（图 7-3）：

$$T = R\tan\frac{\alpha}{2} \tag{7-29}$$

$$L = \frac{\pi}{180°}R \cdot \alpha = 0.0175R\alpha \tag{7-30}$$

$$E = R\left(\sec\frac{\alpha}{2} - 1\right) \tag{7-31}$$

$$C = 2R\sin\frac{\alpha}{2} \tag{7-32}$$

$$M = R\left(1 - \cos\frac{\alpha}{2}\right) \tag{7-33}$$

式中　T——切线长度（m）；

　　　R——平曲线半径（m）；

　　　α——转向角（°）；

　　　E——外距（m）；

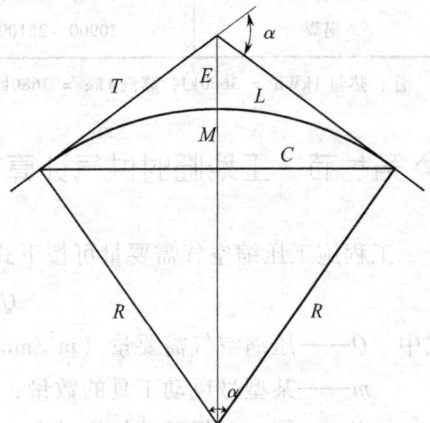

图 7-3　平曲线计算简图

C——弦长（m）；

M——中距（m）；

L——弧长（m）。

已知 R 和 α 便可计算出 T、L、E、C、M 等数值，当 $R=100$m 时，由不同 α 角计算的结果如表 7-30，如半径不同，可用半径的比值乘以各部分尺寸求得。

平曲线尺寸表（$R=100$m）　　　　　　　　　表 7-30

α	T	L	E	M	C	α	T	L	E	M	C
6	5.24	10.47	0.14	0.14	10.47	70	70.02	122.17	22.08	18.09	114.72
8	6.99	13.96	0.24	0.24	13.95	72	72.65	125.66	23.61	19.10	117.56
10	8.75	17.46	0.38	0.38	17.43	74	75.36	129.15	25.21	20.14	120.36
12	10.51	20.94	0.55	0.55	20.91	76	78.13	132.65	26.90	21.20	123.13
14	12.28	24.44	0.75	0.75	24.37	78	80.98	136.14	28.68	22.29	125.86
16	14.05	27.93	0.98	0.97	27.83	80	83.91	139.63	30.54	23.40	128.56
18	15.84	31.42	1.25	1.23	31.28	82	86.93	143.12	32.50	24.53	131.21
20	17.63	34.91	1.54	1.52	34.73	84	90.40	146.61	34.56	25.69	133.83
22	19.44	38.40	1.87	1.84	38.16	86	93.25	150.10	36.73	26.87	136.40
24	21.26	41.89	2.23	2.19	41.58	88	96.57	153.60	39.02	28.07	138.93
26	23.09	45.38	2.63	2.56	44.99	90	100.00	157.08	41.42	29.29	141.42
28	24.93	48.87	3.06	2.97	48.38	92	103.55	160.57	43.96	30.53	143.87
30	26.80	52.36	3.53	3.41	51.76	94	107.24	164.06	46.63	31.80	146.27
32	28.68	55.85	4.03	3.87	55.13	96	111.06	167.55	49.45	33.09	148.63
34	30.57	59.34	4.57	4.37	58.47	98	115.04	171.04	52.43	34.39	150.94
36	32.49	62.83	5.15	4.89	61.80	100	119.18	174.53	55.57	35.72	153.21
38	34.44	66.32	5.76	5.45	65.13	102	123.49	178.02	58.90	37.07	155.43
40	36.40	69.81	6.42	6.03	68.40	104	127.99	181.51	62.43	38.43	157.60
42	38.39	73.30	7.12	6.64	71.67	106	132.70	185.01	66.16	39.82	159.73
44	40.40	76.79	7.85	7.28	74.92	108	137.64	188.50	70.13	41.22	161.80
46	42.45	80.29	8.64	7.95	78.15	110	142.82	191.99	14.35	42.64	163.83
48	44.52	83.78	9.46	8.65	81.35	112	148.26	195.48	78.83	44.08	165.80
50	46.63	87.27	10.34	9.37	84.52	114	153.99	198.97	83.61	45.54	167.73
52	48.77	90.76	11.26	10.12	87.67	116	160.03	202.46	88.71	47.01	169.61
54	50.95	94.25	12.23	10.90	90.80	118	166.43	205.95	94.16	48.50	171.43
56	53.17	97.74	13.26	11.71	93.89	120	173.21	209.44	100.00	50.00	173.21
58	55.43	101.23	14.34	12.54	96.96	122	180.41	212.93	106.27	51.52	174.92
60	57.74	104.72	15.47	13.40	100.00	124	188.07	216.42	113.01	53.05	176.59
62	60.09	108.21	16.66	14.27	103.01	126	196.26	219.91	120.27	54.60	178.20
64	62.49	111.70	17.92	15.20	105.98	128	205.30	223.40	128.12	56.16	179.16
66	64.94	115.19	19.24	16.13	108.93	130	214.45	226.89	136.62	57.74	181.26
68	67.45	118.68	20.62	17.10	111.84						

注：表中无 α 角时，可用插入法求得。

二、道路简易竖曲线计算

竖向曲线分凸形和凹形两种。当相邻两纵坡坡度的代数差，在凸形交点处大于 2%、在凹形交点处大于 0.5% 时，即应设置圆形竖曲线。车行道竖曲线的最小半径，在凸形交叉点处为 300m，凹形交叉点处为 100m。

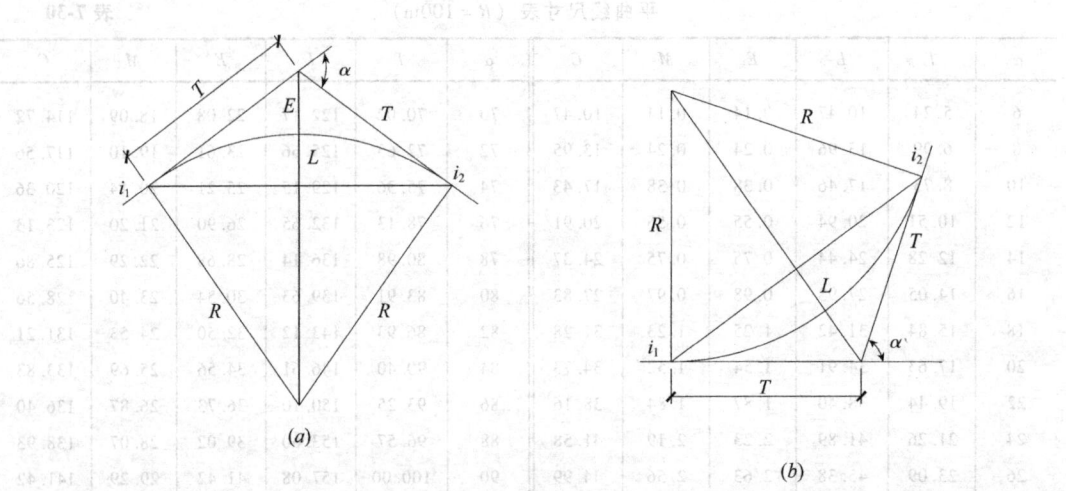

图 7-4 竖曲线计算简图

竖曲线的有关尺寸按以下公式计算（图 7-4）：

$$\Delta_i = \arctan(i_1 - i_2) \tag{7-34}$$

$$T = R\tan\frac{\Delta_i}{2} \tag{7-35}$$

$$L = \frac{\pi}{180°}R \cdot \Delta_i \tag{7-36}$$

$$E = R\left(\sec\frac{\Delta_i}{2} - 1\right) \approx \frac{T^2}{2R} \tag{7-37}$$

式中 Δ_i——相邻两坡度值的代数差（%）；两坡度异号相加，同号相减；

T——竖曲线切线长度（m）；

L——竖曲线长度（m）（$L \approx 2T$）；

E——竖曲线的纵距长度（m）。

当 $R = 100m$、$300m$、$500m$ 时，Δ_i、T、E 数值亦可从表 7-31 直接查得。

竖曲线尺寸表　　　　　　　　　　　　　　　　　　表 7-31

Δ_i（%）	T	E	Δ_i（%）	T	E	Δ_i（%）	T	E
$R=100\mathrm{m}$			$R=300\mathrm{m}$			$R=500\mathrm{m}$		
0.05	0.25	—	0.05	0.75	—	0.05	1.25	—
0.10	0.50	—	0.10	1.50	—	0.10	2.50	0.01
0.15	0.75	—	0.15	2.25	0.01	0.15	3.75	0.01
0.20	1.00	0.01	0.20	3.00	0.02	0.20	5.00	0.02
0.25	1.25	0.01	0.25	3.75	0.02	0.25	6.25	0.04
0.30	1.50	0.01	0.30	4.50	0.03	0.30	7.50	0.06
0.35	1.75	0.02	0.35	5.25	0.05	0.35	8.75	0.08
0.40	2.00	0.02	0.40	6.00	0.06	0.40	10.00	0.10
0.45	2.25	0.03	0.45	6.75	0.08	0.45	11.25	0.13
0.50	2.50	0.03	0.50	7.50	0.09	0.50	12.50	0.16
0.55	2.75	0.04	0.55	8.25	0.11	0.55	13.75	0.19
0.60	3.00	0.05	0.60	9.00	0.14	0.60	15.00	0.22
0.65	3.25	0.05	0.65	9.75	0.16	0.65	16.25	0.26
0.70	3.50	0.06	0.70	10.50	0.18	0.70	17.50	0.31
0.75	3.75	0.07	0.75	11.25	0.21	0.75	18.75	0.35
0.80	4.00	0.08	0.80	12.00	0.24	0.80	20.00	0.40
0.85	4.25	0.09	0.85	12.75	0.27	0.85	21.25	0.45
0.90	4.50	0.10	0.90	13.50	0.30	0.90	22.50	0.51
0.95	4.75	0.11	0.95	14.25	0.34	0.95	23.75	0.56
1.00	5.00	0.13	1.00	15.00	0.38	1.00	25.00	0.62
1.05	5.25	0.14	1.05	15.75	0.41	1.05	26.25	0.69
1.10	5.50	0.15	1.10	16.50	0.45	1.10	27.50	0.76
1.15	5.75	0.17	1.15	17.25	0.49	1.15	28.75	0.83
1.20	6.00	0.18	1.20	18.00	0.54	1.20	30.00	0.90
1.25	6.25	0.20	1.25	18.75	0.59	1.25	31.25	0.98
1.30	6.50	0.21	1.30	19.50	0.63	1.30	32.50	1.06
1.35	6.75	0.23	1.35	20.25	0.68	1.35	33.75	1.14
1.40	7.00	0.25	1.40	21.00	0.74	1.40	35.00	1.22
1.45	7.25	0.26	1.45	21.75	0.79	1.45	36.25	1.31
1.50	7.50	0.28	1.50	22.50	0.84	1.50	37.50	1.40
1.55	7.75	0.30	1.55	23.25	0.90	1.55	38.75	1.50
1.60	8.00	0.32	1.60	24.00	0.96	1.60	40.00	1.60

三、简易道路技术数据

工地临时简易道路技术要求，施工现场道路最小转弯半径以及路边排水沟最小尺寸规定分别见表 7-32、表 7-33 和表 7-34。

工地简易道路技术要求 表 7-32

名称	单位	技术标准
行车速度	km/h	不大于 20
路基宽度	m	双车道 6~6.5；单车道 4~4.5；困难地段 3.5
路面宽度	m	双车道 5~5.5；单车道 3~3.5
平曲线最小半径	m	平原、丘陵地区 20，山区 15，回头弯道 12
最大纵坡	%	平面地区 6，丘陵地区 8，山区 11，土路 4
纵坡最短长度	m	平原地区 100，山区 50

施工现场道路最小转弯（曲线）半径 表 7-33

车辆类型	路面内侧的最小转弯半径（m）			备注
	无拖车	有一辆拖车	有二辆拖车	
小客车三轮汽车	6	—	—	如 4t、5t
一段二轴载重汽车	9（单车道）、7（双车道）	12	15	
三轴载重汽车、重型载重汽车、公共汽车	12	15	18	如 12t、25t
超重型载重汽车	15	18	21	如 40t

路边排水沟最小尺寸表 表 7-34

边沟形状	最小尺寸（m）		边坡坡度	适用范围
	深度	底宽		
梯形	0.4	0.4	1:1~1:1.5	土质路基
三角形	0.3	—	1:2~1:3	岩石路基
方形	0.4	0.3	1:0	岩石路基

◆ 第九节 施工和加工机械需用量计算

一、施工机械需用量计算

施工机械需用量，可按以下综合公式计算：

$$N = \frac{Q \cdot K}{T \cdot P \cdot m \cdot \phi} \qquad (7\text{-}38)$$

式中　N——施工机械需用数量（台）；

　　　Q——工程量，以实物计算单位计算；

　　　K——施工不均衡系数，见表 7-35；

　　　T——工作台日数（d），即有效作业天数；

　　　ϕ——机械工作系数（包括完好率、利用率等），见表 7-36 和表 7-37；

　　　P——机械产量指标，即台班生产率，见表 7-38 和表 7-39；

m——每天工作班数（班），单班为 1，双班为 2。

施工不均衡系数 K 表 7-35

项目名称	不均衡系数		项目名称	不均衡系数	
	年度	季度		年度	季度
土方工程	1.5 ~ 1.8	1.2 ~ 1.4	道路、地坪	1.5 ~ 1.6	1.1 ~ 1.2
混凝土	1.5 ~ 1.8	1.2 ~ 1.4	屋面	1.3 ~ 1.4	1.1 ~ 1.2
砌砖	1.5 ~ 1.6	1.2 ~ 1.3	机电设备安装	1.2 ~ 1.3	1.1 ~ 1.2
钢筋	1.5 ~ 1.6	1.2 ~ 1.3	电气、卫生技术及管道	1.2 ~ 1.3	1.1 ~ 1.2
模板	1.5 ~ 1.6	1.2 ~ 1.3	公路运输	1.2 ~ 1.5	1.1 ~ 1.2
吊装	1.3 ~ 1.4	1.1 ~ 1.2	铁路运输	1.5 ~ 2.0	1.3 ~ 1.5

机械工作系数 ϕ 值   表 7-36

机械设备名称	系数 ϕ	机械设备名称	系数 ϕ
≥6t/m² 履带式，铁路及塔式起重机	0.6 ~ 0.7	卷扬机	0.5 ~ 0.6
≥1m³ 斗容量的挖土机	0.6 ~ 0.7	各式汽车	0.5 ~ 0.6
<1m³ 斗容量的挖土机	0.5 ~ 0.6	打桩机	0.4 ~ 0.5
多斗挖土机	0.5 ~ 0.6	木工机床	0.4 ~ 0.5
≥0.75m³ 斗容量的铲运机	0.5 ~ 0.6	移动式皮带运输机	0.4 ~ 0.5
≥500L 的混凝土及砂浆搅拌机	0.6 ~ 0.7	各式水泵	0.4 ~ 0.5
<500L 的混凝土及砂浆搅拌机	0.5 ~ 0.6	绞车桅杆式起重机	0.3 ~ 0.4
<6t/m 各式起重机	0.5 ~ 0.6	砂浆泵	0.3 ~ 0.4
≥5t 压路机	0.6 ~ 0.7	电焊机	0.3 ~ 0.4
<5t 压路机	0.5 ~ 0.6	电动工具	0.3 ~ 0.4
<15t 以下的压路机	0.4 ~ 0.5	振动器	0.3 ~ 0.4
各式移动式空压机	0.5 ~ 0.6	其他小型机械	0.3 ~ 0.4

常用主要机械完好率、利用率（%）   表 7-37

机械名称	完好率（%）	利用率（%）	机械名称	完好率（%）	利用率（%）
单斗挖土机	80 ~ 95	56 ~ 75	自卸汽车	75 ~ 95	65 ~ 80
推土机	75 ~ 90	56 ~ 70	拖车车组	75 ~ 95	55 ~ 75
铲运机	70 ~ 95	50 ~ 75	拖拉机	75 ~ 95	50 ~ 70
压路机	75 ~ 95	50 ~ 65	装卸机	75 ~ 95	60 ~ 90
履带式起重机	80 ~ 95	55 ~ 70	机动翻斗车	80 ~ 95	70 ~ 85
轮胎式起重机	85 ~ 95	60 ~ 80	混凝土搅拌机	80 ~ 95	60 ~ 80
汽车式起重机	80 ~ 95	60 ~ 80	空压机	75 ~ 90	50 ~ 65
塔式起重机	85 ~ 95	60 ~ 75	打桩机	80 ~ 95	70 ~ 85
卷扬机	85 ~ 95	60 ~ 75	综合	80 ~ 95	60 ~ 75
载重汽车	80 ~ 90	65 ~ 80			

常用土方及钢筋混凝土机械台班产量　　　　表 7-38

序号	机械名称	型号	主要性能	理论生产率		常用台班产量	
				单位	数量	单位	数量
1	履带挖土机	W_1-50	斗容量 0.5m³，最大挖深 5.56m	m³/h	120	m³	260~350
	履带挖土机	W_1-100	斗容量 1.0m³，最大挖深 6.5m	m³/h	180	m³	350~550
	履带挖土机	W_2-100	斗容量 1.0m³，最大挖深 5.0m	m³/h	240	m³	400~600
2	拖式铲运机	C6-2.5	斗容量 2.5m³，铲土深 15cm	m³/h	22~28	m³	100~150
	拖式铲运机	C5-6	斗容量 6m³，铲土深 15cm	—	—	m³	250~350
	拖式铲运机	C4-7	斗容量 7m³，铲土深 30cm	—	—	m³	250~350
3	推土机	T_1-100	90hp，切土深 18cm	m³/h	45	m³	300~500
	推土机	T_2-100	90hp，切土深 65cm	m³/h	75~80	m³	300~500
	推土机	T_2-120	120hp，切土深 30cm	m³/h	80	m³	400~600
4	蛙式夯土机	HW-20	夯板面积 0.045m²	m³/班	100	—	—
	蛙式夯土机	HW-60	夯板面积 0.078m²	m³/班	200	—	—
	内燃夯土机	HN-60	夯板面积 0.083m²	m³/班	64	—	—
5	混凝土搅拌机	J_1-250	装料容量 0.25m³	m³/h	3~5	m³	15~25
	混凝土搅拌机	J_1-400	装料容量 0.40m³	m³/h	6~12	m³	25~50
	混凝土搅拌机	J_4-1500	装料容量 1.5m³	m³/h	30	—	—
6	混凝土输送泵	2H0.5	最大水平距 250m，垂直 40m	m³/h	6~8	—	—
	混凝土输送泵	HB8	最大水平距 200m，垂直 30m	m³/h	8	—	—
7	钢筋切断机	GJ5-40	加工范围 φ6~φ40	—	—	t	12~20
8	钢筋弯曲机	WJ40-1	加工范围 φ6~φ40	—	—	t	4~8
9	钢筋点焊机	DN-75	焊件厚 8~10mm	点/h	3000	网片	600~800
10	钢筋对焊机	UN-75	最大焊件截面 600mm²	次/h	75	根	60~80
	钢筋对焊机	UN_1-100	最大焊件截面 1000mm²	次/h	20~30	根	30~40
11	钢筋点弧焊机		加工范围 φ8~φ40	—	—	m	10~20

起重机械台班产量　　　　表 7-39

序号	机械名称	工作内容	常用台班产量	
			单位	数量
1	履带式起重机	构件综合吊装，按每吨起重能力计	t	5~10
2	轮胎式起重机	构件综合吊装，按每吨起重能力计	t	8~14
3	汽车式起重机	构件综合吊装，按每吨起重能力计	t	10~18
4	塔式起重机	构件综合吊装	吊次	80~120
5	少先式起重机	构件吊装	t	15~20
6	平台式起重机	构件提升	t	15~20
7	卷扬机	构件提升，按每吨牵引力计	t	30~50
		构件提升，按提升次数计（四、五层楼）	次	60~100
8	履带式、轮胎式或塔式起重机	钢柱安装，柱重 2~10t	根	25~35
		钢柱安装，柱重 2~10t	根	8~20
		钢柱安装，柱重 2~10t	根	3~8

序号	机械名称	工作内容	常用台班产量	
			单位	数量
8	履带式、轮胎式或塔式起重机	钢屋架安装与钢柱上，9~18m跨	榀	10~15
		钢屋架安装与钢柱上，24~36m跨	榀	6~10
		钢屋架安装于钢筋混凝土柱上　9~18m跨	榀	15~20
		24~36m跨	榀	10~15
		钢吊车梁安装与钢柱上，梁重6t以下	根	20~30
		8~15t	根	10~18
		钢吊车梁安装于钢筋混凝土柱上，梁重6t以下	根	25~35
		8~15t	根	12~25
		钢筋混凝土柱安装，单层厂房，柱重10t以下	根	18~24
		柱重11~20t	根	10~16
		柱重21~30t	根	4~8
		多层厂房，柱重2~6t	根	10~16
		钢筋混凝土屋架安装，12~18m跨	榀	10~16
		24~30m跨	榀	6~10
		钢筋混凝土基础梁安装，梁重6t以下	根	60~80
		钢筋混凝土吊车梁、联系梁、过梁安装，梁重4t以下	根	40~50
		4~8t	根	30~40
		8t以上	根	20~30
		钢筋混凝土托架安装，托架重9t以下	榀	20~26
		9t以上	榀	14~18
		大型屋面板安装，板重1.5t以下	块	90~120
		1.5t以上	块	60~90
		钢筋混凝土檩条安装，2根一吊	根	70~100
		1根一吊	根	40~60
		钢筋混凝土楼板安装，2~3层，板重1.5t以下	块	110~170
		1.5t以上	块	70~100
		4~6层，板重1.5t以下	块	100~150
		1.5t以上	块	50~90
		钢筋混凝土楼梯段安装，每段重3t以下	段	18~24
		3t以上	段	10~16

第八章

单位工程施工组织设计案例

◆ 第一节 施工组织设计说明

一、工程简介

1. 工程名称：某电梯厂工程。
2. 工程地址：本工程位于上海市某县城东区，东临经三路，西靠经二路，北至纬七路，南依纬六路。
3. 建设单位：上海市某建筑集团。
4. 设计单位：上海市某设计院。
5. 监理单位：上海市某监理公司。
6. 工程规模：建筑占地面积 $2190m^2$。
7. 工程范围：依照施工图纸所示的电梯厂工程的土建、安装及室外总体工程。

二、施工组织设计编制原则

本施工组织设计编制前，我们认真学习了设计文件等资料，对所承包工程施工的质量控制、进度控制和协调管理实施总承包职责。

我们多次仔细踏勘了施工现场，充分了解了施工区域的周边环境条件，针对本工程特点及业主要求，经过反复研究决定制定了本次方案的编制原则。

1. 贯彻总承包施工管理原则

我公司在实施总承包管理中，将着重在施工总进度计划，施工场地、机械、设备布置及协调使用，施工人员、技术力量配置，物资的计划供应，施工质量控制、文明施工、安全生产管理，并对各参建施工单位的劳动力、资金进行管理，在施工质量控制、技术资料、档案整理以及对业主服务等方面设置专人进行强化对口管理。

2. 始终贯穿业主要求的总进度控制原则

经过认真细致的分析及施工组织计划安排，通过在施工中采取先进的施工技术措施，科学的进度、质量、安全目标管理方式，确保工程的按计划完工。

充分利用我公司在施工技术、施工管理及设备材料方面的优势，加快进行施工现场接收及各方面的施工准备工作，保证上部主体混凝土结构的施工进度，确保本工程最终达到进度目标的实现。

3. 贯彻本工程质量目标的原则

建立完善本工程质量目标管理网络与运行体系，实施项目质量目标管理；

建立完善本工程的质量保证体系；

制定本工程质量控制措施及保证计划。

三、施工组织设计编制依据

1. 业主提供的有关设计图纸和招标文件等。

2. 施工组织设计编制主要采用的技术规范（规程）：

《建筑地基基础工程施工质量验收规范》（GB 50202-2002）；

《混凝土结构工程施工质量验收规范》（GB 50204-2002）；

《木结构工程施工质量验收规范》（GB 50206-2002）；

《砌体工程施工质量验收规范》（GB 50203-2002）；

《建筑地面工程施工质量验收规范》（GB 50209-2002）；

《屋面工程质量验收规范》（GB 50207-2002）；

《建筑装饰装修工程质量验收规范》（GB 50210-2001）；

《建筑工程施工质量验收统一标准》（GB 50300-2001）；

《建筑施工高处作业安全技术规范》（JGJ 80-1991）；

《建筑机械使用安全技术规程》（JGJ 33-2001）；

《施工现场临时用电安全技术规范》（JGJ 46-2005）；

《钢筋焊接及验收规程》（JGJ 18-2003）；

《工程测量规范》（GB 50026-2007）；

《钢筋机械连接通用技术规程》（JGJ 107-2003）；

《建筑电气工程施工质量验收规范》（GB 50303-2002）；

《电气装置安装工程电气照明装置工程及验收规范》（GB 50259-1996）；

《通风与空调工程施工质量验收规范》（GB 50243-2002）。

◆ **第二节　工程概况**

一、建筑概况

本工程位于上海市某县城东区，系中外合资工厂，是研究、生产、销售电梯的综合性企业。工程由主楼和一间联体的单层厂房共同组成。该建筑占地面积2190m²，主楼地下1层，地上12层，总高度47.00m，主楼为综合楼，其地下室为停车库，地上建筑分别为办公室、实验室、商务中心及客房。联体单层厂房为电梯生产车间，檐口高17.40m。建筑类别为二类，耐火等级为二级，设计使用年限为50年，屋面防水等级为三级；结构设计按7度设防、二级框架标准。工程自2005年3月1日开工，到2006年5月24日竣工，工期450天。

本工程 ±0.000 相当于绝对标高4.000，建筑设计要求如下：

（1）外墙：所有外墙均贴面砖；

（2）内墙：洗手间贴瓷砖，高 1800mm；主楼其他内墙用 15mm 厚 M5 混合砂浆打底抹平，做白水泥腻子；单厂内墙普通抹灰处理；

（3）地面：洗手间地面铺 150mm × 150mm 防滑地砖；其余地面铺设花岗岩；单厂采用 300mm 厚细石混凝土地面；

（4）楼面：洗手间地面铺 150mm × 150mm 防滑地砖；楼梯间贴防滑釉面砖；其余房间采用拼花硬木地板；

（5）顶棚：采用 25mm 厚 M5 混合砂浆打底抹平，面层挂白水泥腻子；

（6）门窗及油漆：本工程门窗均采用铝合金门窗；

（7）屋面：4 厚 SBS 改性油毡页岩片防水屋面。

二、结构概况

主楼基础为预制钢筋混凝土打入方桩，截面为 400mm × 400mm，桩长 24 m，箱型基础。预制桩柱距 1600mm，柱顶标高 − 5.800m。

厂房基础为天然地基杯形，基底 1800mm × 1800mm（浅基础部分如果发现明浜或暗浜位置与地质报告有异，应及时与设计人员联系，以便进行地基处理或调整基础设计）。

地下室底板厚 1000mm，柱 600mm × 600mm，外墙板厚 300mm，内墙板及电梯井墙厚 250mm，顶板厚 350mm，主梁 700 mm × 300mm，次梁 500mm × 250mm。

上部为现浇框架—剪力墙结构，1 ~ 5 层柱为 600mm × 600mm，6 ~ 12 层柱为 500mm × 500mm，楼板厚均为 120mm，主梁 700mm × 300mm、600mm × 300mm 两种，次梁 500mm × 250mm、400mm × 200mm 两种。

单层厂房部分为预制装配式排架结构。排架柱截面 800mm × 400mm，抗风柱截面为 900mm × 400mm，预应力屋架跨度 24m，下弦杆预应力筋 4φ12，大型槽型屋面板宽度为 1500mm。

电梯井为现浇钢筋混凝土，厕所和电梯间构成剪力墙，周围为截面 500mm × 400mm 的框架柱。

三、材料选用

（1）混凝土：主楼地下室与上部结构混凝土一般为 C30（除注明外），厂房基础混凝土 C20，预制混凝土梁 C25，屋架混凝土 C35，地下室混凝土抗渗等级 F8。

（2）钢筋：Ⅰ 级钢筋 HPB235，Ⅱ 级钢筋 HRB335。

（3）砖：±0.000 以下的为 MU10 标准黏土砖；±0.000 以上用 MU7.5 多孔砖。

（4）砂浆：±0.000 以下的为 M10 水泥砂浆；±0.000 以上用 M5 混合砂浆。

四、施工条件

（1）拟建东方电梯厂位于某县城东郊区经三路，纬六路交界处。

（2）本工程场地较平坦，原为农田，场地有部分民宅，树木需拆除与搬迁，另有部分弃土,堆高 1 ~ 2m。

(3)本场地较大,周围道路均已建成,业主要求在东西两侧开启施工区大门,南北两侧施工期间不宜开门。

(4)本工程可采用现场搅拌混凝土,也可采用商品混凝土,地区的商品混凝土搅拌站,离工地 10km,运输时间约 0.5h。

(5)现场可供电,250kW,供水管口径 2 英寸。

(6)地质条件见表 8-1。

地 质 条 件　　　　　　　　表 8-1

层序	地层名称	层厚（m）	ω（%）	γ（kN/m³）	φ	C（kPa）
①	暗浜土	0 ~ 3.75				
②	杂填土	0 ~ 0.80				
③	褐黄色黏土	0 ~ 2.40	31.4	19.1	13.9	26
④	灰黄色黏土	0 ~ 1.70	40.4	18.3	8.4	18
⑤	灰色砂质粉土	1.75 ~ 2.65	27.3	19.6	26.0	7
⑥	灰色淤泥粉质黏土	6.25 ~ 7.75	45.8	17.5	8.0	10
⑦	灰色淤泥粉质黏土与粉砂土层	1.25 ~ 7.25	35.1	18.4	15.6	8
⑧	灰色淤泥粉质黏土	0 ~ 5.90	38.2	18.0	9.6	14

五、工程承包与分包情况

(1)合同承包范围

本工程承包任务范围包括:全部土建、装饰、电气、采暖、给排水、通风工程。

(2)分包项目

防水工程、电气弱电部分安装工程、电梯工程。

六、工程重点

本工程为上海市某县城一中外合资工厂,为研究、生产、销售电梯而建造。工程的质量,进度,现场文明、安全管理都将对该县城产生重大影响。由于本工程由综合楼和连体的单层厂房组成,要同时解决使电梯尽快投入生产、避免综合楼与厂房的差异沉降等问题,因此工程难度较大。

从本工程所处的地理位置看,施工进出车辆较为方便,但工程位于市郊县城区内,施工时应尽量减少粉尘飘扬,控制光污染。搞好环境、消防及保卫等工作,保证现场文明施工。

本工程的工程量大,在质量方面,结构质量、装修标准要求高;工期方面,合同工期仅有 450 天,工期非常紧张;专业方面,工程涉及专业广泛,给排水系统、消防水系统、雨水废水排放系统、通风系统、空调系统、自控报警系统等多专业相互交叉，质量要求高，土建与安装的配合施工是保证工程质量进度的关键；用地方面，工程二期用地拟用作预制构件加工厂，因此一期工程用地限制较为严格；施工管理方面，多家分包单位与总包间的关系协调、多工种的交叉作业协调是管理的重点。

◆ 第三节　施工部署

一、工程施工目标

根据施工合同、招标文件以及本单位对工程管理目标的要求，结合该工程的实际情况，工程施工目标如下：

（1）工期

该厂引进了新工艺，准备生产一批新式电梯，期望该产品尽快投入生产，占领市场，发挥其经济效益。我们将采用分阶段工期目标控制及立体交叉作业方法组织施工，计划于2005年3月1日开工，确保工程在15个月内完成，即于2006年5月24日竣工。

（2）质量

本工程的质量目标定为优良。

（3）安全与消防

加强进场人员的安全思想教育，提高施工人员的安全意识，坚持对消防设备"每周一小查、一月一大查"的维护制度。对于脚手系统：内脚手全用钢管搭设，高层的外脚手采用落地式钢管脚手架，所有外脚手架均满铺竹笆片、满挂安全网的全封闭安全防护方法，同时工地设立两名专职安全员和多名兼职安全员，对各种防护脚手架和支撑脚手架、大型机械安装和重点成品的防护，坚决做到先出方案后实施，使计算有依据，审批有手续，严格管理机械进场和施工操作，杜绝因工伤亡、重伤和重大机械设备事故；施工现场无火灾事故，轻伤事故频率控制在0.4%以内，实现"五无"：即无重伤、无死亡、无火灾、无重大机械事故、无食物中毒。

（4）文明施工

严格按上海市关于现场文明施工的各项规定执行，场内各种建筑材料堆放适当，实行禁烟、无垃圾管理，保持场容、市容环境卫生，确保现场优良达标。

（5）环境保护

在确保工程质量和工期的前提下，树立全员环保意识，采取有效措施，最大限度减少施工噪声和环境污染，自觉保护市政设施。尽可能维护场内生态环境。污水处理达标后排放，达到环保无污染标准。

（6）成本

我公司采用最新的成本控制管理程序，确保材料"料尽其用"；同时精简管理机构，借助先进的电脑管理系统，降低管理成本，保证项目成本误差在合同规定范围内。

二、施工流向及顺序

1. 施工流向

根据工程目标"先生产，后生活"的思想，拟定总体施工流向。本工程可分为综合楼和单层厂房两部分。

施工流向遵循"先地下，后地上；先主体，后围护；先结构后装饰"的原则。首先进行综合楼地下室的基坑开挖，以减少对相邻的单厂基础的影响，全施工过程大致施工流向如下：

施工准备工作（三通一平）→测量放线→综合楼地下室基坑施工→单层厂房结构预制→综合楼地下室施工→厂房柱下独立基础→厂房结构吊装→综合楼上部结构施工→装饰工程→水、电、气安装→道路及绿化→竣工验收。

2. 综合楼施工顺序

全施工过程总体上分为七个施工段进行控制管理，第一阶段为施工准备阶段；第二阶段为桩基施工阶段；第三阶段为基坑工程；第四阶段为地下室施工阶段；第五阶段为综合楼主体结构施工；第六阶段为装饰装修部分；第七阶段为室外总平面部分。综合楼施工要求在 15 个月内完成，水电安装与结构施工穿插进行。综合楼施工顺序见图8-1 所示。

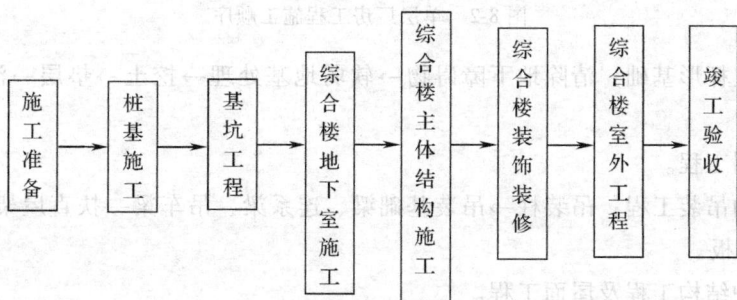

图 8-1　综合楼施工顺序

（1）综合楼地下室基坑施工

工程桩预制→打桩施工→围护结构与降水→土方开挖。

（2）地下室结构施工

垫层浇筑→凿桩顶，焊接锚固钢筋→弹线→绑扎底板钢筋→浇筑底板→绑扎墙（柱）钢筋→支墙（柱）体模板→浇筑墙（柱）体混凝土→拆除墙（柱）模板→回填土→搭设顶板模板→绑扎顶板钢筋→浇筑楼面混凝土→验收→上部结构施工。

（3）综合楼上部结构施工

弹线→绑扎墙（柱）钢筋→支墙（柱）体模板→浇筑墙（柱）体混凝土→拆除墙（柱）模板→搭设楼面模板→绑扎楼面钢筋→浇筑楼面混凝土→验收→上一层施工（若至顶层，则为屋面防水）。

3. 单层厂房施工顺序

单层厂房施工过程分为六个施工段进行控制管理,第一阶段为施工准备阶段(该阶段基本同综合楼一起进行);第二阶段为基础部分;第三阶段为构件制作阶段;第四阶段为结构吊装阶段;第五阶段为装饰装修部分;第六阶段为室外总平面部分。单层厂房工程施工顺序详见图8-2所示。

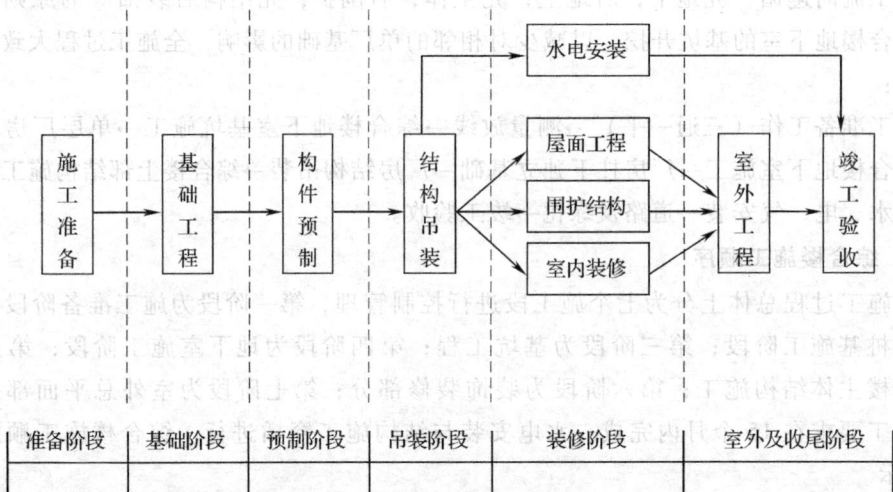

图8-2 单层厂房工程施工顺序

(1)独立杯形基础:清除地下障碍物→软弱地基处理→挖土→垫层→浇筑独立杯形基础。

(2)预制工程。

(3)结构吊装工程:吊装柱→吊装基础梁、连系梁、吊车梁→扶直屋架→吊装屋架、天窗架、屋面板。

(4)围护结构工程及屋面工程。

(5)装饰工程:围护墙砌筑→内外抹灰→贴外墙面砖→门窗工程→内外地面的修整。

三、施工重点及难点

本工程的管理重点主要在以下几个方面:

(1)综合楼与单厂施工的交叉管理;

(2)多工种、多分包单位的协调管理;

(3)综合楼土建与安装工程的配合;

(4)台风暴雨季节的施工管理;

(5)一期用地管理。

本工程的施工技术重点主要在于以下几个方面:

1. 综合楼

(1)结构底板有集水坑、电梯井坑、排污坑,与基础反梁等距离近,坑深度大,梁钢筋密，对钢筋绑扎和模板支立的节点施工比较困难；

（2）主体结构施工时，正赶上上海的台风雷雨季节，雨期施工要求严格；

（3）基坑围护结构考虑对单厂基础土层的扰动、建筑红线、施工通道等的要求，南北两侧与西侧均采用钢板桩围护体系，东侧放坡（坡角45°）开挖。基坑围护体系较为复杂，对工序衔接要求较高；

（4）上部结构混凝土浇筑采用多种模板体系，包括组合钢模板、外墙爬升模板、内墙模板、电梯井筒模等，对施工技术要求比较严格。

2. 单层厂房

（1）屋架跨度较大，增加了结构吊装的施工难度，因此厂房施工重点在于吊装方法、吊装机械的选用。

（2）屋架为预应力折线形混凝土屋架，因此屋架现场预制时，应选择合理的预制方案，严格控制钢筋的张拉值。

（3）为保证综合楼基坑开挖及主体结构的场地要求，单层厂房施工须在综合楼结构完成到一定程度后（预制构件制作在综合楼地下室结构完成后）方能进行。起重机械开行场地受到限制，为避免碰触综合楼，必须严格规划单厂预制构件布置及吊装图。

（4）在构件预制时，必须严格按施工图中标明的预埋件位置及数量，进行预埋，不得漏埋。

四、项目组织机构

1. 项目部的组成

根据电梯厂的规模及特点建立以项目经理为首的管理层全权组织施工生产诸要素，对工程的项目工期、质量、安全、成本等综合效益进行高效率、有计划的组织协调和管理。

项目经理部设三个专业技术科，即工程科、物资科、内业科，项目经理部组织机构见图8-3所示。

本工程项目经理部由1名项目经理、1名项目副经理、1名项目总工程师组成项目经理部的领导层，各专业技术人员组成项目经理部的管理层，承担该工程的主体结构、装饰、安装工程施工的各工种施工班组作为项目劳务层，为保证工程能顺利完成，成立结构吊装班组，专门负责本工程的结构吊装任务，并由一名施工员担任吊装班组组长。

2. 项目部的协调管理

（1）与设计单位的工作协调

1）主动与设计单位联系，进一步了解设计图及工程要求，并根据设计意图及要求，完善施工方案。

2）主动配合业主单位，积极准备图纸会审资料，将设计缺陷消灭在施工之前，使图纸设计内容更趋完善。

3）协调公司内部各下属单位在施工中由于诸多原因引起的标高，几何尺寸等平衡工作。对施工中出现的情况，除按设计、监理的要求及时处理外，并会同发包方、设计、监理、质监进行基础验槽、基础验收，主体结构验收及竣工验收等。

项目经理（1名）

项目总工程师（1名）　　项目副经理（1名）

物资科　　工程科　　内业科

机械员 1名｜材料员 2名｜施工员 4名｜质量员 2名｜安全员 1名｜内业 1名｜核算员 1名

模板｜钢筋｜混凝土工｜架工｜泥工｜普工｜水电｜机械｜木工｜防水｜油漆｜焊工｜吊装

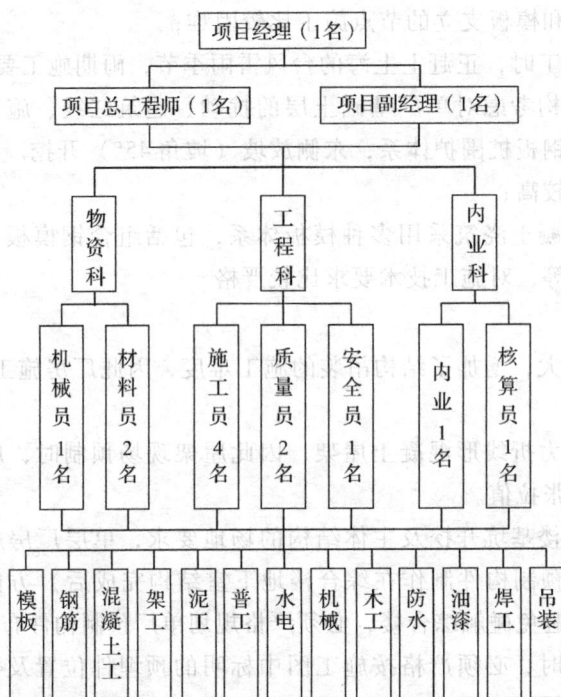

图 8-3　项目经理部组织机构图

（2）与监理工程师工作协调

1）在施工全过程中，严格执行"三检制"，并自觉接受现场监理工程师对施工情况的检查和验收，对存在的缺陷和不足，严格按照监理工程师的监理指令要求进行处理。

2）教育现场职工，树立监理工程师的权威，杜绝现场施工班组人员不服从监理工作的不良现象，使监理工程师的指令得到全面执行。对发生不服从监理工程师监理的，实行教育、惩处。

3）所有进入现场的材料、成品、半成品，设备机具等均主动向监理工程师提交产品合格证及质量保证书，并按规定使用前对需进行现场抽样检查的材料及时见证取样送检，在检验后要主动、及时提交检验报告，得到认可后才能使用。严格把好材料质量关，确保工程施工现场无假冒伪劣产品。

4）严格执行"上道工序不合格，下道工序不施工"的准则，按规定须进行隐蔽检查验收的工序和部位，要提前与监理工程师联系，及时进行隐蔽检查并办理验收记录，使监理工程师顺利正常地开展工作。

5）尊重监理工程师，支持监理工程师的工作，维护监理工程师的权威性。对施工中出现的技术意见分歧，应在国家现行规范的基础上经过协商统一认识并开展工作，在施工中出现一般的意见看法不统一时，遵循"先执行监理指令后予以磋商统一"的原则，避免分歧影响施工，在现场施工管理中坚持维护监理的权威性。

（3）与公司内部下属单位协调

1）本公司以各个指令，组织指挥公司下属单位科学合理地进行作业生产，协调施工中所产生的各种矛盾，以合同中明确的责任，来追究贻误方的失责，减少和避免施工中出现的责任模糊和推诿扯皮现象而贻误工程造成经济损失。

2）责成公司下属各单位严格按照施工进度计划组织施工，建立质保体系，确保规定的总目标的实现。

3）严禁公司所属各单位擅自代用材料和使用劣质材料。

五、分包工程管理

根据国家对于分包工程的相关规定和要求以及合同对工程质量、工期的要求，本公司本着认真负责、实事求是的态度从业绩、工程质量、施工资质等方面核查了众多分包投标单位，最终确定上海市某装修公司、上海市某设备公司分别作为本次防水工程和电梯工程的分包单位。两家分包单位的现场施工队伍在宏观施工调配上纳入总包管理范畴，具体施工操作则有两家单位各自派技术员现场指导管理，总包单位派遣监督人员保证施工质量和进度要求。

◈ 第四节 施工进度计划

本工程自2005年3月1日开工，到2006年5月24日竣工，历时450天。按照合同要求以及前述施工部署和顺序，并根据施工技术要求和工程的实际情况，各分项工程进度计划分别安排如下：

1. 综合楼

桩基工程：40d（包括施工准备与桩预制）

基坑工程：25d

地下室结构：20d

主体结构工程施工（含填充墙施工）：181d

屋面工程：25d

装饰工程：150d

水电气安装：130d

设备安装：30d（从基坑工程施工开始穿插进行）

2. 单层厂房

基础工程：14d

构件预制：20d

结构吊装：15d

砌体工程：15d

屋面工程：20d

装饰工程：39d

水电气安装：25d

设备安装：25d

施工进度计划横道图见图8-4～图8-7。

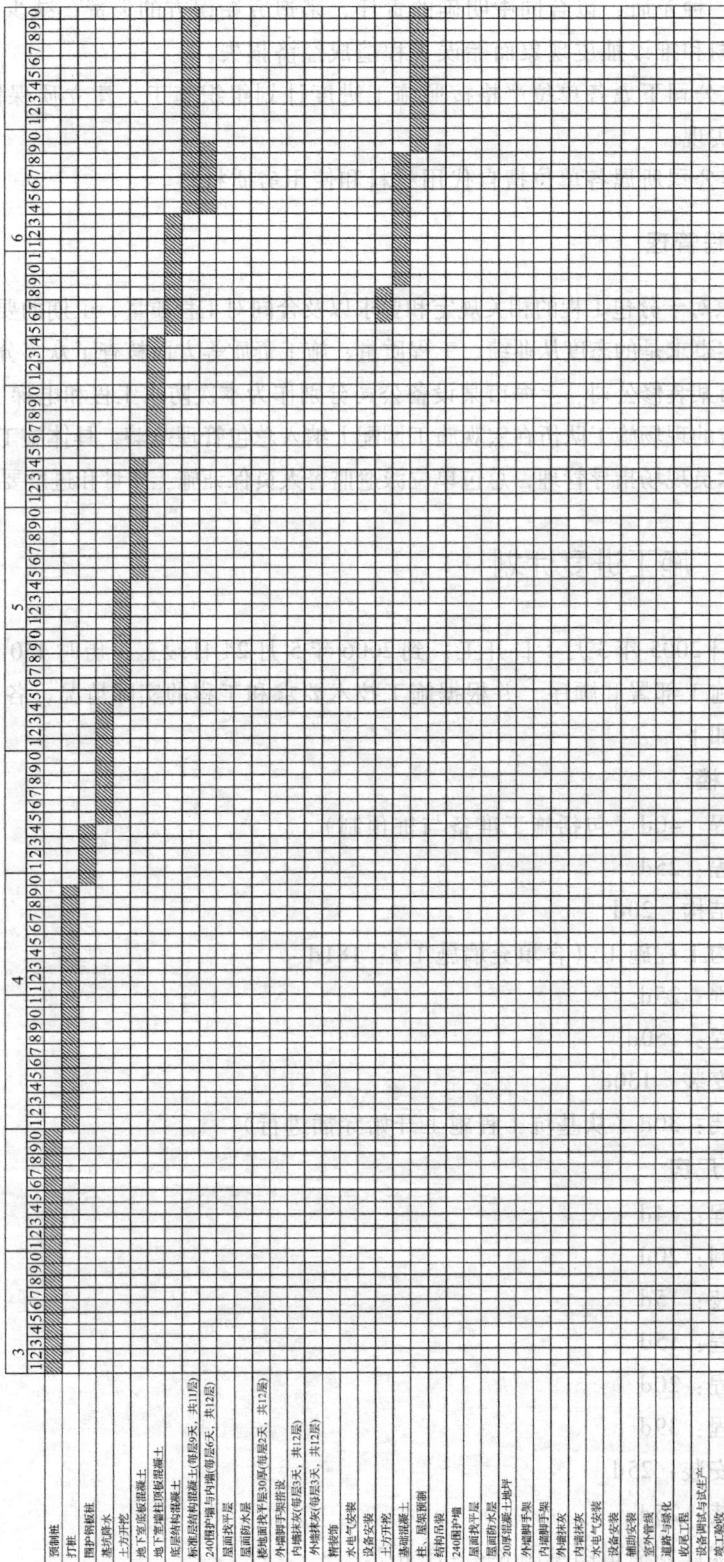

图 8-4 施工进度表（一）

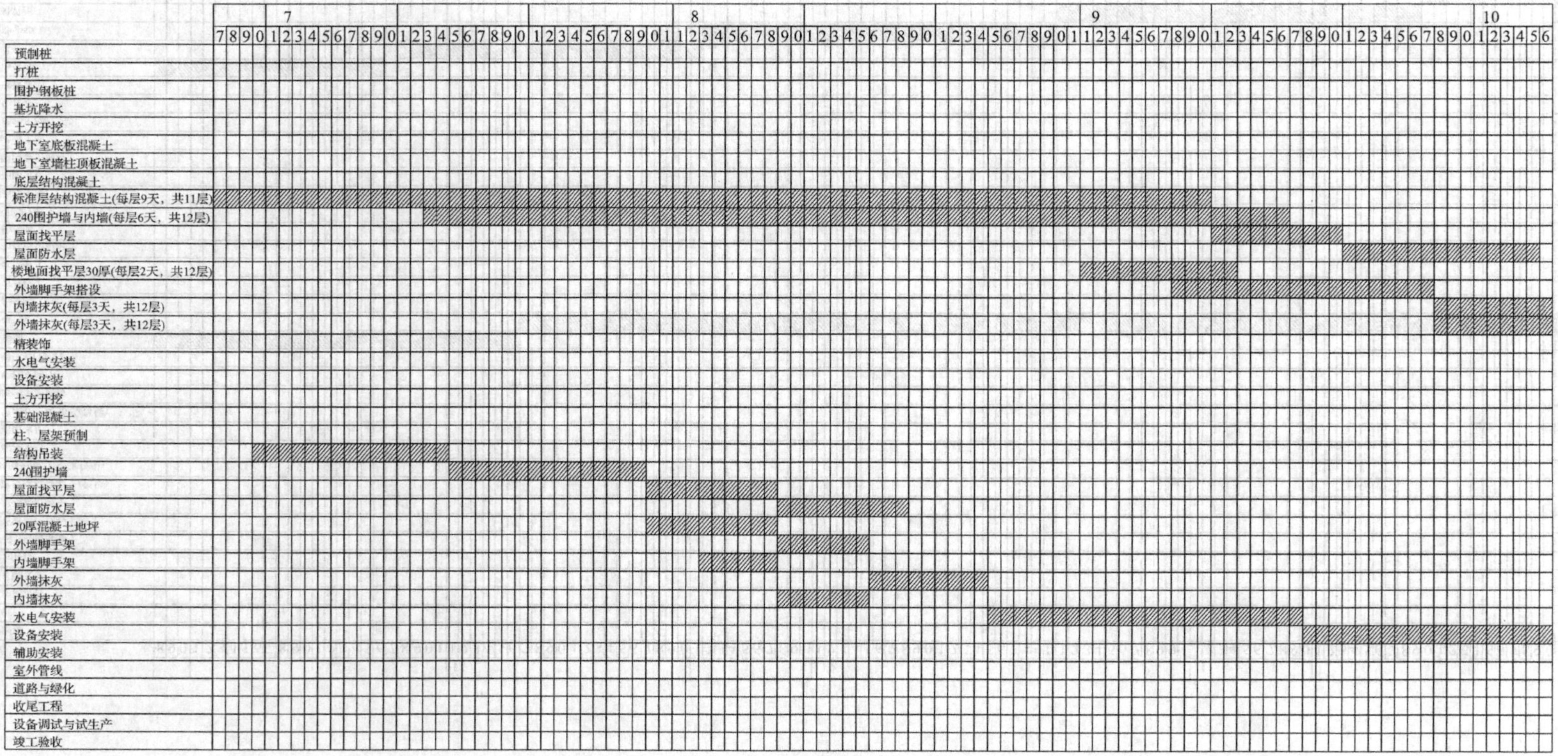

图 8-5　施工进度表（二）

145

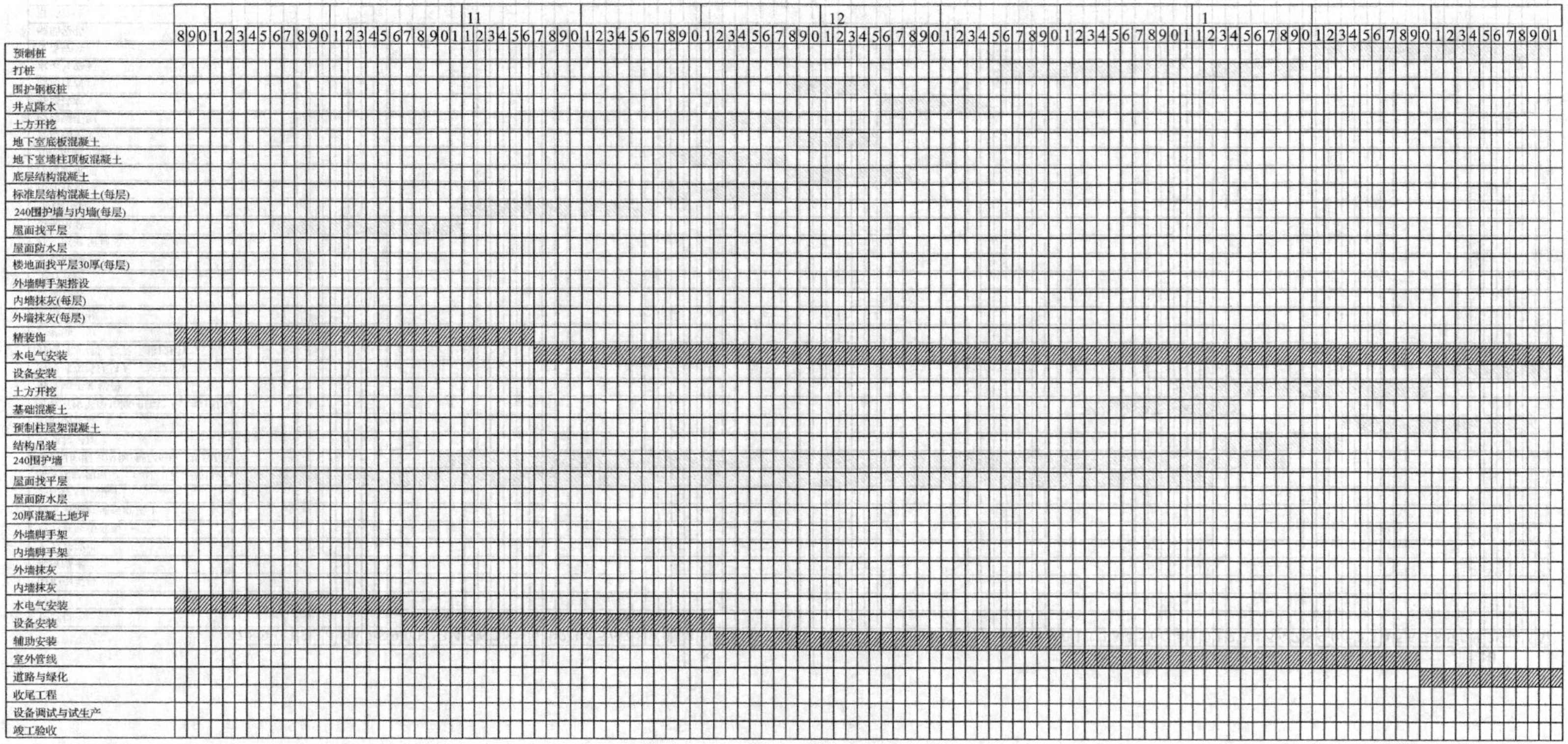

图 8-6 施工进度表（三）

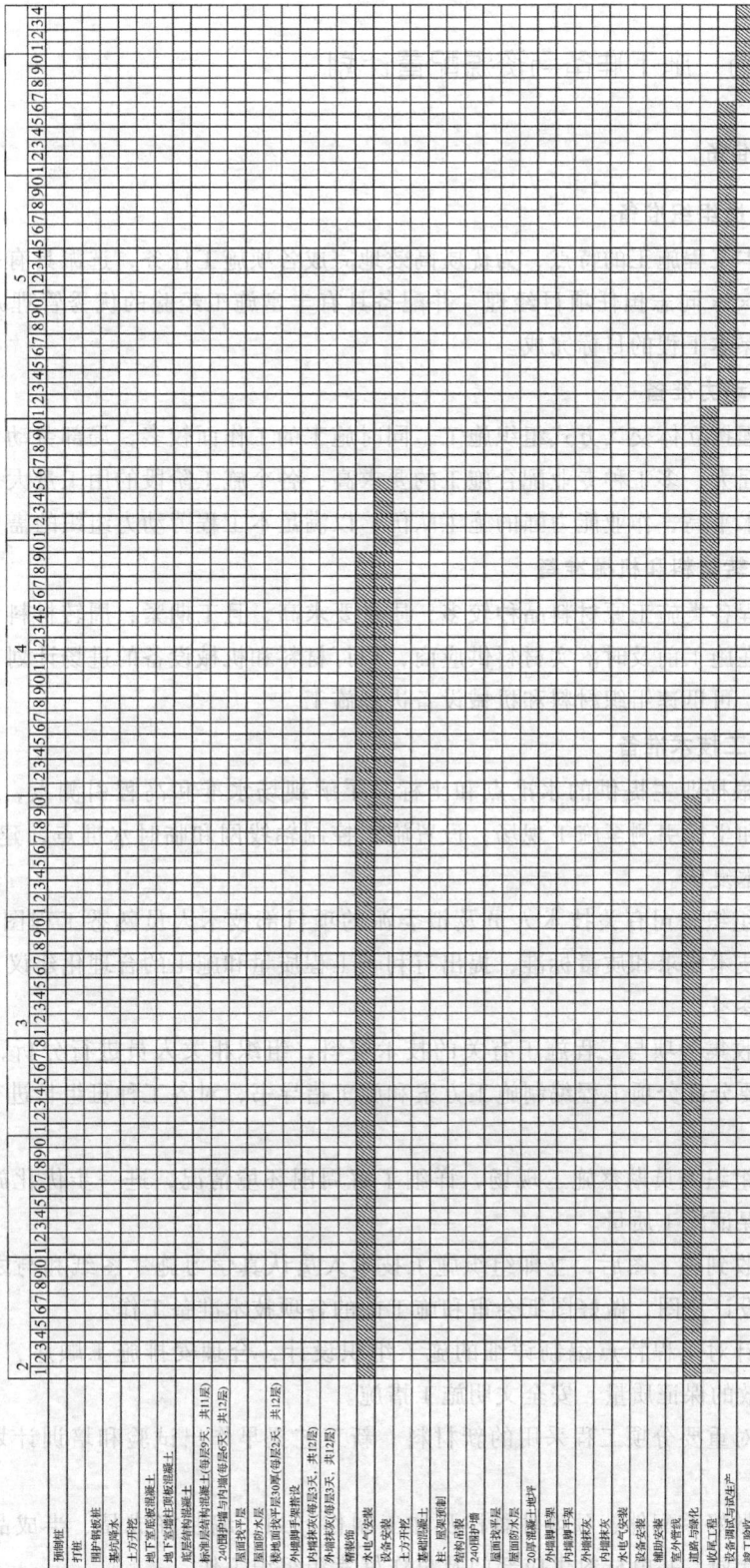

图 8-7　施工进度表（四）

◆ 第五节 施工准备与资源配置计划

一、施工准备

1. 人员组织准备

根据本工程施工的特点，为优质高效地完成各项施工任务，选派具有一级建造师执业资格的×××同志担任项目经理，并配备具有丰富施工经验的优秀管理人员组成项目班子，以确保本工程的目标完成。

2. 劳动力准备

本工程按立体交叉方式组织施工，同时施工的工作面较多，局部劳动力密集，总体劳动力散布面大，多工种专业配合施工的要求高，各个施工阶段的用工量大。我公司抽调公司内技术水平高、作业能力强的施工队伍，以满足本工程劳动力组织的需要。

3. 周转材料和机械准备

本工程各类施工原材料品种较多，质量要求高，且工期紧，周转材料和机械设备用量较大，应在施工前及时落实材料供应商，拟订材料和机械设备的进场计划。了解好现场的运输路线，可迅速组织材料和机械设备进场施工。

4. 施工技术准备

（1）根据业主提供的水准点和坐标，了解现场水准和高程引测点，制定测量方案，把水准点和坐标引测至施工现场，设置施工控制轴线网和临时水准点，建立坐标控制网，并进行技术复核。

（2）组织公司有关技术人员及拟委派的项目部技术人员熟悉工程图纸和技术规范，明确施工技术要求和质量标准，提出有利于工程质量和施工的合理化建议，供建设单位和设计单位参考。

（3）收集各项与工程施工有关的技术资料，组织相关人员进行分析，针对工程的特点，对主要分部分项工程编制施工方案和施工指导书，对各工种班组长进行施工前的技术交底。

（4）组织人员勘察施工现场，详细了解周围环境情况，进一步优化施工方案，以节约成本和保证施工质量。

（5）收到施工图后，立即组织施工技术人员认真学习施工图纸和与之相关的规范规程，领会设计意图，做好图纸会审和施工前的各项技术准备工作。

（6）针对工程特点编制详细的施工组织设计，合理安排施工顺序，优化施工方案，并采取有效的保证质量、安全文明施工措施。

（7）对重要分项工程采用的新材料、新工艺提早作出试验和培训计划，以确保正确运用。

（8）做好零配件、预埋件翻样及加工制作计划，编制好成品、半成品、低值易耗品等的用量计划，并由材料供应部门及早作好货源组织工作。

（9）及时做好施工预算，将各分部分项工程的人工用量和材料消耗进行倒排，确保施工过程中不出现窝工现象。

5．开工准备

积极配合业主创造开工条件，将施工用水、用电、通信接至现场，布设现场排水设施和办公设施，保证工程准时开工。同时，及时与周边有关单位、部门取得联系，开展协调工作，张贴安民告示，公布监督电话，以保证工程顺利进行。

6．施工现场准备

（1）确保施工现场水通、电通、通信畅通，按要求设置临时消防栓。

（2）道路两侧、办公区及拟建建筑物四周均设置排水明沟，材料堆放场地放坡排水至排水窨井，工地污水经排水沟排至二级沉淀池沉淀后排入城市市政排水干道。

（3）实行封闭式施工，积极准备施工机械进场和搭设临时设施。

（4）大门入口处悬挂"七牌二图"等标语牌，建立宣传画廊，营造浓厚的生产气氛。

二、资源配置计划

1．劳动力配置计划

根据施工进度计划确定各施工阶段劳动力配置计划如表 8-2 所示。

劳动力配置计划　　　　　　　　　　　　　　　　表 8-2

序号		主要施工过程名称	工程量		时间定额		总劳动量（工日）	持续时间（天）	每天劳动量（人）
			单位	数量	单位	数量			
	1	预制桩	m³	1395	1/m³	0.78	1088	20	55
	2	打桩	m³	1395	1/m³	0.51	711	20	36
	3	围护钢板桩	t	143	1/t	1.32	189	5	38
	4	基坑降水（井点管）	套	2	1/套	34	68	10	7
	5	土方开挖	m³	8500	1/m³	0.04	340	10	34
	6	地下室底板混凝土	m³	1521	1/m³	4.70	7149	10	715
	7	地下室墙柱顶板混凝土	m³	922	1/m³	2.47	2277	10	228
	8	底层结构混凝土	m³	663	1/m³	2.77	1836	10	184
综合楼	9	标准层结构混凝土（每层）	m³	398	1/m³	2.63	1047	9	116
	10	240 围护墙与内墙（每层）	m²	421	1/m²	0.95	400	6	67
	11	屋面找平层	m²	949	1/m²	0.08	76	10	8
	12	屋面防水层	m²	996	1/m²	0.05	50	15	33
	13	楼地面找平层 30 厚（每层）	m²	759	1/m²	0.07	53	2	27
	14	外墙脚手架搭设	m²	7840	1/m²	0.18	141	20	71
	15	内墙抹灰（每层）	m²	182	1/m²	0.31	56	3	19
	16	外墙抹灰（每层）	m²	171	1/m²	0.66	113	3	38
	17	精装饰						70	50
	18	水电气安装						130	80
	19	设备安装						30	30

续表

序号		主要施工过程名称	工程量		时间定额		总劳动量（工日）	持续时间（天）	每天劳动量（人）
			单位	数量	单位	数量			
单层厂房	1	土方开挖	m³	146	1/m³	0.03	4	3	5
	2	基础混凝土	m³	54	1/m³	3.66	198	11	18
	3	柱、屋架预制	m³	112	1/m³	3.02	338	20	18
	4	结构吊装	m³	1255	1/m³	0.06	75	15	6
	5	240围护墙	m²	1682	1/m²	0.95	1600	15	106
	6	屋面找平层	m²	1426	1/m²	0.09	128	10	13
	7	屋面防水层	m²	1497	1/m²	0.06	90	10	9
	8	20厚混凝土地坪	m²	1189	1/m²	1.6	1902	10	190
	9	外墙脚手架	m²	2297	1/m²	0.18	413	7	59
	10	内墙脚手架	m²	2012	1/m²	0.18	362	7	52
	11	外墙抹灰	m²	2319	1/m²	0.66	1530	8	191
	12	内墙抹灰	m²	2256	1/m²	0.66	1489	7	212
	13	水电气安装						25	25
	14	设备安装						25	25
总体	1	辅助安装						30	30
	2	室外管线						40	40
	3	道路与绿化						50	50
竣工验收	1	收尾工程						15	15
	2	设备调试与试生产						25	25
	3	竣工验收						8	8

2. 物资配置计划

施工物资配置见表 8-3 ~ 表 8-5。

大型机械及性能 表 8-3

机械名称	型号	数量（台）	性能	功率（kW）
推土机	T₃-100	2	3030	73
	上海-120	2	3760	99
液压挖土机	WY-60	3	0.6m³	62
	WY-100	2	1m³	103
轻型井点	V₆型	6	7m	8.3
履带式起重机	W50	1		66
	W100	2		88
	国庆1号	1		75

续表

机械名称	型号	数量（台）	性能	功率（kW）
轨道塔式起重机	QT-10A	5	$H=51m$ $Q=4\sim10t$ $R=35\sim20m$	52
爬升塔式起重机	QT-4	2	起升高度60m $Q=3\sim4t$ $R=20\sim15m$	30
	QT-4/40	2	起升高度110m $Q=2\sim4t$ $R=20\sim11m$	36
	QT-10	3	起升高度160 $Q=4.3\sim10t$ $R=35\sim20m$	52
附着塔式起重机	88HC	3	$Q=2\sim6t$ $R=45\sim18m$	44
	TN112	3	$Q=3\sim10t$ $R=50\sim15m$	93
人货电梯	ST100A	3	提升高度110m $Q=2\times1t$	11
	ST150	3	提升高度60m $Q=2\times2t$	2×11
井架		10	提升高度60m $Q=0.5t$	
混凝土搅拌机	JZC350	8	出料容量350t	
	JZC500	10	出料容量500t	
混凝土泵	HB60	2	最大排量60m³/h	55
	HB30	3	最大排量30m³/h	45

小型机械与机具
表 8-4

设备名称	型号	数量（台）	规格	功率（kW）
混凝土振动器	ZN50	32	插入式	1.1
	ZN70	20	插入式	1.5
	ZF11	25	平板式	1.1
	ZF15	21	平板式	1.5
钢筋切断	GQ40	8	$\phi6\sim40$	
	GW40	10	$\phi6\sim40$	

续表

设备名称	型号	数量（台）	规格	功率（kW）
钢筋对焊机	UN₁－75	7	φ6～28	
	UN₁－100	2	φ6～35	
木工机械	各类	30	锯、刨	1～2
拉杆式千斤顶	YL60	6		3
灰浆搅拌机	UJ325	10	容量325l	3
	UJZ200	18	容量200l	3

周 转 材 料 表 8-5

名称	型号	数量	规格
拉森板桩	Ⅱ型	大量	$W = 874\text{cm}^3$
	Ⅳ型	大量	$W = 2037\text{cm}^3$
	Ⅴ型	大量	$W = 3000\text{cm}^3$
模板	组合钢模板	大量	各类
	大模板	1500m²	3×5、3×4.4 3×4、3×3.3 3×2.8 等多类
	木模	大量	各类
	支模	大量	φ48/3.5
脚手	钢管	大量	φ48/3.5
	毛竹	大量	5～6m

◆ 第六节 施工技术方案

一、桩基工程

1. 工程概况

主楼基础为预制钢筋混凝土打入方桩，截面为400mm×400mm，桩长24 m，箱型基础，预制桩柱距1600 mm，满堂布置，柱顶标高－5.800m。

2. 桩的制作，起吊，运输和堆放

（1）制桩地面要素土夯实，上铺100mm厚道碴，浇筑80mm厚C20混凝土，混凝土表面20mm厚水泥砂浆找平，混凝土表面平整度在2m长度上允许偏差3mm，四周有良好的排水措施。必须开暗浜和沟槽。

（2）在制桩前，应画出每皮预制桩的翻样图，并在翻样图上标明桩的型号、制作日

期。每次桩浇筑完毕后，应在桩的桩顶处用红漆标明桩的型号、编号、制作日期和桩的主筋。

（3）根据工期要求配置预制桩模板数量为 6 套。桩身模板采用定型钢模板散装散拆，桩尖模板采用木板，模板支护采用钢管，采用间隔重叠式浇筑，每间隔 750mm 设置。

（4）桩混凝土强度等级不低于 C30，粗骨料用 5～40mm 碎石或卵石，用机械拌制混凝土，坍落度不大于 6cm。桩混凝土浇筑应由桩头向桩尖方向或由两头向中间连续灌注，不得中断，并用振捣器捣实，接桩的接头处要平整，使上下桩能互相贴合对准。浇灌完毕应进行护盖，洒水养护不少于 7d。邻桩与上层桩的混凝土浇筑须待邻桩或下层桩的混凝土达到设计强度的 30% 以后进行，混凝土接触面采用纸筋灰作为隔离剂，重叠层数一般不宜超过 4 层。桩预制时，每皮桩不能一次性全面铺开，应采用阶梯式浇筑。混凝土浇筑机械选用 15t 履带吊。

（5）当桩的混凝土达到设计强度的 75% 后方可起吊吊运，吊点应系于设计规定之处。在吊索与桩间应加衬垫，起吊应平稳提升，避免撞击和振动。

（6）桩运输时，强度应达到 100%。运输可采用平板拖车，轻轨平板车或载重汽车，装载时应将桩装载稳固，并支撑，绑牢固。选用 2 台 W1001 履带吊和 4～6 辆混凝土运输车辆，并配备 1 台汽车吊作为机动。

（7）桩堆放时，应按规格，桩号分层叠置在平实的地面上，支撑点应设在吊点处或附近，上下层垫块应在同一直线上，堆放层数不宜超过 4 层。

3. 打桩

（1）桩的就位与沉桩

混凝土预制桩达到设计强度标准值的 100% 和龄期达到 28 天方可就位沉桩。打桩之前将桩吊立定位，一般利用桩架附设的起重钩吊装就位，或配 1 台起重机送桩就位。吊点采用一点吊，自桩顶往下 3m 处，最大弯矩要小于管桩的允许弯矩值。沉桩时应控制其垂直度，桩身的垂直度由两台在地面上互为 90° 的经纬仪交互控制，精度为桩长的 1%，使桩架与桩身保持平行，即可锤击沉桩，并在沉桩中进行跟踪监测，指挥桩架保持其精度。

（2）桩机的安装与就位

本工程打桩机械选用两台桩机，桩机选用 60P；桩锤选用 K－25 级，重 6.5t，并采用 15t 履带吊配合输送桩。桩机安装应严格按照桩机的使用手册进行，桩机下应铺设路基箱或钢板，桩机就位后，检查桩帽、桩锤、桩身必须在同一直线上，确认其符合精度要求后，方可施打。

（3）打桩顺序

考虑到桩对土体的挤压作用，故采用自中间向两个方向对称进行的打桩顺序，且要避免打桩影响邻近道路以及向同一个方向挤压，导致邻近道路的破坏及土体挤压不均匀。对同一排桩，采用间隔跳打的方式进行。打桩时注意桩的最后贯入度与沉桩标高满足设计要求，并注意防止桩顶的破碎和桩身出现裂缝，如图 8-8 所示。

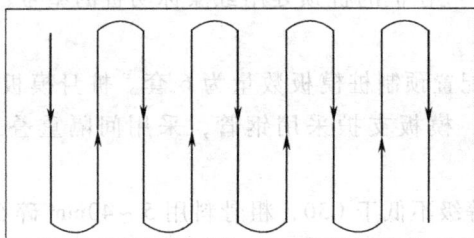

图 8-8　打桩顺序

（4）打桩方法

打桩以重锤轻打为主，打桩时，应用导板夹具或桩箍将桩嵌固在桩架两导柱中，桩位置及垂直度经校正后，始可将锤连同桩帽压在柱顶，开始沉桩。桩顶不平，应用厚纸板垫平或用环氧树脂砂浆补抹平整，并要求及时更换，减少桩的损坏。开始沉桩应起锤轻压，并轻击数锤，桩锤行程控制在 2m 左右以保护桩头，观察桩身、桩架、桩锤等垂直一致，始可转入正常。打桩应用适合桩头尺寸的桩帽和强性垫层，以缓和打桩时的冲击，桩帽用钢板制成，并用硬木或垫层承托。停锤标准以标高为主，贯入度为辅，若贯入度较大或打不下去，应立即与设计者联系。送桩完毕后，在桩孔内灌填充料，以防止意外伤亡。

桩须深入土时，应用钢制送桩放于桩头上，锤击送桩将桩送入。在软土地层施工，打桩初始，由于表面太易产生启锤困难，桩在自重与锤重的作用下，启动下沉，控制沉桩速度。

打桩工程应有专人记录锤击数、锤落度、贯入度、桩顶标高、偏位等必须详细地填写。记录要求正确、及时、如实反映情况。

每根桩的打桩作业，均在同一作业班次内打到规定标高，防止桩体固结，造成打桩困难。打桩过程中同时对桩的贯入度进行控制，采用标高和贯入度进行打桩质量的双控。如发生贯入度较大或较小，桩身突然倾斜，位移或锤击时有严重回弹，桩顶严重破碎或断柱等情况时应暂停施打，待有关人员研究采取相应的技术措施后，方可再行施打。

（5）接桩方法

预制钢筋混凝土长桩受运输条件和桩架高度的限制，一般分为数节，分节打入，常用接头形式通常采用硫磺胶泥接桩。当下节桩沉至桩顶离地面 400～600mm 时，即可进行接桩，一节桩起吊时与下节桩对准，由经纬仪检查垂直度，两名焊工同时对称施焊，要求焊缝饱满，焊缝厚度按设计要求不夹渣。在上下桩连接处有焊缝时，应用铁片嵌实焊牢。

4. 安全注意事项

选用运输车辆，装车堆放要捆牢，避免超高超宽。

所用索具要经常检查，如有问题，应立即更换或妥善处理。机械拆装前，应详细检查各部件是否安全可靠。

吊装时应遵守安全操作规程，环顾四周，不得碰撞，吊物下面不得有人穿行。

工作区严禁非工作人员入内。新工人进场，要进行安全教育。负责安全的工作人员应经常到现场检查，发现有不安全因素及时解决。

二、降水施工

采用轻型井点降水，根据施工单位现有设备，采用 V6 型轻型井点，平面布置采用环形布置，滤管选用 1m 长滤管，总管埋设在地下 1.5m 处，标高 -1.500m，井点管布置离坑边 0.7m。位于车辆行驶路线上的井点管上部要采用钢板覆盖，防止井点管被压坏，如图 8-9。

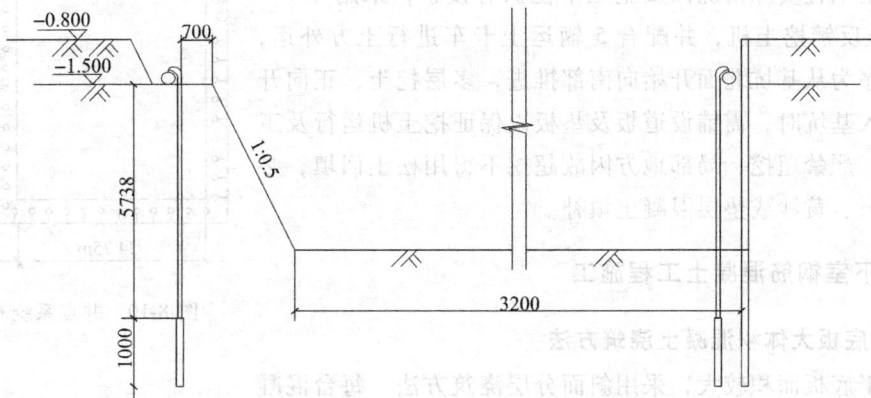

图 8-9 井点布置

采用环形布置，由于

$$h \geq h_1 + \Delta h + iL = 5.2 + 0.5 + 0.1 \times 17.3 = 7.43\text{m}$$

$$h_{pmax} = 7\text{m} < 7.43\text{m} \quad \text{不满足要求}$$

因为地下水位离地面较浅，把总管埋在地下水位上，则 $h' = 6.78m < 7m$ 满足要求。总管及井点降水数量计算，设计成无压非完整井。

$$h \geq h_1 + \Delta h + iL = 4.5 + 0.5 + \frac{1}{10} \times (0.7 \times 2 + 1 \times 2 + 30 + 4.5 \times \frac{1}{2}) \times \frac{1}{2} = 6.78\text{m} < 7\text{m}$$

满足机械最大降水深度 7m 要求。

$$\frac{S}{S+l} = \frac{7}{7+1} = 0.875$$

$$H_0 > 1.84(S+l) = 1.84 \times 8 = 14.72 > H = (10-1.5) = 8.5\text{m}$$

取 $H_0 = H = 8.5\text{m}$

$$X_0 = \sqrt{\frac{F}{\pi}} = \sqrt{\frac{(30 + 2 + 5.5/2 + 0.7 \times 2) \times (50 + 2 + 5.5 + 0.7 \times 2)}{3.14}} = 26.03\text{m}$$

$$R = 1.95S\sqrt{HK} = 1.95 \times 7 \times \sqrt{8.5 \times 5} = 88.99\text{m}$$

$$Q = 1.364K\frac{(2H_0 - S)S}{\lg(R + X_0) - \lg X_0} = 739.8\text{m}^3$$

$$q = 65\pi dl\sqrt[3]{K} = 65 \times 3.14 \times 38 \times 1 \times \sqrt[3]{5} = 13.27\text{m}^3/\text{d}$$

$$n' = \frac{Q}{q} = \frac{739.8}{13.27} = 56 \text{ 根}$$

155

$$D' = \frac{l}{n'} = (30 + 2 + 5.5/2 + 0.7 \times 2 + 50 + 2 + 5.5 + 1.4) \times 2/56 = 3.395\text{m}$$

D 取 3m，n 为 64 根，$n > 1.1 n'$

井点管布置如图 8-10 所示：

三、土方开挖施工

根据工程实际情况以及施工单位拥有设备，采用 WY -
100 液压反铲挖土机，并配合 5 辆运土卡车进行土方外运，
开挖顺序为从基坑北面开始向南部推进，多层挖土，正向开
挖，进入基坑时，需铺设道板及垫板以保证挖土机运行及工
作安全。严禁超挖，局部地方因故超挖不得用松土回填，必
须用碎石、黄沙或垫层混凝土填补。

四、地下室钢筋混凝土工程施工

1. 底板大体积混凝土浇筑方法

由于底板面积较大，采用斜面分层浇筑方法。每台混凝

图 8-10　井点系统布置

土泵承担一定的浇筑面积，多台混凝土泵协调工作、整体浇筑。每一区域做到"斜面分
层、薄层浇捣、自然流淌、循序渐进、一次到顶、连续浇捣"，混凝土浇捣斜面坡度为
1:5，混凝土斜面浇筑厚度以振捣器作用深度控制。混凝土浇捣时要均匀布料，覆盖完全。
插入振捣间距不大于振捣器作用半径的 1.5 倍，振捣器应垂直插入下层混凝土中，使上下
混凝土结合良好。

大体积混凝土施工易产生裂缝，产生的原因很多，如周围环境的湿度、混凝土的均匀
性、分段是否妥当、结构形式等，但温度裂缝是重要因素。为了有效地控制有害裂缝的出
现和发展，必须结合实际情况采取一定措施。

（1）采用低水化热的水泥（如矿渣硅酸盐水泥、火山灰质硅酸盐水泥、粉煤灰水泥
等）配制混凝土。

（2）使用粗骨料，尽量选用粒径较大、级配良好的粗骨料；渗入粉煤灰等掺和料、
或掺入相应的减水剂，改善和易性、降低水灰比，以减少水泥用量、降低水化热。

（3）选用较适宜的气温浇筑底板，尽量避开炎热天气，如若气温很高（夏季施工）
可以采用低温水或冰水搅拌混凝土，可对骨料喷水雾或冷气预冷，对混凝土运输车也应搭
设避阳设施。

（4）为防止水泥水化热引起混凝土体内部升温与外部产生温差过大而产生裂缝，混
凝土应加强养护，待混凝土表面收光后，覆盖一层湿草袋，用 20～30cm 高的自来水蓄水
养护。

（5）在混凝土浇筑后，做好混凝土的保温保湿养护，缓缓降温，充分发挥徐变特性，
减低温度应力。夏季要避免曝晒，注意保湿；冬季要采取措施保温覆盖，以免产生急剧的
温度梯度。

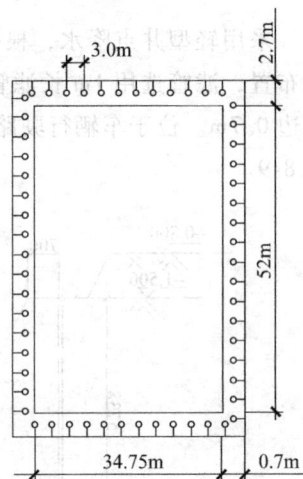

（6）施工中在混凝土底板预留测温孔，采用电子测温计从浇筑 12 小时后测温，昼夜 24 小时连续测试，随时掌握混凝土内部温度变化，以指导养护工作顺利进行。

2．地下室施工缝的留设

施工缝留设的原则：在剪力较小、施工方便处留设施工缝。对于柱留设于基础顶面、梁的底面；连板整浇梁留设在板底面上 20～30mm 处；当板下有梁托时，留施工缝在梁托下部。单向板留设在平行于短边的任何位置；对于有主次梁的肋梁楼盖应该次梁方向浇筑，施工缝留设于梁跨中 1/3 长度范围内。

本工程地下室施工缝于地下室底板与墙体连接处，选用钢板止水带且高出底板顶面 250mm。

施工缝的处理：待已浇筑的混凝土抗压强度达到 1.2N/mm² 时，再进行处理。在继续浇筑混凝土前，先清除垃圾、水泥薄膜及表面上松动砂石和软弱混凝土内与砂浆成分相同的 15～20mm 厚的水泥砂浆一层即可继续浇混凝土。施工缝处的混凝土应特别注意细致捣实，使新旧混凝土结合紧密。

3．模板选用与设计

地下室底板、梁、墙、柱等混凝土结构模板均采用组合钢模板。模板支撑采用 Φ48-3.5 钢管组成的排架支撑体系，沿高度范围 800mm 设一道 Φ48 钢管连杆，确保稳定，墙板由双管围檩并由对拉螺栓固定，螺栓间距控制在横向 600mm，垂直向 700mm。

4．钢筋工程施工

对于大直径钢筋（>φ28），采用锥螺纹连接；对于小直径钢筋（<φ14），采用绑扎连接。介于二者之间的采用对焊连接。

根据地下室底板钢筋的特点，具体绑扎顺序如下：

钢筋翻样、测量、弹线→排放保护层垫块→下层钢筋排放、绑扎→设置上层钢筋的支撑架→上层钢筋排放、绑扎→墙、柱预留钢筋绑扎。

闪光对焊焊接工艺：

（1）根据钢筋品种、直径和所用对焊机功率大小，可选用连续闪光焊、预热闪光焊、闪光-预热-闪光等对焊工艺。对于可焊性差的钢筋，对焊后宜采用通电热处理措施，以改善接头塑性。

（2）连续闪光焊的工艺过程包括：连续闪光和顶锻。施焊时，先闪合一次电路，使两钢筋端面轻微接触，促使钢筋间隙中产生闪光，接着徐徐移动钢筋，使两钢筋端面仍保持轻微接触，形成连续闪光过程。当闪光达到规定程度后（烧平端面，闪掉杂质，热至熔化），即以适当压力迅速进行顶锻挤压，焊接接头即告完成。本工艺适于对焊直径 18mm 以下的 Ⅰ～Ⅲ 级钢筋（HPB235～HRB400 级）。

（3）预热闪光焊的工艺过程包括：一次闪光预热；二次闪光、顶锻。施焊时，先一次闪光，将钢筋端面闪平；然后预热，方法是使两钢筋端面交替地轻微接触和分开，使其间隙发生断续闪光来实现预热或使两钢筋端面一直紧密接触，用脉冲电流或交替紧密接触与分开，产生电阻热（不闪光）来实现预热。二次闪光与顶锻过程同连续闪光。本工艺适于对焊直径 20mm 以上的 Ⅰ～Ⅲ 级钢筋（HPB235～HRB400 级）。

(4) 闪光-预热-闪光焊：工艺过程包括：一次闪光、预热；二次闪光及顶锻。施焊时，首先一次闪光，使钢筋端部闪平，然后预热，使两钢筋端面交替地轻微接触和分开，使其间隙发生断续闪光来实现预热；二次闪光与顶锻过程同连续闪光焊。本工艺适于对焊直径20mm以上的Ⅰ~Ⅲ级钢筋（HPB235~HRB400级）及Ⅳ级钢筋（RRB400级）。

(5) 焊后通电热处理：方法是焊毕松开夹具，放大钳口距，再夹紧钢筋。焊后停歇30~60s，待接头温度降至暗黑色时，采取低频脉冲通电加热（频率0.5~1.5次/s，通电时间5~7s）。当加热至550~600℃呈暗红色或橘红色时，通电结束；松开夹具，即告完成。

(6) 为保证质量，应选用恰当的焊接参数，可根据钢筋级别、直径、焊机特性、气温高低、实际电压以及所选焊接工艺等进行选择，在试焊后修正。一般闪光速度开始时近于零，而后约1mm/s，终止时约1.5~2mm/s；顶锻速度开始的0.1s应将钢筋压缩2~3mm，而后断电并以6mm/s的速度继续顶锻至结束；顶锻压力应足以将全部的熔化金属从接头内挤出。

(7) 焊接前应检查焊机各部件和接地情况，调整变压器级次，开放冷却水，合上电闸。钢筋端头应顺直，150mm范围内的铁锈、污物等应清除干净，两钢筋轴线偏差不得超过0.5mm。

(8) 对Ⅱ级（HRB335级）钢筋采用预热闪光焊时，应做到一次闪光，闪平为准；预热充分，频率要高；二次闪光，短、稳、强烈；顶锻过程快而有力。对Ⅳ级（RRB400级）钢筋，为避免过热和淬硬脆裂，焊接时，要做到一次闪光，闪平为准；预热适中，频率中低；二次闪光，短、稳、强烈；顶锻过程，快而得当。

(9) 不同直径的钢筋焊接时，其直径差不宜大于2~3mm。焊接时，按大直径钢筋选择焊接参数。焊接场地应有防风、防雨措施，焊后避免接头冷淬脆裂。焊接完毕，待接头处由白红色变为黑色，才能松开夹具，平稳取出钢筋，以免产生弯曲，同时趁热将焊缝的毛刺打掉。

5. 混凝土工程施工

(1) 地下室墙、柱、梁、板混凝土采用商品混凝土，用混凝土泵车泵送，一次连续浇筑，以减少商品混凝土供应次数，缩短施工周期，加快施工进度。

(2) 墙、顶板浇筑时，水平泵管布置在楼面上的钢管支架上。

(3) 浇筑方法：墙板、柱混凝土浇筑时，应分层浇筑，每层高度不大于500，分层捣实，严禁一次堆至需要标高，钢筋密集区应采用人工塞锹进行施工。地下室浇筑顺序依次是：柱、墙板→梁→楼板。

(4) 浇筑混凝土时，原则上不得留设施工缝。凡遇不可避免的客观因素不得不暂停混凝土浇筑施工，而留施工缝时，留置位置等，均应严格执行施工规范要求。

(5) 试块制作及混凝土养护：商品混凝土施工中，应按规范要求，制作混凝土抗压强度试块及抗渗试块。为确保混凝土质量，必须对混凝土的坍落度进行测试。开始浇筑时应每车测试，稳定后应定期抽查测试。

6. 混凝土测温

（1）基础底板混凝土浇筑时应设专人配合预埋测温管。测温管的长度分部为两种规格。测温线应按测温平面布置图进行预埋，预埋时测温管与钢筋绑扎牢固，以免位移或损坏。每组测温线有2根（即不同长度的测温线）在线的上断用胶带做上标记，便于区分深度。测温线用塑料带罩好，绑扎牢固，不准将测温端头受潮。测温线位置用保护木框作为标志，便于保温后查找。

（2）配备专职测温人员，按两班考虑。对测温人员要进行培训和技术交底。测温人员要认真负责，按时按孔测温，不得遗漏或弄虚作假。测温记录要填写清楚、整洁，换班时要进行交底。

（3）测温工作应连续进行，每测一次，持续测温及混凝土强度达到时间、强度并经技术部门同意后方可停止测温。

（4）测温时发现混凝土内部最高温度与部门温度之差达到25℃或温度异常，应及时通知技术部门和项目技术负责人，以便及时采取措施。

7. 混凝土养护

（1）混凝土浇筑及二次抹面压实后应立即覆盖保温，先在混凝土表面覆盖两层草席，然后在上面覆一层塑料薄膜。

（2）新浇筑的混凝土水化速度比较快，盖上塑料薄膜后可进行保温保养，防止混凝土表面因脱水而产生干缩裂缝，同时可避免草席因吸水受潮而降低保温性能。

（3）柱、墙插筋部位是保温的难点，要特别注意盖严，防止造成温差较大或受冻。

（4）停止测温的部位经技术部门和项目技术负责人同意后，可将保温层及塑料薄膜逐层掀掉，使混凝土散热。

五、杯型基础施工

1. 挖土机械及方法

选用一台WY-100反铲挖土机进行杯型基础土方开挖，铲斗容量为$1.0m^3$，基坑尺寸为2000mm×2000mm，以便于基础开挖。

采用沟端开挖法，反铲停于沟端，后退挖土，向沟一侧弃土或装汽车运走。在机械开工后，基坑边的土由工人及时进行清理。

柱子与基础的连接为刚性连接，插入深度应满足柱纵筋锚固长度要求。为保证柱子吊装时的稳定性，还要使插入深度不小于柱子吊装时长度的5%。杯口底部在柱子吊装就位之前用细石混凝土找平，厚度为50mm。

2. 杯型基础模板支撑

杯型基础由于形状复杂，采用组合钢模板支撑。杯芯模板用钢定型模板做成整体的，杯芯模板外包钉薄铁皮一层。支模时，杯芯模板要固定牢固。

支模时，不但控制基础中心线的位置，还应控制杯口面及杯底的标高；杯口外侧模及杯芯模板均用吊筋固定支撑在基坑两边，并用水平仪控制其上口标高。

杯型基础施工时，要进行弹线，即垫层中心线、杯口面中心线和杯口水平线。

杯口混凝土浇筑施工时，应注意以下几点：

（1）混凝土应按台阶分层浇筑。

（2）浇筑杯口混凝土时，应注意杯口模板的位置，由于杯口模板易发生移位，浇筑混凝土时，四侧应对称均匀进行，避免将杯口模板挤向一侧，如图8-11。

（3）浇筑混凝土时，基础上段应防止混凝土从侧面模板底部溢出，形成"吊脚"现象。

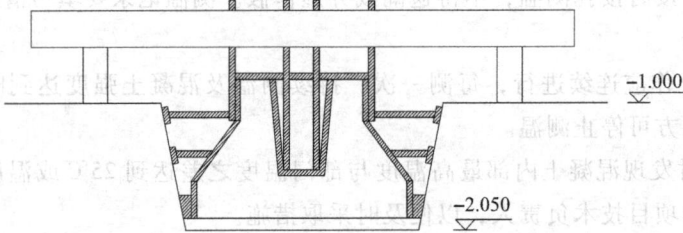

-1.000

-2.050

图 8-11　模板布置

3. 施工工艺

（1）挖土。人工挖土、人工清土是最简单的方法，但进度慢、劳动强度大。当土方量大时应采用反向铲挖土机挖去大部分土方，底下留20cm左右，给人工清土，以保证基底土不受扰动。挖土时以灰线控制尺寸大小，以龙门板控制深度。清土时要按龙门板清出正确尺寸和标底高。

（2）浇筑垫层。四边土质良好的，可以以土壁作为垫层四周的模板，垫层上经抄平钉竹签定出标高，浇筑后按此标高抹平。

（3）放出基础边框线及十字交叉的轴线，并在边框线外支撑柱基第一台的侧模。支好侧模后，清扫内部垫层，绑扎基底钢筋，再支杯口处外周四侧模板，绑好杯口内构造钢筋，再吊杯口芯模，使浇筑混凝土之后形成安插柱子的杯口。钢筋保护层按规定垫好垫块。

（4）浇筑基础混凝土。应注意的是防止杯口芯模上浮，否则会造成杯口内标高提高，对安装柱子造成困难，如这时要凿去高出的部分，再进行找平等。因此，防止芯模上浮必须由专人看模板，必要时在芯模内加压重。

（5）拆模。混凝土浇筑后8~10h即可拆出芯模，并应量一下杯口深度是否足够，万一有上浮的现象，在混凝土强度低时较容易处理。然后拆除侧模，进行覆盖保护，也可在杯口中放水养护。

（6）进行清理后做基坑的回填土。回填土必须按规范规定分层、分次进行夯实，并应抽查土的密实度。在回填土同时，测量土应把厂房的轴线、柱子的边线、杯口标高从龙门板上返回到基础上，并用墨线弹出便于核查和吊装时使用。

（7）结束工作。因为杯型基础上口标高都低于地坪标高，因此回填土后四周土应拍成坡度。杯口上应盖上木板，防止杂物落入杯口内，也起到安全防护作用。

六、土方回填与压实

1. 土料选择

填方土料应符合设计要求，保证填方的强度与稳定性，选择的填料应为强度高、压缩性小、水稳定性好、便于施工的土、石料。

本工程以开挖基坑时所挖的第二层（褐黄色黏土）作为回填土，若土方量不够，可外调。黏土的最优含水量为 19% ~ 23%，开挖的褐黄色黏土含水量大于此范围，故开挖土应翻松、晾干，使其含水量接近最优含水量。

2. 压实机械及方法

采用小型打桩机进行压实，在墙根、拐角等打桩机无法施展处用人工补偿进行。填土时应分层进行，并将透水性好的土层置于透水性差的土层下面，防止填方内形成水囊，并且保证填土具有一定的密实度。压实时，应使填土压实后的容重与压实机械在其上所加的功有一定关系，重碾压实；铺土厚度控制在 0.3m 左右，减少机械的功耗费。

填土的压实性要求：

（1）填土的压实系数应大于 0.90；

（2）填土应尽量采用同类土填筑；

（3）将土初步填平后，打夯要按一定方向进行，一夯压半夯，夯夯相接，行行相连；

（4）纵横交叉，均匀分布，不留空隙；

（5）填土时，如有地下水或滞水时，应将水抽干，并清理淤泥；

（6）已填好的土如遭水浸，应把稀泥铲除后，方能进行下一道工序；

（7）当天填土，应在当天压实。

七、模板工程

1. 柱模板（如图 8-12）

（1）单块就位组拼的方法：先将柱子第一节四面模板就位用连接角模组拼好，角模宜高出平模，校正调好对角线，并用柱箍固定。然后以第一节模板上依附高出的角模连接件为基准，用同样方法组拼第二节模板，直到柱全高。各节组拼时，要用 U 形卡正反交替连接水平接头和竖向接头，在安装到一定高度时，要进行支撑或拉结，以防倾倒。并用支撑或拉杆上的调节螺栓校正模板的垂直度。

（2）单片预组拼的方法：将事先预组拼的单片模板，经检查其对角线、板边平直度和外形尺寸合格后，吊装就位并作临时支撑。随即进行第二片模板吊装就位，用 U 形卡与第一片模板组合成 L 形，同时做好支撑。如此再完成第三、第四片模板吊装就位组拼。模板就位组拼后，随即检查其位移垂直度对角线情况，经校正无误后，立即自下而上地安装柱箍。全面检查合格后，与相邻柱群或四周支架临时拉结固定。

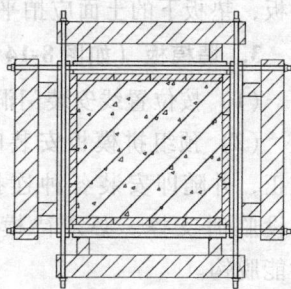

图 8-12　柱模板

（3）柱模板安装时，应保证柱模的长度符合模数，不符合部分放大到节点部位处理，或放到柱根部位处理；柱模设置的拉杆每边两根，与地面呈45°夹角，并与预埋在楼板内的钢筋环拉结，钢筋环与柱距离为3/4柱高。

（4）施工要点：

1）安装时先在基础面上弹出纵横轴线和四周边线，固定小方盘，在小方盘面调整标高，立柱头板。小方盘一侧要留清扫口。

2）对通排柱模板，应先安装两端柱模板，校正固定，拉通长线校正中间各柱模板。

3）柱头板可用厚25~50mm长料木板，门子板一般用厚25~30mm的短料或定型模板。短料在装钉时，要交错伸出柱头板，以便于拆摸及操作工人上下。由地面起每隔1~2m留一道施工口，以便灌入混凝土及放入振捣器。

4）柱模板宜加柱箍，用四根小方木互相搭接钉牢，或用工具式柱箍。采用50~100方木做立楞的柱模板，每隔50~100cm加一道柱箍。

2. 梁模板（如图8-13）

（1）单块就位组拼：在复核梁底标高校正轴线位置无误后，搭设和调平模板支架，固定钢楞或梁卡具，再在横楞上铺放梁底板，拉线找直，并用钩头螺栓与钢楞固定，拼接角模，在绑扎钢筋后，安装并固定两侧模板，按设计要求起拱。

（2）单片预组拼：在检查预组拼的梁底模和两侧模板的尺寸、对角线、平整度及钢楞连接以后，先把梁底模吊装就位并与支架固定，在分别吊装两侧模板与底模拼接后设斜撑固定，然后按设计要求起拱。

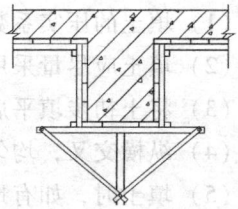

图 8-13 梁模板

（3）梁模板安装时，应特别注意梁口与柱头模板的连接；由于空调等各种设备管道安装的要求，需要在模板上预留孔洞时，应尽量使穿梁管道分散，穿梁管道孔的位置应设置在梁中，以防削弱梁截面，影响梁的承载能力。

（4）施工要点：

1）梁跨度在大于等于4m时，底板中部应起拱；

2）支柱之间应设拉杆，相互拉撑成一整体，离地面设一道。支柱下均垫楔子和通长垫板，垫板下的土面应拍平夯实。

3. 墙模板（如图8-14）

（1）按位置线安装门洞口模板，下预埋件或木砖。

（2）预组拼模板安装时，应边就位边校正，并随即安装各种连接件，支承件或加设临时支撑。必须待模板支撑稳定后，才能脱钩。

（3）组装模板时，要使两侧穿孔的模板对称放置，以使穿墙螺栓与墙模保持

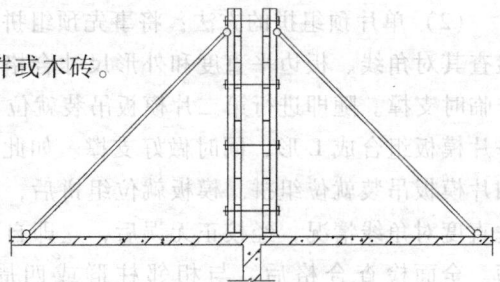

图 8-14 墙模板

垂直。

（4）相邻模板边肋用 U 形卡连接的间距，不得大于 300mm，预组拼模板接缝处宜满上。

（5）预留门窗洞口的模板应有刚度，安装要牢固。

（6）墙模板上预留的小型设备孔洞，当遇到钢筋时，应设法确保钢筋位置正确，不得将钢筋移向另一侧。

（7）墙模板的门子板，一般应留设在浇捣的一侧，门子板的水平间距为 2.5m。

（8）施工要点：

1）先弹出中心线和两边边线，选择一边先装，立竖挡、横挡及斜撑，钉模板；在顶部用线锤吊直，拉线找平，撑牢夯实。

2）待钢筋绑扎好后，墙基础清理干净，再竖立另一边模板，程序同上，加撑头或对拉螺栓以保证混凝土墙体的厚度。

八、钢筋工程

1. 准备工作

（1）本工程钢筋用量大，施工中重点抓好钢筋的材质、加工、连接、绑扎等问题，现场设加工车间，进行备料、断料、对焊、冷拉等工作。

（2）为了保证钢筋位置正确，应预先弹线。

（3）钢筋连接采用绑扎连接（对小直径钢筋）和电渣压力焊（对大直径钢筋），电渣压力焊适用条件为本工程中墙、柱竖直径$\geq\phi18$ 的钢筋接头。

（4）所有箍筋都做了 135°弯钩，弯钩长度大于 10d，以保证箍筋可以牢固地固定受力筋。

（5）扎丝规格，长度要求：扎$\phi10$ 钢筋用 22 号扎丝，长度 180；扎$\phi20$ 钢筋用 20 号扎丝，长度 270；扎$\phi25$ 钢筋用 18 号扎丝，长度 340。

（6）预制钢丝混凝土垫块，垫块厚度等于保护层厚度，垫块的平面尺寸为 50×50，每平方米 4 个，柱墙上端加密用来防止浇筑时钢筋位移。预制马凳，每平方米 4 个，保证上下层钢筋各处距离相等。

2. 板与梁钢筋绑扎与安装

（1）顶板钢筋绑扎：顶板模板支设完毕，靠尺寸起拱方向找平后，在顶板模板上弹出顶板钢筋间距控制墨线，钢筋绑扎严格按钢筋放样线进行施工。

（2）顶板负弯矩钢筋绑扎：在上下筋间加垫钢筋马凳。下筋绑扎验收后，进行水电管线的铺设焊接，设架空马道，上铺脚手板供钢筋绑扎和混凝土浇筑时使用，以加强钢筋成品保护。浇筑混凝土时，钢筋工要随时看护钢筋，及时调整钢筋位置。

（3）板、次梁与主梁交叉处板的钢筋在上，次梁的钢筋居中，主梁钢筋在下。

（4）框架节点处钢筋穿插稠密部位时要保证梁顶面主筋的净距要有 30mm，以利于浇筑混凝土。

（5）框架梁上部钢筋在 L/2 范围内搭接，下部钢筋在支座进行搭接。次梁钢筋在 L/2

范围内搭接，下部钢筋在柱、主梁支座附近搭接。

3. 柱筋绑扎与安装

（1）对于柱子主筋等用加焊箍筋的措施保证位置正确。

（2）框架梁的钢筋放在柱的纵筋内侧。

（3）纵向钢筋接头处箍筋弯钩要绕过纵筋，且弯钩长度要加长。

（4）柱的接长采用电渣压力焊。

（5）柱上应预留拉结筋以便砌墙。

（6）构造柱的钢筋应该在底部用短钢筋焊在板钢筋上，以预防浇筑时位移。

4. 剪力墙钢筋的绑扎与安装

（1）墙体钢筋绑扎：竖向钢筋绑扎时，先绑扎暗柱，主筋采用固定箍定位，然后绑扎几道水平固定钢筋，为了确保水平筋的顺直，需在墙体竖筋上标记出水平筋的位置，然后再进行绑扎。

（2）墙中竖筋接长采用电渣压力焊。

（3）墙筋在顶板处设置固定钢筋与板筋焊接，保证钢筋的位置。

5. 施工要点

（1）钢筋网的绑扎要求四周两行钢筋相交点应每点绑扎，中间部分间隔绑扎。

（2）双排钢筋要垫马凳。

（3）钢筋保护层采用砂浆凹型垫块，各部位保护层厚度如表8-6：

钢筋保护层厚度 表8-6

部位	外墙水平筋	墙体水平筋	梁主筋	楼板，阳台，楼梯	地下室底板
保护层厚度	25mm	15mm	25mm	20mm	35mm

（4）柱、梁箍筋转角与纵筋交叉点均应扎牢，以防骨架歪斜。

（5）钢筋焊接前要清除铁锈，熔渣及其他杂质，对氧割钢筋应清除毛刺残渣。

（6）电渣压力焊施焊焊接工艺程序：安装焊接钢筋→安放引弧铁丝球→缠绕石棉绳装上焊剂盒→装防焊剂→接通电源，造渣工作电压40~50V，电渣工作电压20~25V→造渣过程形成渣池→电渣过程钢筋端面融化→切断电源顶压钢筋完成焊接→取出焊剂查拆卸盒→拆除夹具。

（7）搭接钢筋应双面焊，如操作困难才可用单面焊。

（8）所有箍筋都要与受力筋垂直。

（9）受力筋的绑扎要错开，接头数量在同一截面上不超过50%。

（10）所有插入筋的规格、尺寸、间距及锚固长度都要满足设计要求。

九、混凝土工程

1. 准备工作

（1）混凝土浇筑前应对钢模、预埋件、预留孔进行验收，并要做好隐蔽工程的验收。

（2）各节点部位的横竖向钢筋宜采用电焊进行定位控制以控制保护层和钢筋间距，对运输管下受泵送冲击较大部位应用拉条牵拉牢固，埋件的架立、固定必须牢固。

（3）模板内杂物、积水要清除干净，接缝要严密。

（4）混凝土泵管要固定牢固，尽量减少弯管。

（5）商品混凝土要保证连续提供，要保证泵车连续工作。

2．混凝土的泵送

（1）所有结构混凝土原则上采用商品混凝土，能泵送到位的一律泵送，部分难以泵送到位的用塔吊吊至施工部位。

（2）由于本阶段施工混凝土是利用输送立管逐层向上送至操作层的，因此输送立管必须有牢固的固定方式，防止泵管过度移动破坏。

（3）泵送开始前先用适量水泥砂浆湿润管道内壁。夏季施工，在管径外应用湿润草包覆，并经常浇水散热。

（4）泵车进料口要有人负责进料，控制速度，以防吸入空气形成堵管。

（5）为防止堵管，喂料斗上要有人负责将大石块和杂物检出。

（6）混凝土泵车出料口的地面输送管上应附加一个止流阀，如泵送过程中断，就可及时阻止立管中的混凝土倒流。泵送过程中管道发生堵塞时应及时清除并用水冲洗干净，泵送间歇时间超过初凝或出现离析现象时，应立即冲洗管道内残留的混凝土。

（7）当泵送困难时不可强行压送，应检查管路，并减慢压送速度或使泵反转。

（8）泵送混凝土施工结束后，应立即清理泵管内的残留混凝土，并及时进行整修保养。

3．混凝土的浇筑

（1）上部结构柱、墙、梁、板同时浇筑。浇筑时严格按照柱、墙、梁、板的浇筑顺序进行。

（2）浇筑时如发现模板、支架、钢筋、预埋件或预留孔移位时要停止浇筑，并应在已浇混凝土初凝前纠偏。

（3）浇筑竖向结构时应分层布料，用振捣器振捣密实。

（4）振捣器插点要均匀排列，移动间距400mm，振捣器要块插慢拔，并要控制好振捣时间。

（5）框架柱内应预放振捣器并随混凝土的浇筑提升振捣。

（6）要控制好混凝土的级配和坍落度，确保混凝土的可泵性。在施工过程中，每隔2~4h检查一次，如发现坍落度有偏差时应及时调整。

（7）楼板，梁的混凝土浇筑振捣后应刮平，待初凝后再用铁板压实，扫毛。

（8）混凝土振捣时间为15~30s，振捣至砂浆上浮石子下沉，且不再出现气泡为止。

4. 试块留设

（1）每工作台班不少于一组。

（2）连续浇筑混凝土每 100m³ 不少于一组。

（3）每层留设一组，每组三块。

5. 混凝土的养护

（1）当混凝土浇筑完成后，以塑料布或湿草帘覆盖。

（2）浇筑完毕后应在 12h 内浇水养护。

（3）终凝后洒水养护，每昼夜浇水次数不少于 4 次，保证混凝土表面始终处于湿润状态。

（4）养护不得小于 7d。

（5）养护到强度达到 1.2MPa 方可准许人员往来和支模。

6. 输送管的布设

（1）布置水平管时，采用混凝土浇捣方向与泵送方向相反；布置向上垂直管时，采用混凝土浇捣方向与泵送方向相同。

（2）混凝土泵的位置距垂直管应有一段水平距离，其水平管的长度与垂直管高度的比值大于 1:4。

（3）垂直立管布置在楼内电梯井内，将立管用抱箍固定在柱子或墙上，逐层上升到顶，应保持整根垂直管在同一垂线上。

7. 施工缝的留设

（1）施工缝的留设原则是：剪力较小、施工方便处留设施工缝。

（2）主楼结构分层浇筑，每层的施工缝留于楼板顶面处。

（3）对于柱留设于基础顶面，梁的底面；连板整浇梁留在板底 20～30cm 处；单向板留设在平行于短边的任何位置；对于有主次梁的肋梁楼盖应沿次梁方向浇筑，施工缝留设于梁跨中 1/3 长度范围内。

（4）由于主楼与厂房之间的高度差较大，故在两者连接处留一条 50mm 的沉降缝，并确保两者之间连接处理的质量。

十、脚手架工程（如图 8-15）

1. 搭设顺序

摆放扫地杆（贴近地面的大横杆）——逐根竖立立杆，随即与扫地杆扣紧——装扫地小横杆并与立杆或扫地杆扣紧——安装第一步大横杆（与各立杆扣紧）——安装第一步小横杆——第二步大横杆——第二步小横杆——加设临时斜撑杆（上端与第二步大横杆扣紧，在装设两道连墙杆后可拆除）——第三、四步大横杆和小横杆——连墙杆——接立杆——加设剪刀撑——铺脚手板。

2. 脚手架搭设措施

脚手架搭设技术要求：总安全系数，按允许应力计算不少于 3；大小横杆的允许拱度不大于杆长的 1/150；立杠的垂直度偏差不大于立杆全长的 1/200。

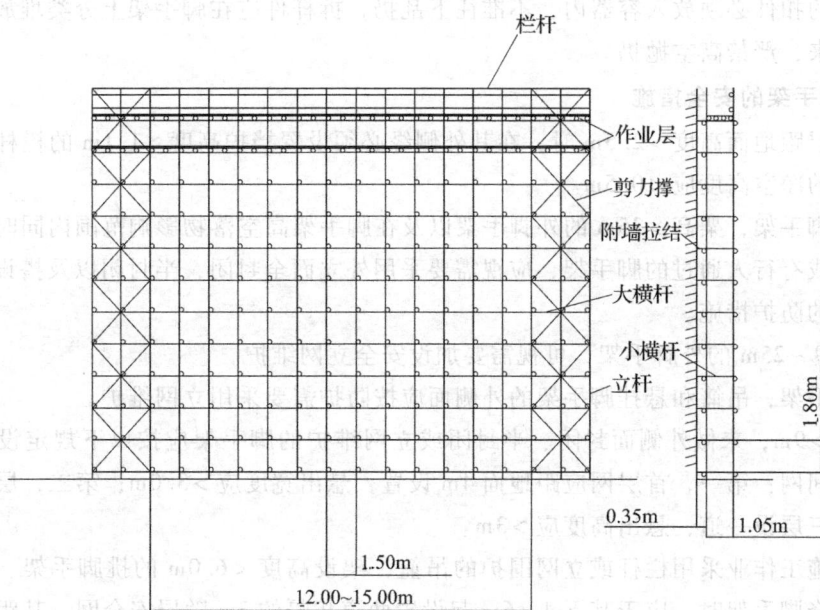

扣件式钢管外脚手架

图 8-15 脚手架构造

脚手架搭设标准：横平竖直，连接牢固，底脚着地，层层拉牢，支撑挺直，畅通平坦，安全设施齐全、牢固。

脚手架立杆基础周围回填土必须夯实，整平后铺 20cm 厚道渣，浇 10cm、C15 素混凝土。用 5cm 板作垫木，并设扫地杆。做好排水处理。

搭设立杆纵向间距 1.6m，横向间距 1m，从第一步起的步高均为 1.6m，从第二步起脚手架的外侧设 1m 高的防护栏杆和 40cm 高梯脚及 18cm 的踢脚板，并且采用安全网围护。

钢扣件脚手架的底部立杆应采用不同长度的钢管参差布置，使相邻两根立杆上部、接头相互错开，不在同一平面上，以保证脚手架的整体性。扣件的螺栓脚手架的立杆都应垂直立稳，底部都应用牵扣，横楞相互连接。

剪刀撑的设置：在脚手架外侧每不大于 9m 设一组，斜杆用长钢管与地面成 45°~60°角，剪刀撑钢管的接长接头采用搭接方法，搭接长度不下于 40cm，并采用两只转向扣件销紧。

脚手架与建筑物通过预埋件连接，确保脚手架的稳定。

脚手架每步搁栅上满铺脚手笆，脚笆四周用 18 号钢丝扎牢。

脚手架搭设顺序：立杆→横楞→牵杆→搁栅→剪刀撑→脚手笆→防护栏杆→踢脚杆→架设安全网，根据施工需要搭设"之"字形人行斜道。

拆除脚手架必须在拆除前设置警戒和派专人监护，不准人员进出。拆除顺序自上而下逐步拆除，拆除顺序为：脚手笆→栏杆→剪刀撑→搁栅→牵杆→横楞→立杆，一步一清。

拆下的扣件必须放入容器内，不准往下乱扔，拆杆件应在脚手架上分类堆放整齐并及时吊运下来，严禁高空抛扔。

3. 脚手架的安全措施

作业层距地面高度 >2.5m 时，在其外侧缘必须设置挡护高度 >1.1m 的栏杆和挡脚板且栏杆间的净空高度应 <0.5m。

临街脚手架，架高 >25m 的外脚手架以及在脚手架高空落物影响范围内同时进行其他施工作业或有行人通过的脚手架，应视需要采用外立面全封闭，半封闭以及搭设通道防护棚等适合的防护措施。

架高 9~25m 的外脚手架，可视需要加设安全立网维护。

挑脚手架，吊篮和悬挂脚手架的外侧面应按防护需要采用立网维护。

架高 >9m，未做外侧面封闭、半封闭或立网维护的脚手架应按以下规定设置首层安全网和层间网：第一，首层网应距地面 4m 设置，悬出宽度应 >3.0m；第二，层间网自首层网每隔三层设一道，悬出高度应 >3m。

外墙施工作业采用栏杆或立网围护的吊篮，架设高度 <6.0m 的挑脚手架、挂脚手架和附墙升降脚手架时，应于其下 4~6m 起设置两道相隔的 3m 随层安全网，其距外墙面的支架宽度应 >3m。

上下脚手架的梯道栈桥、斜梯、爬梯等均应设置扶手、栏杆或其他安全防护措施并清除通道中的障碍，确保人员上下的安全。

4. 脚手架的养护措施

脚手架验收：由工地项目经理或安全员组织有关人员进行分层分段按脚手架验收单内容验收，合格后验收人员签字挂牌方可使用。

脚手架必须每月进行定期大检查，每周组织一次小检查。发现隐患要立即进行加固，梅雨季节，台风暴雨期间要加强检查，增加检查次数。

脚手架在一个楼面施工完成后必须进行清理一次。按建筑面积每 $200m^2$ 配一支灭火器，在过道及转角明显处挂好。

十一、单层工业厂房吊装工程

1. 起重机械的确定

（1）起吊构件重量计算

1）单个屋架重量

$25 \times 2 \times [12 \times 0.24 \times 0.22 + (3.07 + 3.02 \times 3) \times 0.24 \times 0.25 + (1.517 + 2.752 + 2.415) \times 0.12 \times 0.12 + 0.12 \times 0.14 \times (3.035 + 3.636 + 3.380)] = 81.3kN$

2）单个排架柱的重量

$A = 0.4 \times 0.8 - 2 \times (0.45 + 0.50) \times 0.15 \times 0.5 = 0.1775$

$25 \times [4.2 \times 0.4 \times 0.5 + 0.75 \times 1.15 \times 0.4 + 0.3 \times 0.4 \times 0.8 + 0.1775 \times 7.2 + 2.15 \times 0.4 \times 0.8] = 81.2kN$

其他构件重量在选择起吊时不起决定性作用，无需计算。

（2）起重高度计算

1）最大起重高度

$$H = h_1 + h_2 + h_3 + h_4 = 14 + 0.4 + 1.89 + 6 = 22.29\text{m}$$

2）最小杆长

$$\alpha = \arctan\left(\frac{h}{a+g}\right)^{\frac{1}{3}} = \arctan\left(\frac{14}{3+1}\right)^{\frac{1}{3}} = 56.6°$$

$$L = l1 + l2 = \frac{h}{\sin\alpha} + \frac{a+g}{\cos\alpha} = \frac{14}{\sin 56.6°} + \frac{3+1}{\cos 56.6°} = 24.12\text{m}$$

（3）起重机械的选用

吊装机械采用 W1-200 型履带式起重机。

技术性能：吊臂长度选用 30m，最大起重高度 26.5m，最小幅度 8m。

主要外形尺寸：$A = 4.5\text{m}$，$E = 2.1\text{m}$，$F = 1.6\text{m}$，$B = 3.2\text{m}$。

起重半径：$R = F + L\cos\alpha = 15.38\text{m}$。

2. 预制工程

（1）预制构件的制作

排架柱采用两层叠浇，跨外斜向布置。

屋架采用三层叠浇，跨内斜向布置。

1）柱子的制作

① 柱子模型的铺设

柱子成形采用平卧支模，要求模板架空铺设，基底地坪必须夯实。铺板或钢模底的横楞间距不大于 1m，底模宽度应大于柱的侧面尺寸，牛腿处应更宽些。侧模高度应同柱的宽度尺寸相同，其目的是便于浇筑后抹平表面。模板应支撑牢固，防止浇灌时脱开、胀模、变形，而使构件外形失真不合要求，造成不合格构件。柱长、柱宽等尺寸要准确。

② 绑扎柱子钢筋

柱子钢筋应按施工图的配筋进行穿箍绑扎。应注意的是，牛腿处钢筋的绑扎和预埋铁件的安装，以及柱顶部的预埋铁板安装，都要做到钢筋长短、规格、数量，箍筋规格、间距正确无误。最后垫好保护层垫块，并进行隐蔽检查验收。

③ 浇筑混凝土

要求浇筑时认真振捣，混凝土水灰比和坍落度应尽可能小。尤其边角处要密实，拆模后棱角清晰美观。浇筑后要拍抹平整，最后用铁抹子压光。

④ 养护

待表面硬化、手按无痕时，覆盖草帘浇水进行养护。养护要有专人，按规范规定时间进行养护，以保证混凝土强度的增长。

⑤ 拆模

为提高模板周转，2~3d 后可拆除侧模，拆时应防止棱角损伤。应在混凝土强度达到 70% 以上后，适当抽去横楞（最后间距不大于 4m）和部分底模。最好的办法是支模时，就应考虑拆模，使之提高模板利用率。最后的柱子支座在若干根横楞上，待吊装后全部撤走剩余模板。

2）屋架的制作

① 模板的制作

屋架制作都采用卧式。由于其形状复杂，因此，为节省模板而采用夯实地坪作为底模，在其上按屋架形状浇筑5cm细石混凝土（仅浇有屋架弦杆部分），然后在其上用1:2水泥砂浆抹平压光。要求所有各点均应在同一水平面上，要用水准仪检查校核，误差不超过2mm。然后支撑弦杆的侧模板。因为上弦为多边形或近乎拱形，所用模板应用薄板，便于弯曲。侧模下边用木桩加木楔固定，上边用门形铁件卡住，这样浇筑混凝土时，就不会侧移变形。为了省模板，屋架的腹杆都可以另行预制，在支上下弦屋架模板时，按图对号将杆两头转入节点模板之中即可。由于腹杆及弦杆断面尺寸小，安装时要在杆下垫木方找平。

② 钢筋绑扎

钢筋绑扎中主要是要放置好腹杆伸入的锚固筋，尤其拉杆必须充分锚固好。其次是放置预应力埋置管的管架，并让埋置的管子顺利通过。再在屋架上弦有预埋铁板，在与下弦交会处屋架的支承端节点处有端头铁板、螺旋形钢筋，再是预埋管与铁板处的连接，这都是钢筋绑扎时要木工配合协作做好的工序。

③ 浇筑混凝土

由于屋架弦杆的断面相对较小，因此，振捣棒最好用Φ30或用振捣片。混凝土的粗骨料可采用0.5~2.5cm的粒径。水灰比及坍落度要小，能施工操作即可，因为水灰比过大易产生收缩裂缝。节点处振捣必须认真仔细，并振捣密实。尤其是预应力屋架，其支撑处的端节点一定要密实，防止张拉时压水报废。混凝土浇好后，外露面要用抹子抹平和压光，抹压要分两次，可以减少表面收缩裂纹。浇捣时下料，一定要人工用铁锹往内装料，不能用小车直接倒入模板。每榀屋架应有一组试块。

④ 养护

屋架养护一定要用草袋包裹覆盖，再浇水养护，严禁暴晒和只浇水不覆盖的养护。养护要派专人。由于养护不当，使表面产生粉化状态而降低强度的质量事故亦是时有发生，因此，不能小视断面较小构件的养护工作。

⑤ 拆模

当屋架的混凝土强度达到5MPa后，即可拆除侧模，并进行模板清理。在下层屋架表面刷上隔离剂之后（近年也有用塑料薄膜分隔的），即可将侧模移上一层支撑第二榀叠浇的屋架。

⑥ 注意事项

采用非正式模板作底模的，如前述的混凝土底模或砖底模施工时，地面一定要夯实。施工中包括养护均不能使水泡浸地面，以致造成地坪下沉而引起屋架折断。如施工无把握的，那么，还是用正式模板，用木方或钢管架起支模。

具体布置见图8-16。

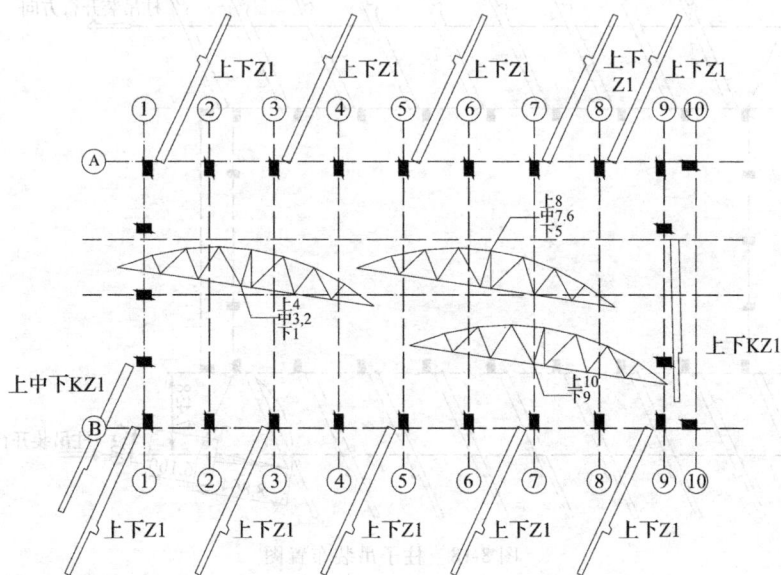

图 8-16 预制构件布置图

3. 吊装前构件堆放

屋架采用斜向堆放的方法，屋架间的水平距离为一个柱距。具体堆放方法见图 8-17。

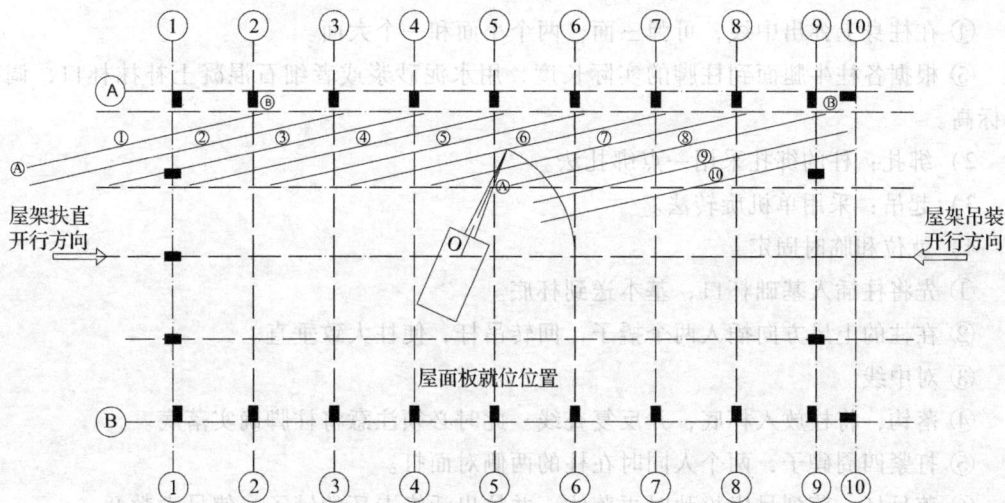

图 8-17 屋架和屋面板布置图

4. 构件吊装工艺

（1）柱的吊装（如图 8-18）

1）准备工作：

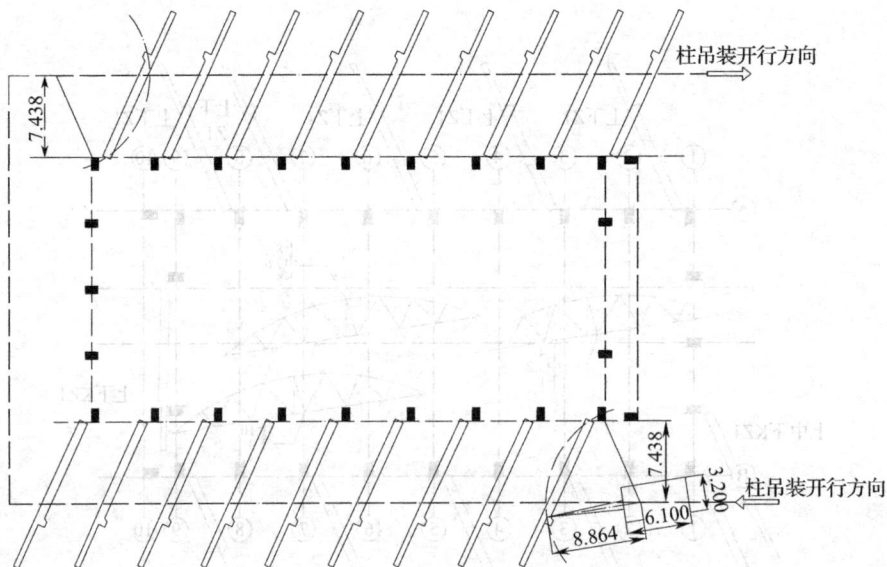

图 8-18 柱子吊装布置图

① 现场预制钢筋混凝土柱，用起重机将柱身反转90°角，使小面朝上，并移至吊装位置堆放。现场预制位置尽量在杯口附近位置，使吊装时吊车能直接吊起插入杯口而不用走车。

② 检查厂房的轴线和跨距。

③ 清除基础杯口中的垃圾，在基础杯口的上面，内壁和底面弹出中线。

④ 在柱身上弹出中线，可弹三面，两个小面和一个大面。

⑤ 根据各柱牛腿面到柱脚的实际长度，用水泥砂浆或者细石混凝土补抹杯口，调整其标高。

2）绑扎：柱的绑扎采用一点绑扎法。

3）起吊：采用单机旋转法。

4）就位和临时固定：

① 先将柱插入基础杯口，基本送到杯底。

② 在柱的上风方向插入两个撬子，回转吊杆，使柱大致垂直。

③ 对中线。

④ 落钩，将柱放入杯底，并反复查线。此时必须注意将柱脚确实落底。

⑤ 打紧四周碛子，两个人同时在柱的两侧对面打。

⑥ 落吊杆，落到吊索松弛时再落钩，并拉出活络卡环的销子，使吊索敞开。

⑦ 随即用石头将柱脚卡死，每边卡两点要卡到杯底，不可卡杯口中部。

5）校正：

① 平面位置的校正：

可采用以下两种方法配合进行：

钢钎校正法：将钢钎插入基础杯口下部，两边垫以旗型钢板，然后敲打钢钎移动柱脚。

反推法：假定柱偏左，须向右移，先在左边杯口与柱间空隙中部放一大锤，如柱卡住了石子，拔走或打碎，然后在右边的杯口上放丝杆千斤顶推动柱，使之绕大锤旋转以移动柱。

② 垂直度校正：

丝杠千斤顶平顶法：在杯口上水平防止丝杠千斤顶，操纵千斤顶。给柱身施加一水平力，使柱绕柱脚转动而垂直。

6）最后固定：

浇灌细石混凝土。分两次进行，第一次浇灌到碛子底面，待到混凝土强度达到设计强度的25%后，拔出碛子，全部灌满。振捣混凝土时，不要碰到碛子。

（2）屋架吊装

1）绑扎：屋架的绑扎应在节点上或者靠近节点。翻身或者立直屋架时，吊索和水平线的夹角不宜小于60°角，吊装时不宜小于45°角。绑扎中心在屋架重心上。否则，屋架起吊时会倾翻。

2）翻身：先将起重机吊钩基本上对准屋架平面的中心，然后起吊杆使屋架脱模，并松开转向刹车，让车身自由回转，接着起钩，同时配合起落吊杆，争取一次将屋架扶直。做不到一次扶直时，将屋架转到和地面成70°角后再刹车。在屋架接近立直时，应调整吊钩，使其对准屋架下弦中点，防止屋架吊起后摆动过大。

3）起吊：现将屋架吊离地面50cm左右，使屋架中心对准安装位置中心，然后徐徐升钩，将屋架吊至柱顶以上，再用溜绳旋转屋架使其对准柱顶，以便落钩就位。落钩时，应缓慢进行，并在屋架刚接触柱顶时即刹车进行对线工作，对好线后，即做临时固定，并同时进行垂直度校正和最后固定工作。

4）临时固定、校正和最后固定

第一榀屋架就位后，一般在其两侧各设置两道缆风绳作临时固定，并用缆风绳来校正垂直度。以后的各榀屋架，可用屋架校正器作临时固定和校正，用两根校正器。为消除屋架旁弯对垂直度的影响，可用挂线卡子在屋架下弦一侧外伸一段距离拉线，并在上弦用同样的距离挂线锤检查。

屋架经过校正后，就可上紧螺栓或者电焊作最后固定。用电焊作最后固定时，避免同时在屋架两侧的同一侧施焊，以免因焊缝收缩使屋架倾斜。施焊后，即可卸钩。

5. 单层厂房结构吊装方法

结构吊装采用分件吊装法，分三次开行吊装完所有构件。

第一次开行，吊装全部柱子，经校正及最后固定，杯口灌注混凝土，待强度达到70%设计强度后，即可进行下一个工序施工。起重机沿跨外开行。

第二次开行，吊装全部吊车梁，连系梁及柱间支撑，起重机沿跨中开行。

第三次开行，吊装屋架、屋面板及屋面支撑、吊装抗风柱。起重机沿跨中开行。

另外，其中的1轴上的抗风柱在最后起重机吊完所有的构件退出车间内时吊装。

十二、屋面防水工程

本工程屋面采用4厚SBS改性油毡页岩片，热熔全粘，基层处理剂全涂刷，30厚1：3

水泥砂浆找平。

1. 准备工作

（1）卷材：按设计规定要求优选高聚物改性沥青防水卷材，其外观质量、规格、型号及物理性能应符合要求。

（2）基层底涂料：基层底涂料呈黑褐色，易于涂刷，涂液能渗入基层毛细孔隙，起隔绝基层水汽上升和增强卷材与基层的粘结力。

（3）接缝密封剂：用于搭接缝口的密封。

（4）浅色涂料：外露防水施工时防水层的保护层。

（5）汽油、金属压条、水泥钢钉、金属箍等材料：用于稀释底涂料、末端卷材收头、伸出屋面管道卷材末端收头固定等作用。

（6）施工机具及防护用品：热熔法施工所用机具；热熔法施工所用防护用品。

2. 基层要求

热熔法施工的基层应符合规范要求，突出屋面结构的连接处以及转角处的圆弧半径等构造应符合要求。

3. 涂刷底涂料

将底涂料搅拌均匀，用长把滚刷均匀有序地涂刷在找平层表面，如采用单层卷材作防水层，底涂料应采用橡胶沥青防水涂料或改性沥青冷胶粘剂，在找平层表面形成一层厚度为 1~2mm 的整体涂膜防水层。

4. 细部构造、防水节点复杂部位增强处理

底涂料干燥后，点燃手持单头喷枪，烘烤附加卷材，对阴阳角、水落口、天沟、伸出屋面的管道等细部构造、防水节点进行增强处理。

5. 弹基准线

弹基准线前，先确认卷材的铺贴方法、方向、顺序和搭接宽度，然后根据铺贴方向和搭接宽度在铺贴起始位置弹基准线，边铺边弹，直至铺完。

6. 铺贴卷材

卷材铺贴时，先由一定数量的操作工打开卷材的端头，拉至有女儿墙立面的凹槽上口，或对准弹好的位置线，再将卷材卷退到离女儿墙1m左右的平面处，然后将拉出的卷材端头倒卷回来经过加热烘烤铺贴到女儿墙的根部。再调转方向，向前继续铺贴。铺贴紧密配合加热的速度和卷材的热熔情况，缓缓地将卷材沿所弹的边线向前推滚。

铺贴复杂部位及基层表面不平整处，要扩大烘烤基层面，加热卷材面，使卷材处于柔软状态，也使卷材与基层粘贴平整、严实、牢固。

7. 施工注意事项

热熔法施工时，加热器离卷材面距离应适中，加热应均匀、充分和适度，这是保证防水层质量的关键。因此，要有一名技术熟练、责任心强的操作工负责，手持加热器，或用液化气多头火焰喷枪、汽油喷灯等，点燃后将火焰调到呈蓝色，将加热器火焰喷头对准卷材与基层的交接面。持枪人要注意喷枪头位置、火焰方向和操作手势。喷枪头与卷材面保持 50 ~ 100mm 距离，与基层成 30°或 45°角为宜。切忌慢火烘烤或用强火在一处久烤不动。所以，应随时调整喷灯、喷枪的移动速度和火焰大小，应随时注意观察卷材底面沥青层的融化状态，当出现发亮发黑的沥青熔融层而不流淌时，即可迅速推展卷材进行滚铺，并用压辊用力滚压，以排除卷材与基层间的空气，使之粘结牢固、平展服贴。加热和推滚要默契配合，这是热熔粘贴卷材的关键之一。

热熔法施工时，卷材边缘应有热胶溢出，这是防止卷材起鼓的技术措施。同时将溢出的熔胶用刮板刮到接缝处，收边密封是确保防水层质量的关键。

采用热熔法施工时，碰到雨天、雪天严禁施工；露水、霜未干燥前不宜铺贴；五级风以上不得施工；气温低于 -10℃不宜施工。

十三、装饰工程

1. 一般抹灰工程

（1）工艺程序：清理基层→确定粉刷部位面积→抹底层水泥石灰砂浆→抹面层水泥石灰砂浆→老粉批嵌→收尾。

（2）清理基层，凿除凸出部分，修补凹陷部分，对墙面上的浮灰、碎碴以及过线的水泥砂浆粉刷进行清理。对过于光滑的混凝土墙面，可采用墙面凿毛或先抹一道混凝土界面剂或刷内掺 3%108 胶水的素水泥浆一道的方法处理后，才进行底层抹灰作业，以增强底层灰与墙体的附着力。

（3）确定粉刷部位尺寸，如门窗三线、台口、压顶出线、勒脚、踏步等，用拉麻线、弹线、拉直尺等方法确定平直度、垂直度。

（4）抹底层砂浆。先将墙面浇水湿润，在混凝土墙面上先刷一道内掺 3%108 胶水素水泥浆，要控制范围，在砖基层上必须将砂浆压入砖缝内。底层用 1:1:6 水泥石灰砂浆刮糙，厚度 15mm，粉好后用刮尺刮平，木抹搓平，并用铁皮将砂浆表面刮毛。

（5）抹面层砂浆，在抹底层砂浆一天以后，用 1:0.3:3 水泥石灰砂浆抹面层，刮平、抹平、木抹搓平，再用铁板压光。

（6）收尾：面层水泥砂浆粉光完毕。处理阴阳及上口，用粉袋弹出高度尺寸线，把直尺靠在线上，用铁板切去，再用直尺靠住踢脚线上口，用铁板油光上口。

（7）护角线：按照设计要求，所有阳角，做 15 厚 1:2.5 水泥砂浆每边宽 40、高 2000护角线。

2. 外墙面砖施工

（1）施工顺序：

基层（找平层）湿水→作面砖灰饼→抹纯水泥浆结合层→铺贴瓷砖、并以面砖灰饼为基准检查平整度→勾缝。

（2）施工操作：

1）按设计要求挑选规格、颜色一致的瓷砖，使用前应在清水中浸泡 2 ~ 3 小时后（以瓷砖吸足水不冒泡为止），阴干备用。

2）底子灰抹后一般养护 1 ~ 2d，方可进行镶贴。

3）镶贴前要找好规矩。用水平尺找平，校核方正，算好纵横皮数和镶贴块数，划出皮数杆，定出水平标准，进行预排。

4）在有脸盆镜箱的墙面，应按脸盆下水管部位分中，往两边排砖。肥皂盆可按预定尺寸和砖数排砖。

5）先用废瓷砖按粘结层厚度用混合砂浆贴灰饼。贴灰饼时，将砖的棱角翘出，以楞间作为标准，上下用托线板挂直，横向用长的靠尺板或小线拉平。灰饼间距1.5m左右。在门口或阳角处的灰饼除正面外，靠阳角的侧面也要挂直，称为两面挂直。如墙面已抹完灰的瓷砖墙裙应比墙面凸出5mm。

6）铺贴瓷砖时，先浇水湿润墙面，再根据已弹好的水平线（或皮数杆），在最下面一皮砖的下口放好垫尺板（平尺板），并注意地漏标高和位置，然后用水平尺检验，作为贴第一皮砖的依据。贴时一般由下往上逐层粘贴。

7）除采用掺108胶水泥浆作粘结层，可以抹一行（或数行）贴一行（或数行）外，其他均将粘结砂浆铺满在瓷砖背面，逐块进行粘贴。108胶水泥浆要随调随用，在15℃环境下操作时，从涂抹108胶水泥浆到镶贴瓷砖和修整缝隙止，全部工作最好在3h内完成，要注意随时用棉丝或干布将缝子中挤出的浆液擦净。

8）镶贴后的每块瓷砖，当采用混合砂浆粘结层时，可用小铲把轻轻敲击；当采用108胶水泥浆粘结层时，可用手轻压，并用橡皮锤轻轻敲击，使其与基层粘结密实牢固。并要用靠尺随时检查平正方直情况修正缝隙。

9）铺贴时一般从阳角开始，使不成整块的留在阴角。如有水池、镜框者，应以水池镜框为中心往两面分贴。总之，先贴大面，后贴阴阳角、凹槽等难度较大的部位。

10）如墙面有孔洞，应先用瓷砖上下左右对准孔洞划好位置，然后将瓷砖用裁切釉面砖的切砖刀裁切，或用胡桃钳钳去局部，亦可将瓷砖放在一块平整的硬物体上，用小锤轻轻敲打合金钢钻，先凿开面层，再凿内层。切、钳、凿均应符合要求。

3. 内墙涂料施工

（1）基层清理：抹灰墙柱面将灰尘、疙瘩等物应清扫干净，除掉油污。

（2）满刮二遍白水泥腻子：刮腻子要往返刮平，注意上下左右接槎，两刮板间要刮净，不能流有净腻子。每遍腻子干燥后要磨一遍砂纸，要磨平磨光，要慢磨慢打，线角分明，磨完后应将浮尘扫净。

（3）第一遍刷涂料：刷涂料要求墙柱面充分干燥，抹灰面内碱质全部消化后才能施工。涂料配好后不能随意加水，排笔要刷得清、刷得快，接头处不得有重叠现象。

（4）刷第二遍浆：刷第二遍浆的用料与方法同第一遍浆。第一遍浆干燥后，可先用细砂纸将浮粉轻轻磨掉并清扫干净，然后刷第二遍浆。

4. 铝合金门窗施工

本工程外门窗采用铝合金门窗。铝合金窗施工时应严格按《建筑装饰装修工程质量验收规范》（GB 50210-2001）及《建筑工程施工质量验收统一标准》（GB 50300-2001）进行。

（1）材料

1）铝合金门窗加工时应符合设计要求，各种附件配套齐全，并且有产品出厂合格证。

2）防腐材料、填缝材料、保护材料、清洁材料等应符合设计要求和有关标准的规定。

（2）施工准备

1）施工前，门窗洞口已按设计要求施工完毕，并已画好门窗安装位置墨线。

2）检查门窗洞口尺寸是否符合设计要求，如有预埋件的门窗洞口还应检查预埋件的数量、位置及埋设方法是否符合设计要求，如有影响门窗安装的问题应及时进行处理。

3）检查铝合金门窗，如有表面损伤、变形及松动等问题，应及时进行修理，校正等处理，合格后才能进行安装。

（3）施工方法

1）防腐处理：门窗框四周侧面防腐处理按设计要求执行。如设计无专门要求时，在门窗框四周侧面涂刷防腐沥青漆。

2）就位和临时固定：根据门窗安装位置墨线，将铝合金门窗装入洞口就位，将木楔塞入门窗框与四周墙体间的安装缝隙，调整好门窗框的水平、垂直、对角线长度等位置及形状偏差符合检验标准，用木楔或用其他器具临时固定。

3）门窗框与墙体的连接固定：连接铁件与预埋件焊接固定采用射钉。

4）门窗框与墙体安装缝隙的密封：铝门窗安装固定后，应先进行隐蔽工程验收，检查合格后再进行门窗框与墙体安装缝隙的密封处理。门窗框与墙体安装缝隙处理，如设计有规定，按设计规定执行。

5）安装五金配件齐全，并保证其使用灵活。

6）安装门窗扇及门窗玻璃：门窗扇及门窗玻璃的安装在洞口墙体表面装饰工程完工后进行。

（4）保证质量的措施

1）铝合金门窗机附件质量必须符合设计要求和有关标准的规定。

2）铝合金门窗的开启方向、安装位置必须符合设计要求。

3）门窗安装必须牢固，防腐处理和预埋件的数量、位置、埋设连接方法等必须符合设计要求，框与墙体安装缝隙填嵌饱满密实。

4）把好铝合金窗及附件的质量关、所有铝合金窗及附件质量必须符合设计要求和有关标准规定，且应有产品质保书。

5）严格按照铝合金窗安装的质量要求施工，做到关闭严密、间隙均匀、开关灵活、顺与框的搭接堂符合要求、附件齐全、填嵌饱满密实、表面平整、外现洁净、密封性能好。

6）铝合金窗的安装位置、开启方向必须符合设计要求。

7）安装必须牢固，预埋件的数量、位置、埋设连接方法必须符合规范及设计要求。

8）窗框与非不锈钢紧面件接触面之间必须做防腐处理，严禁用水泥砂浆作窗框与墙体间的填实材料。

9）铝合金窗及附件的表面保护膜在安装时及安装后均不得损坏。

十四、楼地面施工

1. 厂房细石混凝土地面施工

（1）清理基层：基层表面的浮土、砂浆块等杂物应清理干净；楼板表面有油污，应用 5%～10% 浓度的火碱溶液清洗干净。

（2）洒水湿润：提前一天对楼板表面进行洒水湿润。

（3）刷素水泥浆：浇灌细石混凝土前应先在已湿润后的基层表面刷一道 1:（0.4～0.45）（水泥:水）的素水泥浆，并进行随刷随铺，如基层表面为光滑面还应在刷浆前先将表面凿毛。

（4）冲筋贴灰饼：小房间在房间四周根据标高线做出灰饼，大房间还应冲筋（间距 1.5m）；有地漏的房间要在地漏四周做出 0.5% 的泛水坡度；冲筋和灰饼均应采用细石混凝土制作（俗称软筋），随后铺细石混凝土。

（5）铺水泥地坪后用长刮杠刮平，振捣密实，表面塌陷处应补平，再用长刮杠刮一次，用木抹子搓平。

（6）撒水泥砂子干面灰：砂子先过 3mm 筛子后，用铁锹拌干面（水泥:砂子 = 1:1），均匀地撒在细石混凝土面层上，待灰面吸水后用长刮杠刮平，随即用木抹子搓平。

（7）第一遍抹压：用铁抹轻轻抹压面层，把脚印压平。

（8）第二遍抹压：当面层开始凝结，地面面层上有脚印但不下陷时，用铁抹子进行第二遍抹压，注意不得漏压，并将面层的凹坑、砂眼和脚印压平。

（9）第三遍抹压：当地面面层上人稍有脚印，而抹压无抹子纹时，用铁抹子进行第三遍抹压，第三遍抹压要用力稍大，将抹子纹抹平压光，压光的时间应控制在终凝前完成。

（10）养护：地面交活 24h 后，及时满铺湿润锯末养护，以后每天浇水两次，至少连续养护 7d 后，方准上人。

（11）若为分格缝地面，在撒水泥砂子干灰面、过杆和木抹子搓平以后，应在地面上弹线，用铁抹子在弹线两侧各 20cm 宽范围内抹压一遍，再用溜缝抹子划缝；以后随大面压光时沿分格缝用溜缝抹子抹压两遍，然后交活。

2. 花岗岩地面的施工

（1）工艺流程：基层清理→弹线→试排→试拼→扫浆铺水泥砂浆结合层→铺板→灌缝→擦缝→养护。

（2）根据墙面水平基准线，在四周墙面上弹出面层标高线和水泥砂浆结合层线。同时按照板材大小尺寸、纹理、图案，缝隙在干净的找平层上弹控制线，由房间中心向四周进行。

（3）试拼、试排：根据施工大样图拉线较正并排列好。核对板块与墙边，柱边门洞口的相对位置，检查接缝宽度不得大于 1mm。有拼花图案的应编号。对于较复杂部位的整块面板，应确定相应尺寸，以便于切割。

（4）砂浆应采用干硬性的，相应的砂浆强度为不低于 M15。

先洒水湿润基层，然后刷水灰比为 0.5 的水泥素浆一遍，刷铺砂浆结合层，用刮尺压实赶平，再用木抹子搓揉找平，铺完一段结合层即安装一段面板，结合层与板块应分段同时铺砌。

（5）铺板：镶贴面板一般从中间向边缘展开退至门口，当有镶边和大厅独立柱之间的面板则应先铺，必须将预拼、预排、对花和已编号的板材对号入座。

铺镶时，板块应预先用水浸湿，晾干无明水方可铺设。

拉通线将板块跟线平稳铺下，用木槌或橡皮锤垫木块轻击，使砂浆振实，缝隙平整满足要求后，揭开板块，进行找平，再浇一层水灰比为 0.45 的水泥素浆正式铺贴，轻轻锤击，找直找平。铺好一条及时用靠尺或拉线检查各项实测数据。如不全要求，应揭开重铺。

（6）灌缝、擦缝：板块铺完养护 2 天后，在缝隙内灌水泥砂浆擦缝，有颜色要求的应用白水泥加颜料调制，灌浆 1～2 小时后，用棉纱蘸色浆擦缝，粘附在板面上的浆液随手用湿纱头擦拭干净。铺上干净湿润的锯末养护。喷水养护不少于 7 天（3 天内不得上人）。

（7）材料：水泥强度等级不低 32.5 级，块材：技术等级、光泽度、外观等质量符合现行国家标准《天然大理石建筑板材》《天然花岗岩建筑板材》等有关规定，并同时应符合块料允许偏差。

3．木地板施工

本工程采用铺钉法施工木地板。

（1）拼花木地板面层的树种应按设计要求选用。做成企口、截口或平头接缝的形式。

（2）在毛地板上的木地板应铺钉紧密，所用钉的长度应为面层板厚的 2～2.5 倍，在侧面斜向钉入毛地板中，钉头不应露出。

（3）拼花木地板面层的缝隙不应大于 0.3mm。面层与墙之间的缝隙，应以踢脚板或踢脚条封盖。

（4）拼花木地板面层应予刨光，所刨去的厚度不宜大于 1.5mm，并应无刨痕。

（5）拼花木地板面层的踢脚板或踢脚条等，应在拼花木地板刨光后再行装置。面层的涂油、磨光、上蜡工作，应在房间所有装饰工程完工后进行。

◈ 第七节　质量安全措施

一、质量保证措施

1．施工前认真熟悉审查图纸，研究施工组织设计，明确施工方法和施工工艺，作好技术交底；施工中认真作好隐检、预检和结构验收；施工作业班组要实行自检、互检、交接检和产品挂牌制。

2．原材料、成品、半成品、构件都应当按规定取样试验及取得出厂合格证明；焊接部位应有焊接试件，砂浆及混凝土应按规定做试块。

3. 基槽应逐个检查验收，不符合设计要求的要处理好。杯形基础在吊装前要弹出轴线和标高线。

4. 吊装工程应严格按规范要求控制轴线位置和垂直度偏差，作好每一构件的吊装偏差记录，柱位确定后应当随即浇筑混凝土，以防碰动造成偏差。

5. 本工程作业面大，工期紧，施工人员多，应强调统一材料，统一做法，统一配合比，统一颜色等，单项工艺一般都应先做样板，经有关人员鉴定后才能大面积施工；在可能情况下组织一些专业作业队，如成立喷涂专业队，负责全面喷涂施工，以利于提高质量。

6. 组织防水工程攻关，除严格要求按设计和施工工艺规定作好防水节点外，还要严格管理各工种之间的搭接配合，防止完成防水层后又凿洞安装管道等颠倒工序情况的发生。

二、安全消防措施

1. 进入施工现场的人员，应严格遵守安全生产规章制度，安全操作规程和各项安全措施规定，作好各级安全交底，加强安全教育和安全检查，作好对新工人、外包工人员、零散作业人员的安全培训交底。

2. 各类架子及活动架车应按规定搭设，搭好后须经安全人员验收合格后使用，使用过程中作业人员不许擅自改动。

3. 各种孔洞凡直径超过20cm的一律用钢筋网或安全网封闭；各出入口要设防护棚；室内及架子上作业不许往外扔东西；高空作业挂安全带；进入现场人员一律要戴安全帽。

4. 施工操作地点应有足够的亮度。

5. 非机电人员不许擅自动机电设备，非司机不许擅自开各种机动车辆。

6. 凡施工用火及电气焊，一律须向消防保卫人员申请或备案。

7. 施工现场按规定设置消防栓和其他消防设备。现场道路要经常保持通畅。易燃材料，油库等设置应遵守消防规定，并与消防人员研究确定。

8. 施工作业地点设吸烟室。

三、节约措施

1. 钢筋集中下料，合理利用钢筋，节约钢筋3%。

2. 杯形基础及预制柱，预制陶粒混凝土板采用工具式模板，以节约模板材料。

3. 混凝土掺加外加剂，节约水泥10%以上。

4. 采用工具式钢平台架、桥式架、门式架以及搭设活动架车，节省了搭设临时结构的钢材。

5. 屋面找平层等次要部位掺加粉煤灰等调整配合比，节省水泥10%以上。

6. 塔吊路基石子和砂回收，可用于管道及化粪池垫层等施工。

7. 土方挖填合理调配，减少土方运输费用。

8. 尽量利用工程的正式水电外线；充分利用厂房内正式天车，以节约临时外线及减少架子搭设。

9. 油漆集中配制，节省油漆 2%。

10. 构件就位堆放，减少二次搬运，可节约运费 2%。

四、雨期施工

1. 混凝土挠捣应尽量避免大雨天，故在浇捣混凝土施工前应注意收听天气预报，对施工时遇大雨天视雨量大小用草包、尼龙薄膜覆盖，同时可适当减小坍落度。

2. 雨天浇混凝土时振捣器操作者，必须带好绝缘手套，下雷雨时应停止绑扎钢筋，以防雷击伤人。

3. 雨天不准搭拆井架，脚手架上施工时应做好防滑工作，进入雨期后，应加强对机械电器设备的检查工作。

五、冬期施工

1. 当室外温度平均温度连续 5 天低于 5℃时，按冬期施工规定规范采取相应措施。

2. 认真执行公司冬期施工的有关规定，检查现场冬期施工的所用物资准备情况和各项措施落实工作。

3. 冬期施工期间，混凝土应优先选用硅酸盐水泥或普通硅酸盐水泥，水灰比控制在小于 0.6，混凝土浇捣后其表面加盖草包养护，出现负温度时应覆盖三层草包。

4. 在砂浆搅拌前应清除砂石中的冻块，砖墙砌筑前应扫清砖面上的霜雪。

5. 存放石灰膏的池搭设防冻棚，冻结的石灰膏经融化后方能使用，但受冻脱水风化的严禁使用。

6. 钢筋预埋件、钢管等在负温条件下，运输应轻搬轻放，不准大堆重压，并要采取防滑措施。

7. 遇阵雪后必须将道路，脚手架和工作面上的积雪扫除，并做好防滑工作。

8. 应加强对现场变电间的管理，落实专人对电器设备进行定期检查，防止漏电，确保安全用电。

六、安全技术措施

1. 对新到工地的工人必须进行安全生产交底，工人上岗前须经过三级安全教育，增强班组安全生产意识和自觉性，严禁违章作业，杜绝各类事故发生。

2. 夜间期工必须有足够的照明灯光。

3. 施工现场醒目之处设置安全生产表牌和标语，提醒人们时刻注意安全生产，进入现场必须戴好安全帽，扣好帽带。

4. 绑扎钢筋和浇捣混凝土时，对所有电线，必须严格检查有否破损，以防漏电，发生意外。

5. 电动工具，电动机械应严格按一机一闸制连线。

6. 电器线路修理必须断电并挂上警告牌。

7. 严禁机电设备"带病运转"一切机电设备的安全防护装置都要齐全、灵敏、有效。

8. 车辆在场内调头，进出现场必须有专人指挥。

9. 机电设备必须专人操作，操作时必须遵守操作规程，特殊工种（电工、电焊工等）必须执证上岗，非专业人员严禁乱动电器，电器控制必须有防雨淋设施。

10. 现场电缆必须架空或埋设，各种电器控制设立三级漏电保护装置，每周检查一次电缆外层磨损情况。

11. 振动机操作者操作时必须带好绝缘手套。

12. 在上部结构施工时，脚手架须及时同步跟上，脚手架的拉接点每水平间距不大于5m，高度不大于3.6m设一道，拉接点严禁拆除，如特殊情况，并经施工员和安全员同意后方可拆除。

13. 特殊工种均需持证上岗，严整无证上岗。

14. 塔吊司机应严格遵守"十不吊"等有关的规定，司机必须持证上岗，并应有专职指挥工持证指挥。

15. 塔吊夜间作业必须有充足的照明。

16. 塔吊必须有可靠的接地，所有电气设备外壳都应与机体妥善连接。工作前应检查传动部分润滑油量，钢丝绳磨损情况及各种限位和保险装置等，如有不符要求，应及时修整。经试运转正常后方可正式施工。司机必须得到指挥信号后，方可进行操作，操作前司机必须按电铃，发信号。

17. 塔吊工作休息或下班时，不得将重物悬挂在空中，工作完毕，起重机应开到轨道中部位置停放，并用夹轨钳夹在轨道上，吊钩上升到限位，起重臂应转平行轨道的方向，所有控制器必须扳到停止位，拉开电源总开关。

18. 井架的底座必须安置在混凝土地基上，井架应设缆风绳一组（4~8根），缆风绳上端要用吊耳和卸甲连接，并用3只以上的钢丝绳夹紧固，井架搭至11m高度时必须设临时缆风，待固定或缆风设置后，方可拆除，缆风绳与地面应成为45°~60°。与地锚或桩头必须牢固连接，地锚和桩头要安全可靠。井架的立柱应垂直稳定，其垂直偏差应不超过千分之一，接头应相互错开，同一平面上的接头不应超过2个，井架导向滑轮与卷扬机绳筒的距离，带槽卷筒大于卷筒长度得15倍，无槽光筒应大于卷筒长度的20倍。

19. 井架运输通道宽度不少于1m，搁置点必须牢靠，通道两端必须装设防护栏杆，并装有安全门或安全栅栏，井架吊篮必须装有防堕装置、冲顶限位器和安全门，吊篮两侧装有安全挡板或网片，高度不得低于1m，防止手推车等物件滑落，吊篮的焊接必须符合规范。

20. 井架底层和四周应搭设双层隔离棚，井架必须装设可靠的避雷和接地装置，卷扬机应单独地接地并装设防雨罩，卷扬机应采用点动开关，井架和吊篮与每层楼面应有醒目的信号或标志，井架吊篮内严禁乘人，井架进行保养维修工作时，必须停止使用，井架的平撑、斜撑、缆风等严禁随意拆除，拆除井架，应先设置临时缆风，方可拆除顶层缆风绳，拆除井架要设置警戒区，并制定专人负责，操作人员必须佩带安全带。

七、防火安全措施

1. 必须严肃动火审批制度，无动火证，严禁动用明火作业。施工现场的焊割作业，必须严格遵守"十不烧"的规定，在动火现场一定要配备防火监护员。

2. 在施工焊割现场必须配备消防器材（每处至少 2 只"1211"灭火器）。在重点防火部位，如木工间，危险品仓库等处，必须要有防火制度牌和明显的禁烟标志和固定安置好灭火器。

八、降低成本的措施

1. 实行限额领料制度，节约材料。

2. 加强管理，降低各种材料的周转周期。

3. 对原材料、成品、制成品、预制件等严格把好质量关和数量关，做到优质量足，合理使用，合理堆放，注意保护。

4. 钢筋接头采用对焊和定向电渣压力焊，节约钢材用量。

5. 混凝土构件堆放场地平整压实，尽可能堆放在塔吊的回转半径内，减少场内二次搬运。

6. 结构施工时，严格按施工组织中划分的流水段竖向流水，不得乱裁木模，以节约木材。

7. 适当选用施工对象相适的技术组织合理维修，加强机具管理，这样可以大大减少器具的供应量和损耗量。

◈ 第八节　施工总平面图

施工总平面图是施工组织总设计的一个重要组成部分，本工程总平面图布置绘于图 8-19。

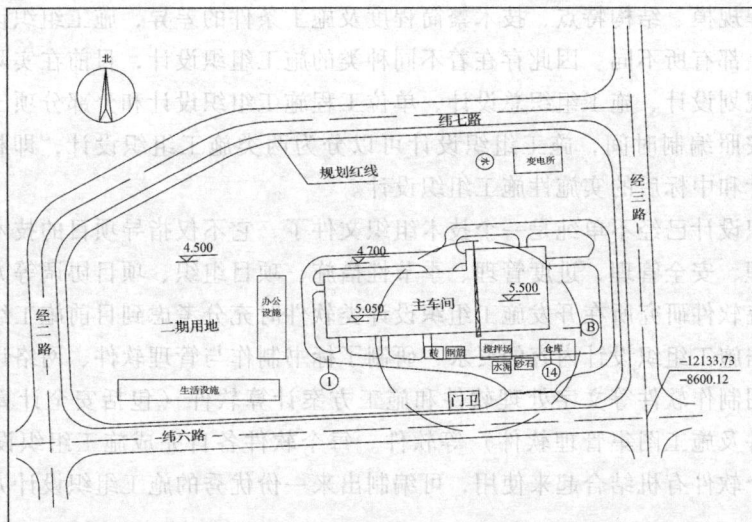

图 8-19　施工总平面图布置

第九章

PKPM 施工组织设计系列软件

中国建筑科学研究院建筑工程软件研究所主要研发领域集中在建筑设计 CAD 软件、工程造价分析软件、施工技术和施工项目管理系统、图形支撑平台、企业和项目管理信息化协同工作，创造了 PKPM 这一知名全国的软件品牌。

PKPM 系列建筑工程软件的施工类软件，包括施工项目管理和施工技术系列软件，系列的具体模块包括施工现场平面图绘制软件、项目管理软件、标书编制软件、深基坑支护设计软件、脚手架设计软件、模板设计软件、常用结构计算工具软件、地基处理软件、施工专项方案软件、施工现场设施安全计算软件（SGJS）、施工电子图集软件、临时用电方案软件等。

◈ 第一节　施工组织设计系列软件

一、施工组织设计类软件介绍

PKPM 施工系列软件由中国建筑科学研究院软件研究所开发，该软件结合国家标准规范，为施工技术人员对施工组织的设计提供了方便，提高施工现场管理效率，具有很强的实用性。

根据工程规模、结构特点、技术繁简程度及施工条件的差异，施工组织设计在编制的深度和广度上都有所不同。因此存在着不同种类的施工组织设计，目前在实际工作中主要有施工组织规划设计、施工组织总设计、单位工程施工组织设计和分部分项工程施工组织设计，如果按照编制时间，施工组织设计可以分为两类施工组织设计，即标前（投标）施工组织设计和中标后的实施性施工组织设计。

施工组织设计已经不单纯是一个技术组织文件了，它不仅指导项目的技术实施，而且指导质量管理、安全管理、进度管理、季节性措施、项目组织、项目协调等方面。中国建筑科学研究院软件研究所在开发施工组织设计类软件时充分考虑到目前施工组织设计技术的发展，根据施工组织设计内容的要求，研制了标书制作与管理软件、网络计划编制软件和现场平面图制作软件等文字处理软件和施工方案计算软件（包括安全计算软件，临时用电设计软件及施工图集管理软件）等软件。每个软件各自完成施工组织设计的不同部分，将这几个软件有机结合起来使用，可编制出来一份优秀的施工组织设计方案来。

二、施工组织设计类软件的界面

PKPM 施工系列软件主菜单如图 9-1 所示。

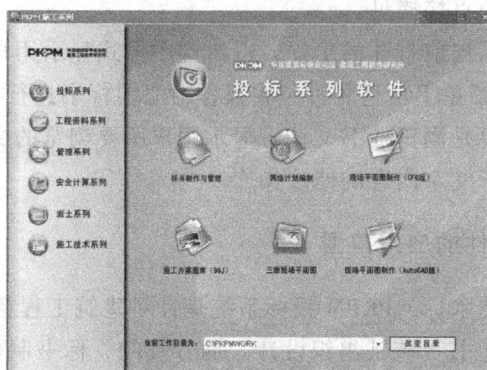

图 9-1　PKPM 施工系列软件主菜单界面

软件启动后主菜单分为投标系列、工程资料系列、管理系列、安全计算系列、岩土系列和施工技术系列六个。施工组织设计类软件主要在投标系列软件中，包括标书制作与管理、网络计划编制和施工平面图制作。

◈ 第二节　标书制作和管理软件

一、标书制作与管理软件界面

启动"标书系列"菜单下的标书制作与管理软件，首先跳出用户登录界面，输入密码后启动标书制作与管理软件，显示的软件界面如图 9-2 所示。

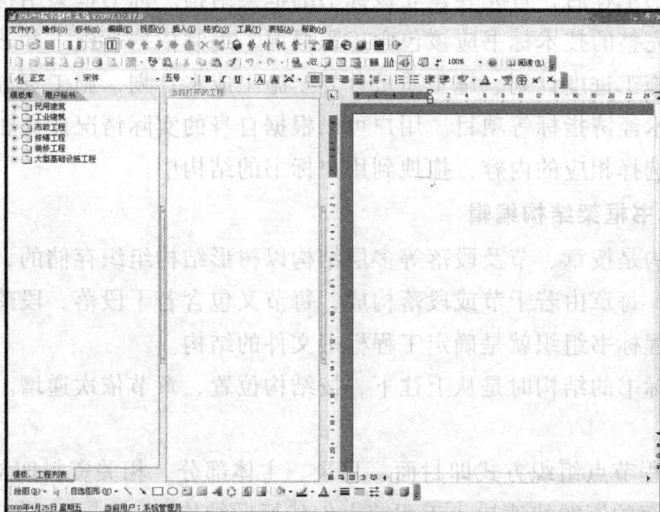

图 9-2　标书制作与管理软件操作界面

主界面由 WORD 菜单和"模板列表区"、"工程操作区"、"文档内容显示区"组成。

模板列表区中分为模板库和用户标书两个页签，在模板库页签中可以显示所有的软件自带的标书模板。用户可以利用标书模板对当前工程标书的结构进行初始化，并且可实现从标书模板到当前标书的直接拷贝。

工程操作区主要显示当前打开的工程，以树型图形式显示用户当前正在编辑的标书结构。用户可通过 WORD 菜单上所述各种编辑操作对当前标书进行标书结构的操作。

文档内容显示区主要是浏览标书文档，显示用户所要浏览的文档的具体内容，同时用户可以在这个区域内进行文字内容的修改操作。

二、标书制作与管理软件的应用范围

标书包括商务标和技术标，PKPM 投标系统是针对建筑工程招标投标，使用户能够准确、快速地编制出技术标书（施工组织设计）而开发的，标书制作软件是其中一款软件，其他软件还包括有网络计划制作软件和施工现场平面图制作软件，但是标书制作软件的使用，决定了技术标书制作的进度和最终的效果，对投标起着举足轻重的作用。

PKPM 标书制作管理系统是针对建筑工程招标投标，为了使用户能够快速、便捷地编制标书而开发的，它集标书制作与管理为一身，功能特点如下：

（1）提供标书全套文档编辑、管理、打印功能；

（2）根据投标所需内容，可从模板素材库、施工资料库、常用图库中，选取相关内容，任意组合，自动生成规范的标书及标书附件或施工组织设计；

（3）可导入 PKPM 施工系列其他模块生成的各种资源图表和施工网络计划图以及施工平面图等；

（4）系统还提供了劳动力、材料计划表及人事资料和设备资料管理。

1. 可建立完整的标书框架结构

新建一个标书工程后，首先要建立该标书的框架结构。标书框架结构即标书中的内容框架，通常一份完整的技术标书应该包含工程概况、编制依据、施工部署、主要分部分项工程施工方案、施工进度计划、施工质量计划、施工成本计划、施工资源计划、施工平面图布置、主要技术经济指标等项目。用户可以根据自身的实际情况建立相应的结构，然后从标书模板库中选择相应的内容，拖拽到用户标书的结构中。

2. 简易的标书框架结构编辑

标书文件结构是按章、节及段落等多层结构以树形结构组织存储的，即标书结构文件是由许多章组成，每章由若干节或段落构成，每节又包含若干段落，段落是标书结构的基本单位。设立工程标书组织就是确定工程标书文件的结构。

系统中确定标书的结构时是从上往下，按结构位置，章节依次递增。有三种方式可以进行编辑。

（1）按照工程节点组织方式即封面、目录、主体部分、相关资料四部分建立。

（2）利用现存的资源快速导入工程节点创建标题结构。

（3）展开模板分类，找到需要的模板，通过拖拽方式将模板中的节点复制到当前的工程。

3. 方便快捷的标书文档编辑

在编辑完标书的组织结构后，就可针对工程对标书的内容进行编辑，设置标书的格式，生成标书。标书的生成是在 WORD 中进行的。针对建筑行业标书的特殊要求，系统提供了施工工艺素材库，提供了常用的施工方法和质量管理措施，用户可方便地将它们的内容添加至自己的标书中。用户也可建立自己的库，将一些经常用到的内容添加到库中，这样随着您的使用，您会感到制作标书越来越简单、方便。

4. 丰富内容的资料库

资料库界面如图 9-3 所示。资料库不但可为标书文档编辑提供丰富的素材，而且还可以自己对资料库进行维护，用户可以执行添加、删除、浏览、更新的一些数据库的基本操作。有了资料库用户便可以方便地进行标书文档的制作与管理。

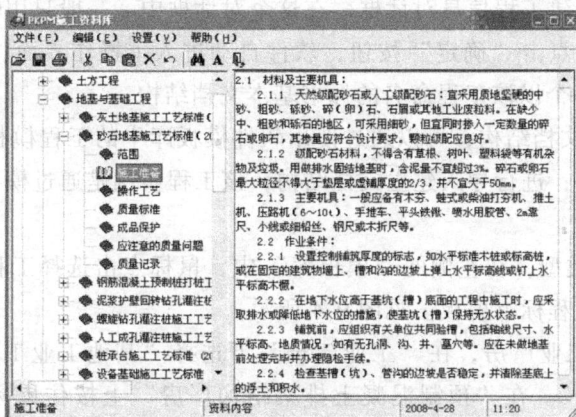

图 9-3 施工资料库界面

5. 方便的格式设置

标书格式设置可对标书的章节标题、页眉页脚及目录、页面和正文等在软件提供的"格式设置对话框"中进行封面、页眉页脚、目录以及正文的文字字体、字号和标题的统一设置，见图 9-6。

6. 提供人事资料管理、设备资料管理、机械设备计划表、劳动力计划表、材料计划表的管理

为方便用户快速生成标书和管理标书，系统提供了人事资料管理功能、按设备的类别存贮设备的基本信息功能，同时可以生成标书所需要的机械设备计划表、劳动力计划表、材料计划表。

三、标书制作实例

1. 工程概况

某工程项目由 2 栋二层厂房及部分辅助用房组成。其中 1 号厂房长 110m，宽 41m，总高度 13.2m，基础埋深 1.78m，2 号厂房长 110m，宽 35m，总高度 13.2m，基础埋深 1.78m，研发楼长 26m，宽 17m，总高度 10.5m，辅助楼长 16m，宽 13m，辅助用房长 27.84m，宽 12m，总高度 10.3m。本工程自然地面标高 3.58m，室内外高差长房为 0.2m，其余单体均为 0.3m，基础墙为 MU15 实心砖，上部按不同单体有多孔砖及小型混凝土空心砌块等多种形式。

该工程结构形式厂房为二层框（排）架结构，研发楼、辅助楼以及辅助用房为框架结构，门卫、水泵房、变电房为混合结构。

该工程设计耐火等级为二级，所有钢结构及构件均按二级耐火极限设计，施工时所有构件均应根据消防要求配置相应耐火极限的防火涂料和防火漆。

2. 软件操作

（1）第一步：新建工程和技术标文档结构

1）在软件主界面上点击"标书制作与管理"，软件进入主操作界面。点击新建工程按钮，软件会跳出新建工程信息对话框，在这个对话框中，一般只用输入工程名称，其他可以不用输入，然后点击"确定"按钮，软件自动进入主操作界面，同时在"当前打开的工程"栏中建立一个以该工程命名的标书基本文档结构。

2）细化技术标文档结构，可以通过使用软件模板库中的工程模板或者操作者原先做好的类似工程的标书；进行导入建立文档结构，该工程实例是通过模板库中的工程模板细化的文档结构。

① 根据工程的类型，在左侧的"模板库"中，鼠标点击选择工程类型，然后点击选择相应类型下面的工程标书模板。见图9-4所示。

② 该项工程是工业厂房，在"工业建筑"下选择"其他工业工程"，再选择"预制混凝土排架结构厂房"。在"预制混凝土排架结构厂房"上按住鼠标左键不放，拖动到"当前打开的工程"栏中，然后将鼠标拖放到新建工程名称上面，软件就会自动将工程模板中的所有的文档结构和内容，拷贝到当前的标书当中，见图9-5。

图9-4 模板库中各个工程模板类别　　　　图9-5 建立好的标书文档结构

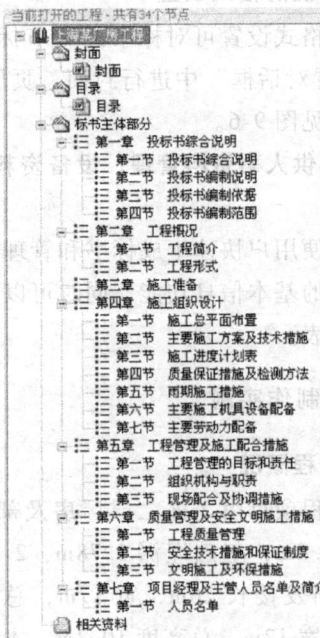

（2）第二步：标书内容编辑

文档结构建立好以后，下一步就是关键的技术内容的编辑，此时鼠标左键点击要进行编辑的章节名称，进入标书编辑的界面。同时软件还提供了施工资料库，可根据需要，进行复制粘贴。对于文字内容一般可以采用借鉴类似工程的办法，将类似工程的内容复制到文档结构中，然后结合实际工程的情况，编制相应的施工组织设计。

（3）第三步：标书的设置

标书编辑完成后，点击"格式设置"按钮进入标书格式设置界面，见图9-6。

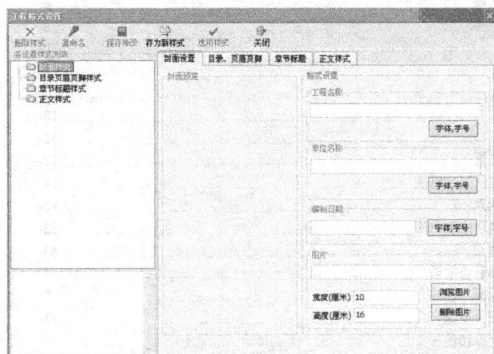

(a) 封面设置

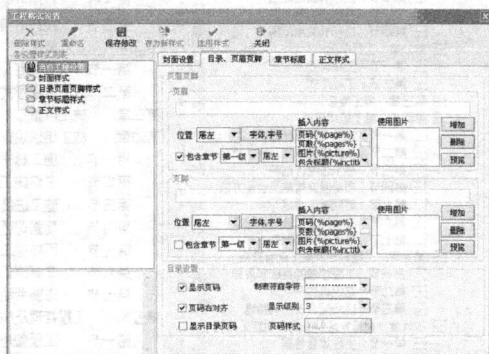

(b) 目录、页眉页脚设置

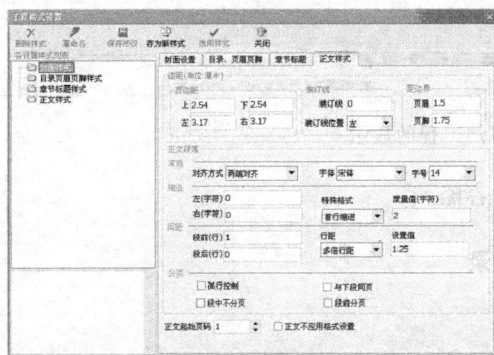

(c) 章节标题设置

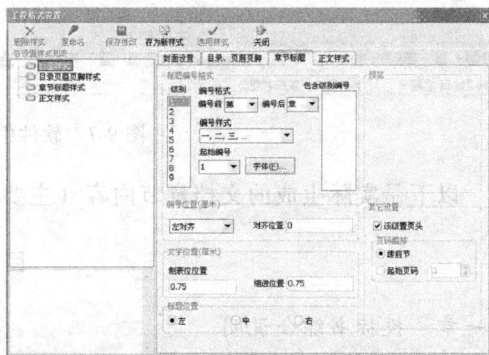

(d) 正文样式设置

图 9-6　工程格式设置对话框

可对标书进行封面，目录、页眉页脚，章节标题，正文样式四个设置，按照文字的提示进行相应的设置就可以了。

如果文件目录要多级显示，在章节标题项，选择需要显示的级别数，然后在右边的"标题样式"中选择需要的样式。

（4）第四步：标书的生成

标书格式设置好后，点击"生成标书"按钮，然后软件自动生成设置好的标书。

在生成的过程中，软件会自动打开 WORD 软件，形成完整的标书，见图9-7。

图 9-7　软件中实例工程的显示

以下是实际生成的文档章节内容（主要内容略）。

目　录

第一章　投标书综合说明

　　第一节　投标书综合说明

　　第二节　投标书编制说明

　　第三节　投标书编制依据

　　第四节　投标书编制范围

第二章　工程概况

　　第一节　工程简介

　　第二节　工程形式

第三章　施工准备

第四章　施工组织设计

　　第一节　施工总平面布置

　　第二节　主要施工方案及技术措施

◆ 第三节　网络计划编制软件

一、网络计划编制软件界面

　　选择"标书系列"菜单下"网络计划编制"项目,软件启动后显示的软件界面见图 9-8。

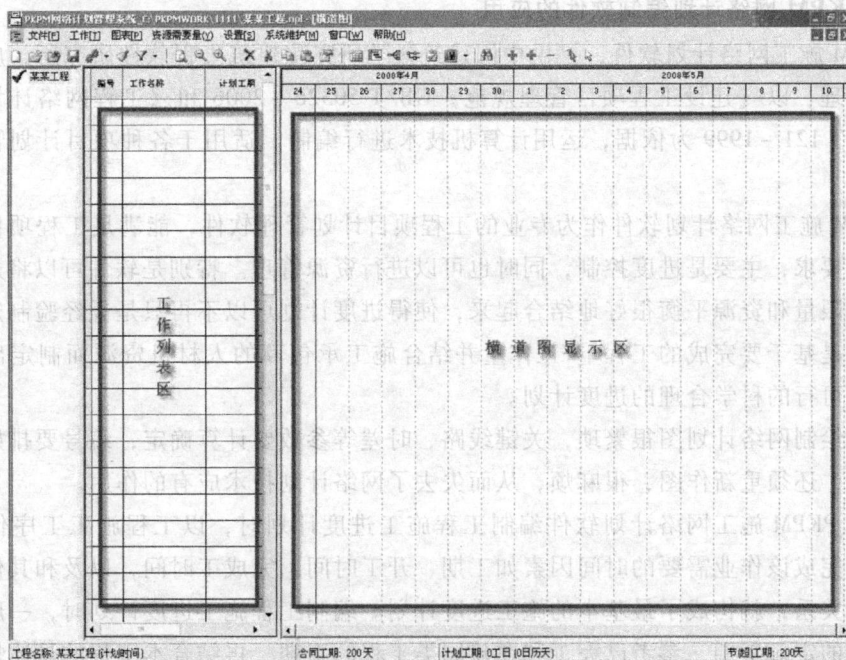

图 9-8　网络计划编制软件操作界面

主界面窗口主要由主菜单、工具条、"项目计划文件管理区"、"工作列表区"、"横道图显示区"和状态条几部分组成。

主菜单：主要用于工程的各项软件操作全部集合在此。

工具条：工具条上的命令，主菜单上都有命令与其对应。

项目计划文件管理区：将当前工程中所有的计划文件进行罗列，方便用户操作，同时也是用户对该工程项目下所有的计划文件进行修改、维护管理的窗口。

工作列表区：主要的操作区，进行当前计划文件工序的录入，并显示工序的相关信息。

横道图显示区：主要的操作区，显示每道工序的图形及搭接关系等图形信息，同时在此区域内可以进行搭接关系的操作等一系列的快捷操作。

二、网络计划编制软件的应用范围

1. 网络计划技术

网络计划技术以缩短工期、提高生产力、降低消耗为目标，可为项目管理提供许多信息，有利于加强项目管理。既是一种编制计划的方法，又是一种科学的管理方法。有助于管理人员全面了解、重点掌握、灵活安排、合理组织，经济有效完成项目目标。

网络计划是用网络图的形式来表述的，由箭头、节点和线路三个要素组成的。有双代号网络计划和单代号网络计划两种，支持 4 种逻辑关系：完工－开工（FS）、开工－开工（SS）、完工－完工（FF）、开工－完工（SF）。这四种逻辑关系包含了作业间可能发生的所有工艺和组织关系。

2. PKPM 网络计划编制软件的应用

PKPM 施工网络计划软件，是由中国建筑科学研究院建筑工程软件研究所，应用网络技术的原理，以《建设工程项目管理规范》GB/T 50326－2006 和《工程网络计划技术规程》JGJ/T 121－1999 为依据，运用计算机技术进行编制。适用于各种项目计划管理的智能化软件。

PKPM 施工网络计划软件作为专业的工程项目计划管理软件，能满足工程项目计划管理的许多要求，主要是进度控制，同时也可以进行资源管理。特别是软件可以将进度、资源、资源限量和资源平衡很好地结合起来，使得进度计划可以不再只是凭经验制定的定性计划，而是基于要完成的工程量/工作量并结合施工承包商的人材机资源而制定出来的定量的切实可行的科学合理的进度计划。

手工绘制网络计划图很繁琐，关键线路、时差等参数要计算确定，编号要排好，一旦漏画工作，还须重新作图，很麻烦，从而失去了网络计划技术应有的作用。

利用 PKPM 施工网络计划软件编制工程施工进度计划时，以工程施工工序作业为实体，加上完成该作业需要的时间因素如工期、开工时间，完成工时间，以及和其他作业之间的逻辑关系，就构成了最基本的施工进度计划。编制工程施工进度计划时，一般是根据相近工程的定额工期，参考已完工和在建同类工程的工期，再结合本工程的具体情况，如工程的自然和气候建设条件，综合考虑影响工程进度的设备提资、主要设备的供货能力、制造周期等因素，确定工程的总工期和开工完工时间，然后再编制工程的里程碑及总体控制性进度计划，最后编制各级施工进度计划。

编制工程施工进度计划的几种方法：

（1）直接新建进行施工进度网络计划图的绘制。

（2）利用软件"工作"菜单下提供的"从工程模板导入"的功能，快速建立好一个相似的工程进度计划，然后在这个进度计划上进行局部的修改，可以很快地作好工程进度计划，同时也可以对模板中的工程进度及工序模板进行编辑修改和添加新的模板，这样使用 PKPM 施工网络计划软件时间越长，积累的工程越多，在以后的工作中就可以很快地可以找到所需的工程进度计划，见图 9-9。

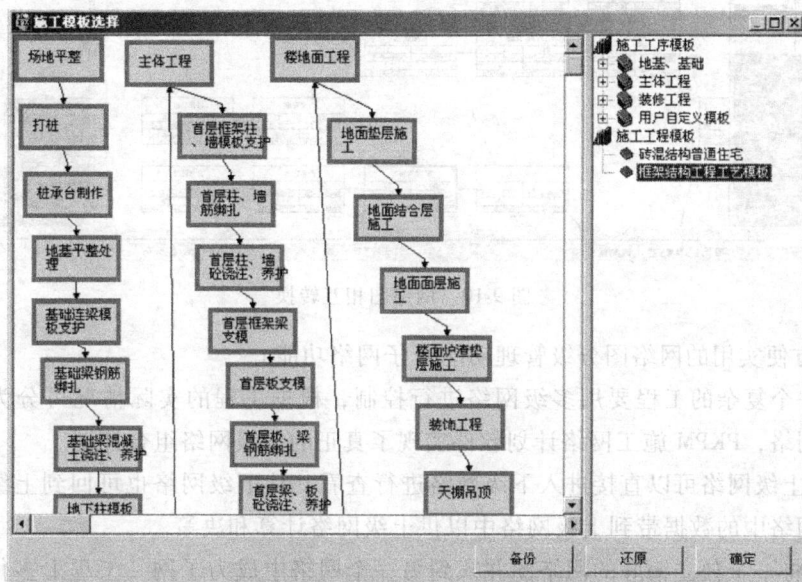

图 9-9　施工工序、工程模板

（3）还可以利用软件的导入功能，将原先利用别的软件（P3、Project 软件）做好的进度计划直接导入，同样可以起到事半功倍的作用。

在实际工作中，根据实际的工程情况可以随意按照上面的三种方法进行整体工程进度计划的安排，局部的计划可以利用前两种方法任意组合进行建立，还可以对其他工程的工序进行复制和粘贴。

3. PKPM 网络计划编制软件的特点

（1）灵活方便的作图功能

用 PKPM 施工网络计划软件做网络图，可以很方便地在软件操作界面上直接作网络图，可快速增加紧前工序和紧后工序。对关键线路及节点自动生成，网络图层次分明并可随意调整，网络图可随时转换成另一种形式：双代号逻辑网络图、时标网络图、时标逻辑网络图、横道图、单代号网络图、汇聚单代号网络图等，形成用户需要的网络计划图，见图 9-10。

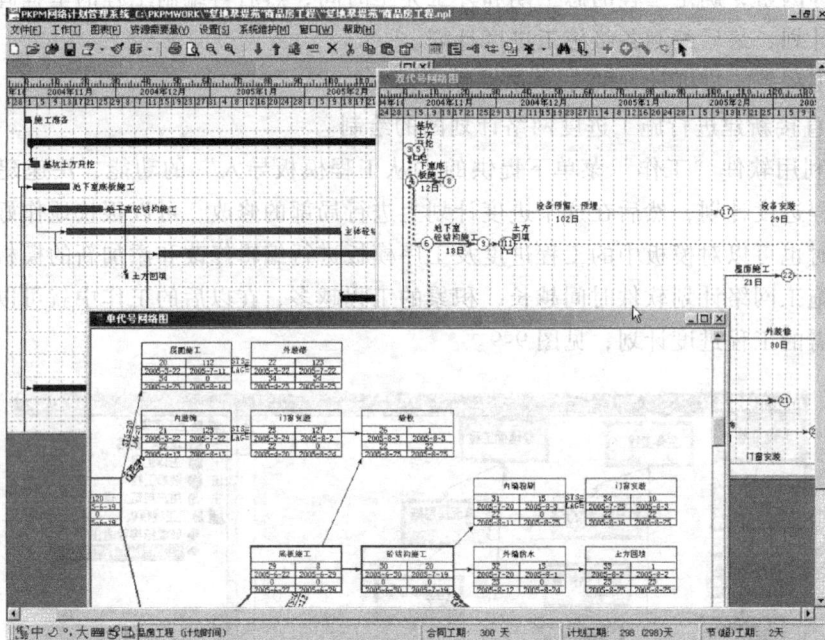

图 9-10　网络图相互转换

（2）方便实用的网络图分级管理功能（子网络功能）

通常一个复杂的工程要用多级网络进行控制，根据工程的实际情况可分为一级、二级、多级网络，PKPM 施工网络计划软件实现了真正的分级网络组合计划。

1）从上级网络可以直接进入下级网络进行查看，从下级网络也可回到上级网络，并且将下级网络中的数据带到上级网络中以供上级网络计算和决策。

2）可将一个独立编好的网络图并入到另一个网络中成为子网。工程上多任务、多工种以及分包工程都可以做相对独立网络，然后并入上级网中成为子网。

3）可随意将子网展开并成为主网的一部分，也可将主网中的相对独立的一部分合并成为下级子网，这样根据工程实际进展情况和重要程度不同进行动态的分级管理。

4）子网的分离功能、显示层次结构功能、建立、删除功能会使子网操作灵活自如。见图 9-11。

（3）瞬间即可生成流水网络

用 PKPM 施工网络计划软件可方便生成流水网络，只要做好一个标准层的工序安排，将其全部选中，然后点击鼠标右键，选择"流水施工"软件就会将其他层自动生成普通流水网络或小流水（分层分段的立体流水）网络（小流水施工法对工期控制非常有效），自动带层段号，见图 9-12。

（4）网络计划图形的灵活编辑

PKPM 施工网络计划软件给大家提供的是可见即可得的简易图形编辑功能，这样大家在显示图形的时候就已经知道最后打印的结果了，很方便使用。可方便设置文字字体，图形颜色和时间坐标等。对比结果见图 9-13。

194

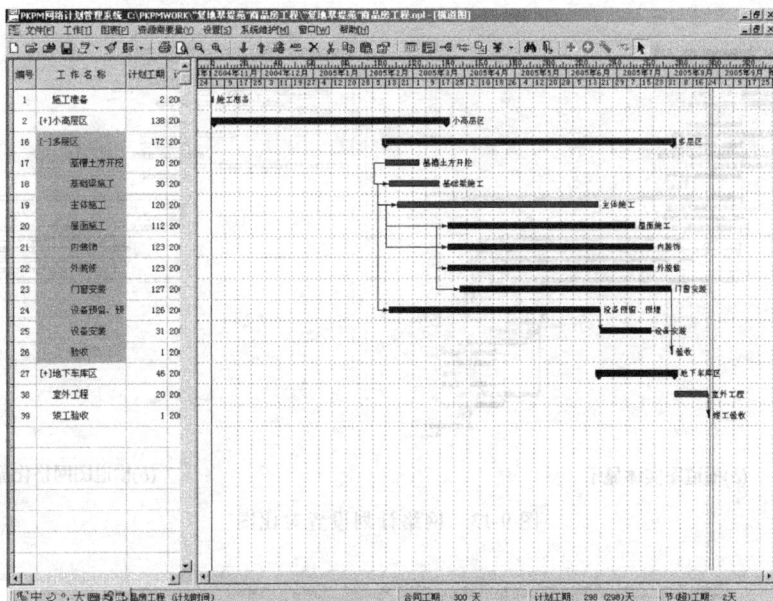

图 9-11　子网展开图

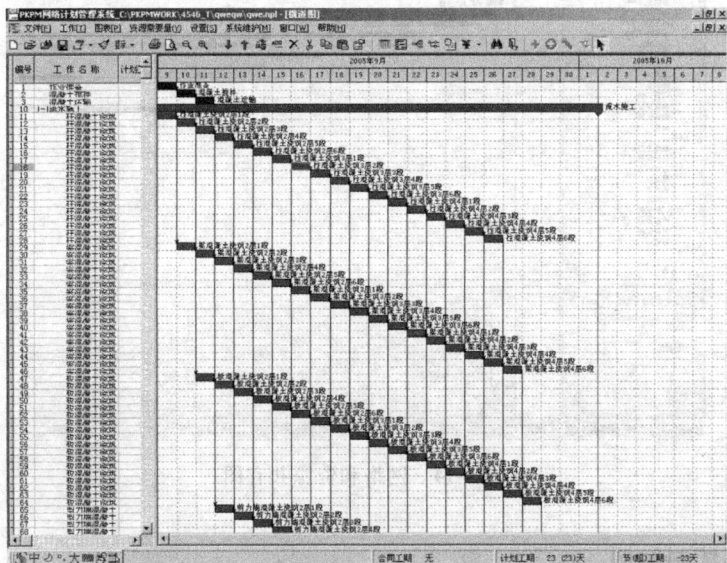

图 9-12　流水施工段图

（5）资源图形的显示和编辑

PKPM 施工网络计划软件给客户提供了方便的资源浏览功能，同时可以对资源图进行单独的打印，以及资源图和网络计划图可以同时显示和打印，以及单独的资源和网络计划图进行组合打印。并提供各种资源表格，在输入完工程量选定好定额后点击计算资源，然后就可以通过菜单栏中"资源需要量"选取所需要的表格，软件会自动进行计算给出各种表格数据。见图 9-14。

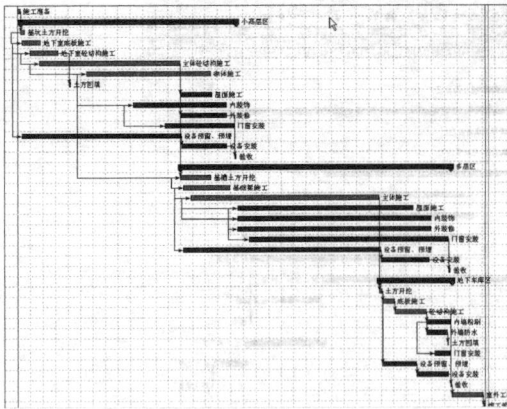

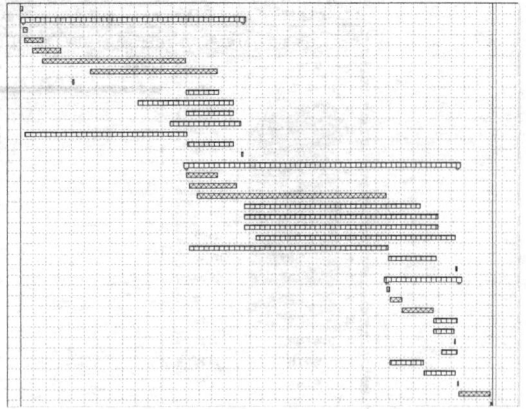

(a)横道图实体显示   (b)横道图网格化显示

图 9-13   网络计划设置对比图

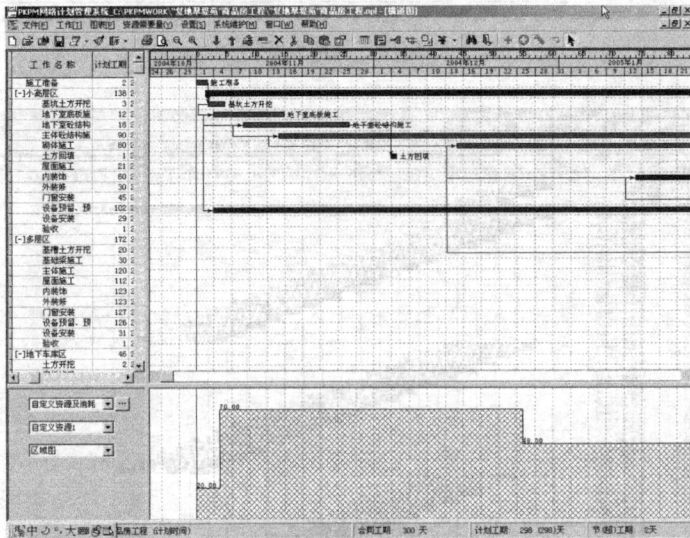

图 9-14   网络和资源共有图

三、网络计划绘制案例

1. 工程概况

某学校新建工程位于某工业园区内，整个基地西、南临交通干线，东面为别墅住宅区，北面有一条约 10m 宽新辟建的道路，道路北面是居民小区。整个基地平面形状呈现正方形，施工场地目前三通一平已基本完成，施工临时用水用电已由建设单位接至施工现场边缘，水管的直径为 Φ200，电源为 200kW，均能满足施工临时用水用电要求。本工程进出场道路宽 8～10m。

主要单体工程建筑概况见表 9-1。

主要单体工程建筑概况一览表　　　　　　　　　　　　　　　表 9-1

工程名称	类型	面积	层数	基础形式
教学楼 A 区	框架	9434.86	地上 4 层	独立承台桩基础
教学楼 B 区	框架	7450.73	地上 4 层	独立承台桩基础
教学楼 C 区	框架	4950.96	地上 4 层	独立承台桩基础
风雨操场	框架	5034	地上 2 层	独立承台桩基础
主门卫	砖混	28.57	地上 1 层	钢混凝土条形基础
次门卫	砖混	43.99	地上 1 层	钢混凝土条形基础
厕所	砖混	118.40	地上 1 层	独立柱基础

本工程结构安全等级为二级；地基基础安全等级为二级；混凝土环境类别：基础为二 a 类；上部结构为一类。本工程基础与主体结构的设计使用年限为 50 年。本工程抗震设防类别为丙类，设防烈度为 7 度，框架抗震等级为三级。本工程二类建筑，耐火等级二级。

结构主体各部分混凝土：圈梁，过梁，构造柱为 C20；垫层为 C10，厚度为 100mm；其余均采用 C30 混凝土。

其中教学楼位于地块东侧，由 A 区教室楼、B 区实验楼、管理室及 C 区计算机、多媒体室三部分组成，相对独立，环廊连通，层高 3.90m，建筑总高度 16.65m；风雨操场位于地块北侧，建筑总高度 19.3m；主门卫位于地块东北角，层高 3.9m；次门卫位于地块东南角，层高 3.9m；厕所位于地块西北角，层高 3.9m。

（1）教学楼

墙体：±0.000 以下填充墙采用 MU10 小型混凝土空心砌块、M10 水泥砂浆砌筑，砌块空洞用 C20 细石混凝土灌实；±0.000 以上填充墙采用 MU10 小型混凝土空心砌块、M5 混合砂浆砌筑。

屋面：高聚物改性沥青防水卷材。

门窗：彩色铝合金窗。

外墙面：为外墙涂料和玻璃幕墙系统相结合；内墙面：涂料、面砖。

楼地面：细石混凝土、防滑地砖。

平顶：涂料平顶；PVC 吊顶。

（2）风雨操场

墙体：±0.000 以下采用 240 厚 MU15 机制砖，M10 水泥砂浆砌筑。±0.000 以上均采用 200 厚 MU10 加气混凝土块，M7.5 混合砂浆砌筑。

屋面：屋面防水等级为 II 级。

门窗：铝合金门窗。

外墙：涂料。内墙面：面砖，乳胶漆。

楼地面：彩色水磨石，水泥地面，防滑地砖，石塑地板。

天棚：轻钢龙骨石膏板吊顶，防霉涂料。

钢结构：二层外墙面及屋面均采用网架结构。

2. 软件生成的网络计划图 (图 9-15)

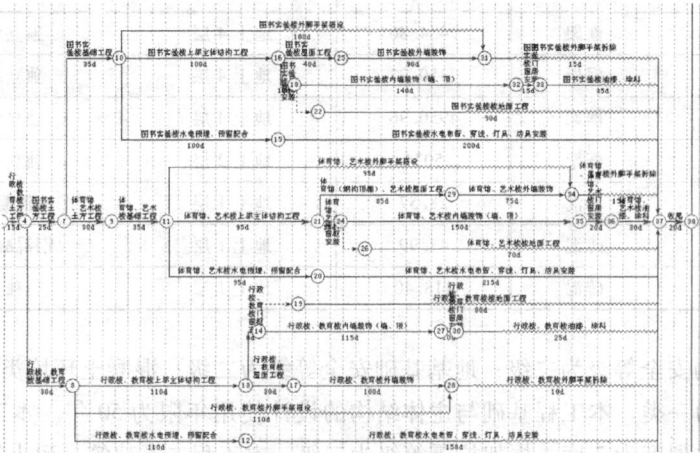

图 9-15 网络计划实例

◆ **第四节 施工平面图制作软件**

一、施工平面图制作软件界面

选择"标书系列"菜单下"施工平面图制作（CFG 版）"项目，软件启动后显示的软件界面如图 9-16 所示。

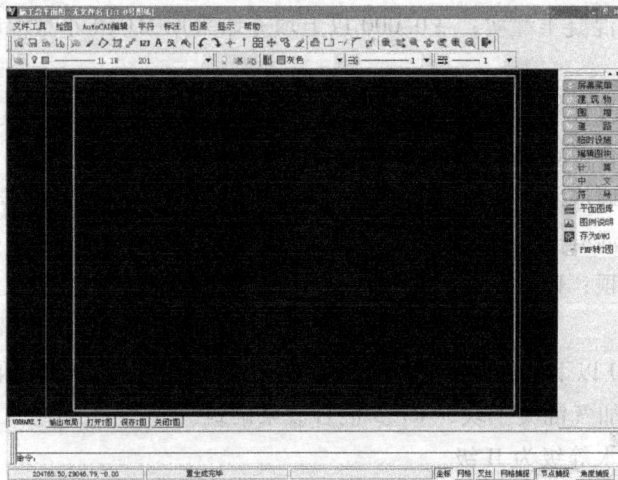

图 9-16 施工平面图制作（CFG 版）软件操作界面

主界面窗口中主要由菜单栏、工具栏、命令栏、绘图区及主要功能按钮区组成。

菜单栏、工具栏主要提供文件的操作和编辑图形的各种命令及快捷按钮。

绘图区是主要的图形编辑操作区域，所有的图形编辑都在此区域内完成，同时可以通过该区域查看施工现场平面图的绘制效果。

主要功能按钮区是整个软件的核心区域，在这个区域内包含了绘制施工现场平面图所需要的全部功能按钮，通过这个区域的使用，可以很轻松地绘制出施工现场平面图。

二、施工现场平面图软件的特点

建筑施工总平面布置图是根据已经确定的施工方法、施工进度计划、各项技术物资需用量计划等内容，通过必要的计算分析，按照一定的布置原则，考虑技术上可能和经济上合理，将建筑物和设施等合理布置在平面图上。本软件在具有自主版权的通用图形平台上，提供的设计功能，包括从已有建筑生成建筑轮廓、建筑物布置，绘置道路和行道、绘制围墙、绘制工程管线、仓库和加工厂，标注各种图例符号，临时办公、生活、仓储、加工等场地面积以及临时施工的水、电计算功能，可以方便、快捷地绘制施工平面图。

确定建筑物轮廓线的绘制形式，可进行任意轮廓和矩形轮廓的输入，也可直接读取 PKPM 设计数据的 PM 轮廓，同时可进行图案填充、建筑层数确定及对建筑物轮廓线的移动、旋转、复制、缩放、删除等编辑功能道路、围墙任意确定路宽、路弯半径、围墙方向、间隔大小、大门位置等，并可随时进行修改。见图 9-17。

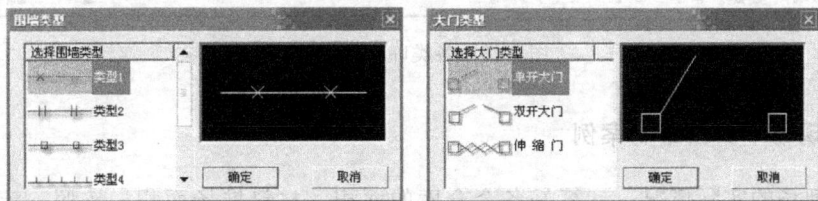

图 9-17 软件提供的各类围墙及大门图块

临时设施利用参考指标确定加工厂、作业棚、临时房屋的面积及尺寸，并进行布置根据施工需求可计算各类仓库的储备量，从而确定仓库面积、图例及尺寸，并进行布置。见图 9-18 所示的仓库计算功能。

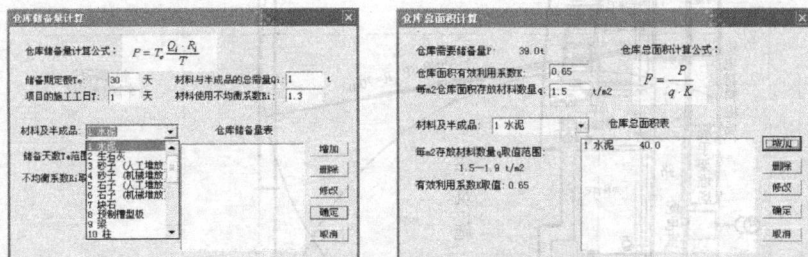

图 9-18 仓库储备量、面积计算

提供多种常用设备包括各类起重设备的图例，方便绘制自动生成图形中所需的图例说明。见图 9-19 所示的各种常用的设备图块。

可自动进行供水量、供水管径、水头损失、临时给水、供电量、供热量、围墙面积、容积率的计算，并得出标准计算书可调用、编辑大量建筑图库、用户图库。见图 9-20 所示的软件提供的各类临时计算功能。

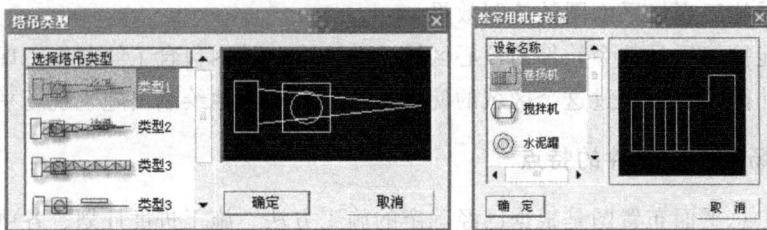

图 9-19　各种常用设备

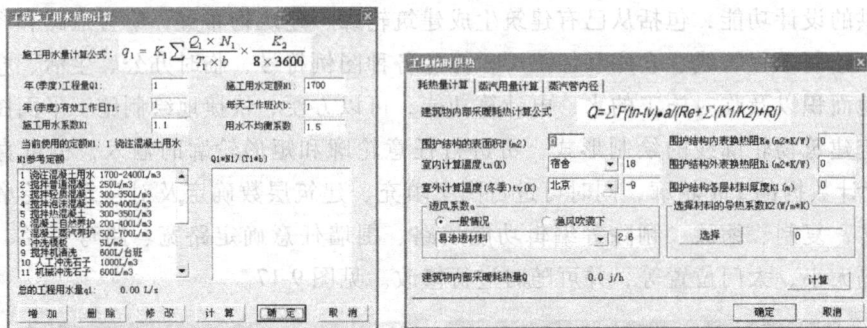

图 9-20　各类临时计算功能

三、施工现场平面图绘制案例

根据现场的实际情况，计算好各个仓库的面积，材料堆场面积，按照一定的布置原则，考虑技术上可能和经济上合理，将建筑物和设施等合理布置在平面图上。图 9-21 显示实际的工程案例效果。

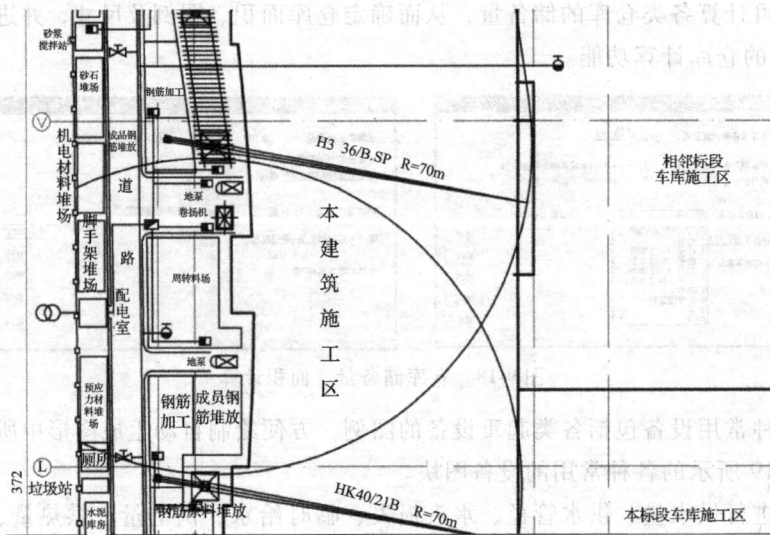

图 9-21　施工现场平面图实例

200

◆ 第五节　临时用电设计软件

临时用电施工组织设计是施工现场临时用电的指导性文件，也是开工前必须做的一项重要工作。临电设计是否合理直接关系到用电人员的安全，同时也影响着施工现场的用电质量和工程进度。因此《施工现场临时用电安全技术规范》中规定：临时用电设备在 5 台及 5 台以上或设备总容量在 50kW 及 50kW 以上者，应编制临时用电施工组织设计。

临电设计应包括的内容有：现场勘测，确定电源进线、变电所或配电室、配电装置、用电设备位置及线路走向，进行负荷计算，选择变压器，设计配电系统，设计防雷装置，确定防护措施，制定安全用电措施和电气防火措施。依据工程特点和进度编制一个好的临时用电施工组织设计来规范施工现场用电组织工作，保障施工用电安全是施工现场安全管理工作的一个重要课题。

一、临时用电设计软件界面

点击施工系列软件主界面中的临时用电设计软件模块，进入该软件，主界面见图 9-22。

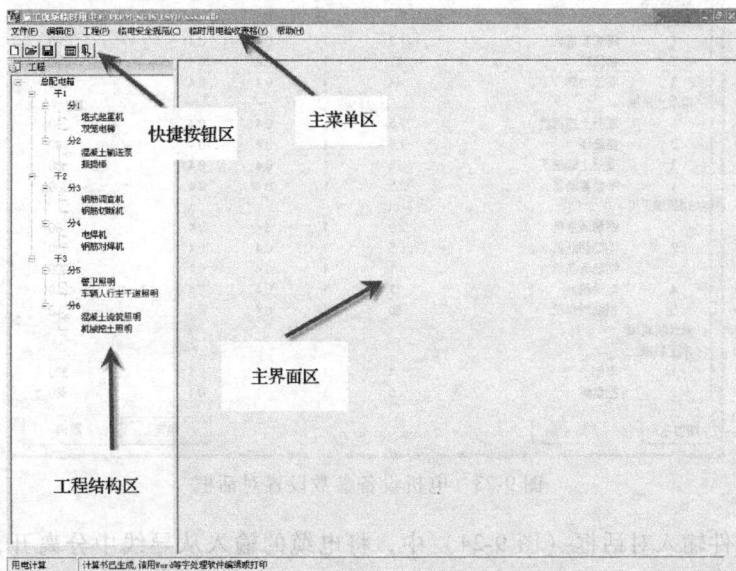

图 9-22　临时用电设计软件界面

主界面由主菜单区和工程结构区、快捷按钮区、主界面区组成。

主菜单区中包括文件、编辑、工程、临电安全规范、临时用电验收表格和帮助六个菜单项。"工程"菜单主要用于各电器件的参数设置和用电计算。"临电安全规范"菜单将《施工现场临时用电安全技术规范》中的规定写入了软件，用于查询规范中的各种规定。"临时用电验收表格"菜单中提供了常用的临时用电检验验收表格，供用户在工作中使用。

工程结构区主要显示当前打开的工程，在此以树型结构形式显示用户当前正在编辑的临时用电布置线路结构。

主界面区是显示各个参数对话框和最后施工临时用电设计方案的地方。

二、临时用电设计软件特点

PKPM 临时用电软件用于进行施工现场用电负荷计算，依照计算结果选择变压器容量、导线截面、自动开关、熔断器，漏电保护器等电器产品，最后自动编制临时用电组织设计，绘制临时供电施工图。

1. 用电设备及电器元件的设置

在进行设计计算之前，要先对施工现场所使用的电机、导线、开关等设备进行设置，临时用电设计软件将电动机和电器元件的设置分开了，制作成一个带设备名和型号的多级表格，可以在定义开关箱中设备时点击选择，这样更加方便用户进行基础设备参数的输入。见图 9-23。

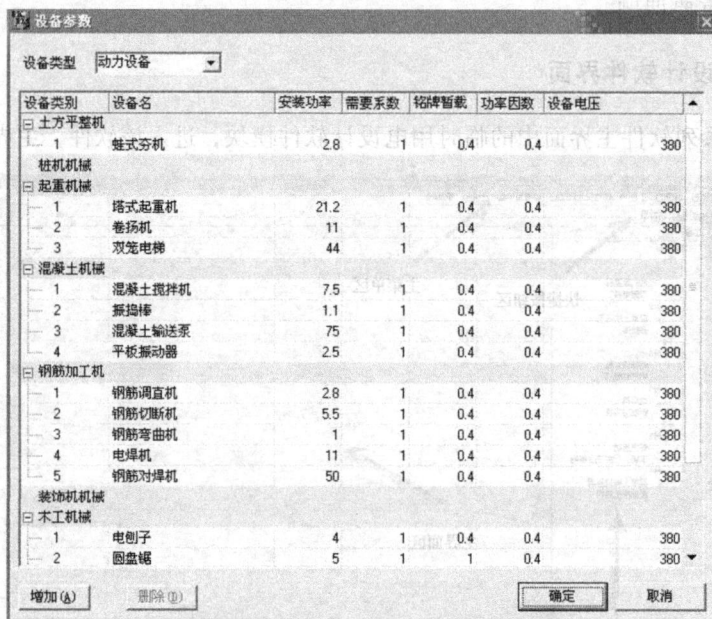

图 9-23　电机设备参数设置对话框

在电器元件输入对话框（图 9-24）中，将电缆的输入从导线中分离开，进行独立的输入，这样用户在输入的时候就不容易混淆了。

2. 工程基本情况的设置

为了进行用电的计算，必须考虑现场的一些实际情况，因此要进行现场参数的输入，包括导线温度，三级用电的需要系数等等。见图 9-25。

工程基本情况对话框中，还有漏电保护级别的选项和开关的选择，用户可以按照三级用电三级保护，或者是三级用电两级保护进行选择；对于小于 5.5kW 的电器用户可选择使用自动开关或刀开关，使用刀开关的要加熔断器；对于导线的使用进行了细分，可以在总线和总箱至分电箱以及分电箱至电机的线路上使用不同的导线类型，使得同一工程中各种导线可以混排，同时对相应的导线可以进行材料和铺设方式的设置。

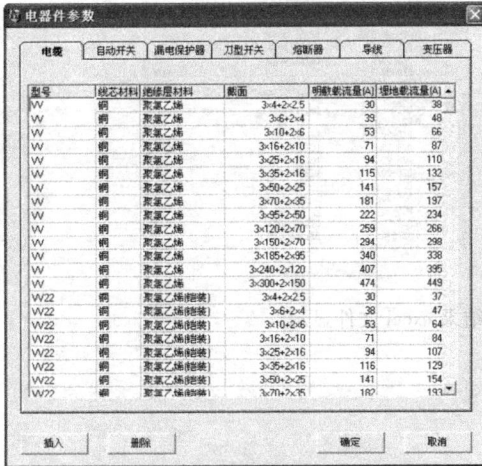

图 9-24　电器件参数设置对话框

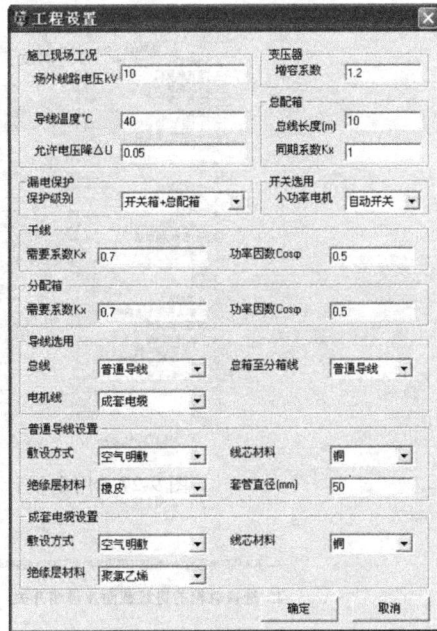

图 9-25　工程现场参数设置对话框

3. 进行工程用电设备的分配设置

设置好施工现场的各种电器元件和工作条件后，就可以进行工程的临时用电方案的设计了，软件采用的是树形节点方式表现，总电箱—分配箱—开关箱的从属关系一目了然，而且对这个树形图进行了优化，用户可以直接在图形上看到开关箱中的设备情况，见图 9-26。

软件中，包括照明用电的计算，照明用电可以有单独的照明线路，照明线路下所有分配箱和开关箱均按照明用电计算，同样也可以在配电箱中设置照明用电开关箱，这个用户根据自己现场的实际情况进行设定。

4. 临时用电的设计计算

点击"用电计算"命令即可进行临电设计的计

图 9-26　临时用电方案设置树状图

算，此时跳出一个计算结果对话框，这个对话框按照客户提出的需求，进行了可以导出成 excel 文件格式的功能的增加，点击"输出到 EXCEL"按钮，就可以将相同的格式导成 excel 文件（见图 9-27），方便用户使用。

软件还可以对总箱进线截面及分配箱到开关箱导线截面的电压降进行计算（见图 9-28）。

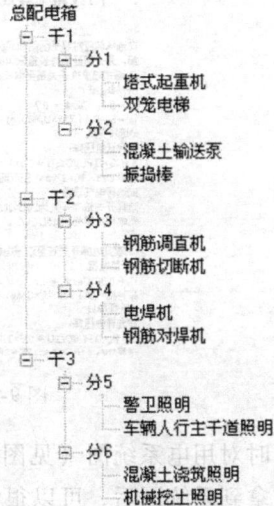

	项目	功率(kW)	电流(A)	变压器	导线	零线	地线	开关	熔断器	漏电保护器
1										
2	总配箱	137.69	209.2	SLT-200/10	BX-3×70	35		35 DZ10-600/3		DZ15L-100/3
3	塔式起重机		13.8		VV3×10+2×6			DZ15-20/3		DZ15L-30/3
4	双笼电梯		28.65		VV3×10+2×10			DZ15-40/3		DZ15L-30/3
5	混凝土输送泵		48.84		VV3×16+2×10			DZ10-100/3		DZ15L-63/3
6	振捣棒		0.72		VV3×10+2×6			DZ5-20/3		DZ15L-30/3
7	分1至第1组电机		42.46		VV3×10+2×6			DZ15-40/3		
8	分2至第2组电机		53.14		VV3×16+2×10			DZ5-20/3		
9	分1	138.69			BX-3×35	16		16 DZ10-250/3		DZ10L-100/3
10	分2	173.57			BX-3×50	25		25 DZ10-250/3		DZ10L-100/3
11	干1	312.26			未选择	0		0 DZ10-600/3		DZ15L-30/3
12	钢筋调直机		1.82		VV3×10+2×6			DZ5-20/3		DZ15L-30/3
13	钢筋弯曲机		3.58		VV3×10+2×6			DZ5-20/3		DZ15L-30/3
14	电焊机		11.14		VV3×10+2×6			DZ5-20/3		DZ15L-30/3
15	钢筋对焊机		32.56		VV3×10+2×6			DZ5-50/3		DZ15L-40/3
16	分3至第3组电机		8.99		VV3×10+2×6			DZ5-20/3		
17	分4至第3组电机		87.4		VV3×16+2×10			DZ10-100/3		
18	分3	29.35			BX-3×10	6		6 DZ5-20/3		DZ15L-30/3
19	分4	259.51			BX-3×95	50		50 DZ10-600/3		DZ10L-100/3
20	干2	288.87			未选择	0		0 DZ10-600/3		
21	夜工照明		0.94		VV3×10+2×6			DZ5-20/3		DZ15L-30/3
22	车辆人行主干道照明		1.69		VV3×10+2×6			DZ5-20/3		DZ15L-30/3
23	混凝土浇筑照明		0.84		VV3×10+2×6			DZ5-20/3		DZ15L-30/3
24	机械挖土照明		0.84		VV3×10+2×6			DZ5-20/3		DZ15L-30/3
25	分5至第4组电机		2.53		VV3×10+2×6			DZ5-20/3		
26	分5至第5组电机		10.13		VV3×10+2×6			DZ5-20/3		
27	分5至第6组电机		6.75		VV3×10+2×6			DZ5-20/3		
28	分5	31.91			BX-3×10	6		6 DZ5-20/3		DZ15L-30/3
29	分6	17.02			BX-3×10	6		6 DZ15-40/3		DZ15L-30/3
30	干3	48.92			BX-3×10	6		6 DZ10-100/3		
31										

图 9-27 用电设计计算结果 excel 文件显示

求，其高压侧电压为10kV同施工现场外的高压架空线路的电压级别一致。

4. 选择总箱的进线截面及进线开关

(1)选择导线截面：上面已经计算出总计算电流I_H = 209.2A，查表得导线架空敷设，40℃ C时铜芯橡皮绝缘导线BX-3×70+2×35，其安全载流量为225.31A，验算满足使用要求。
按允许电压降：
$S = K_p×Σ(PL)/CΔU = 1×3056/(77×5) = 7.94mm^2$
(2)选择总进线开关：DZ10-600/3，其脱扣器整定电流值为I_t = 480A。
(3)选择总箱中漏电保护器：未选择。

5. 干1线路上导线截面及分配箱、开关箱内电气设备选择

在选择前应对照平面图和系统图先由用电设备至开关箱计算，再由开关箱至分配箱计算，选择导线及开关设备。分配箱至开关箱，开关箱至用电设备采用铜芯聚氯乙烯绝缘电缆线空气明敷。
(1)塔式起重机开关箱至塔式起重机导线截面及开关箱内电气设备选择
i)计算电流
$K_x = 0.3$，$Cosφ = 0.7$
$I_H = K_x×P_k/(1.732×U_x×Cosφ) = 0.3×21.2/(1.732×0.38×0.7) = 13.8A$
ii)选择导线
按允许电压降：
$S = K_p×Σ(PL)/CΔU = 0.3×1060/(77×5) = 16.01mm^2$
选择VV3×10+2×6，空气明敷其安全载流量为41.9A。室外架空铜芯电缆线按机械强度的最小截面为10mm²，满足要求。
iii)选择电气设备
选择开关箱内开关为DZ5-20/3，其脱扣器整定电流值为I_t = 16A。
漏电保护器为DZ15L-30/3。

(2)双笼电梯开关箱至双笼电梯导线截面及开关箱内电气设备选择
i)计算电流
$K_x = 0.3$，$Cosφ = 0.7$
$I_H = K_x×P_k/(1.732×U_x×Cosφ) = 0.3×44/(1.732×0.38×0.7) = 28.65A$
ii)选择导线
按允许电压降：
$S = K_p×Σ(PL)/CΔU = 0.3×2200/(77×5) = 16.01mm^2$
选择VV3×10+2×6，空气明敷其安全载流量为41.9A。室外架空铜芯电缆线按机械强度的最小截面为10mm²，满足…

图 9-28 临时用电设计方案中总箱计算部分

同时对用电系统图（见图9-29）进行了优化，将三级用电用虚线框进行区分，这样用户在拿到系统图后，可以很清晰地看到三级用电的分配情况。

5. 其他功能

（1）对于没有选择成套电缆线的按规范要求自动选择零线和接地线截面，试算后可以更改零线、地线截面。

（2）等截面的相线、零线、接地保护线可以合并。

（3）各个参数均有浮动提示框，只要将鼠标放至相应的参数输入框上，就会自动弹出，用以说明参数的意义和建议值，给用户提供一个参考的信息。

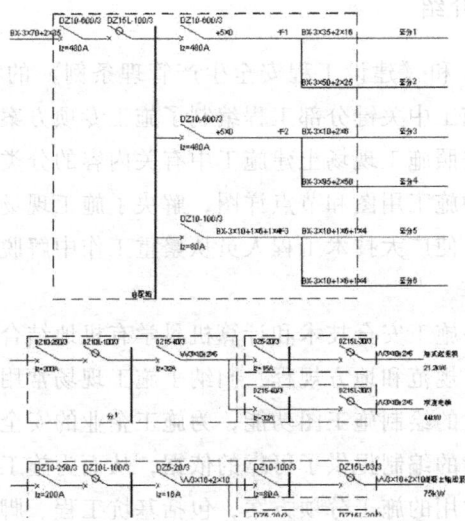

图 9-29　临时用电设计系统图

◆ 第六节　施工专项方案软件

一、施工专项方案软件界面（图 9-30）

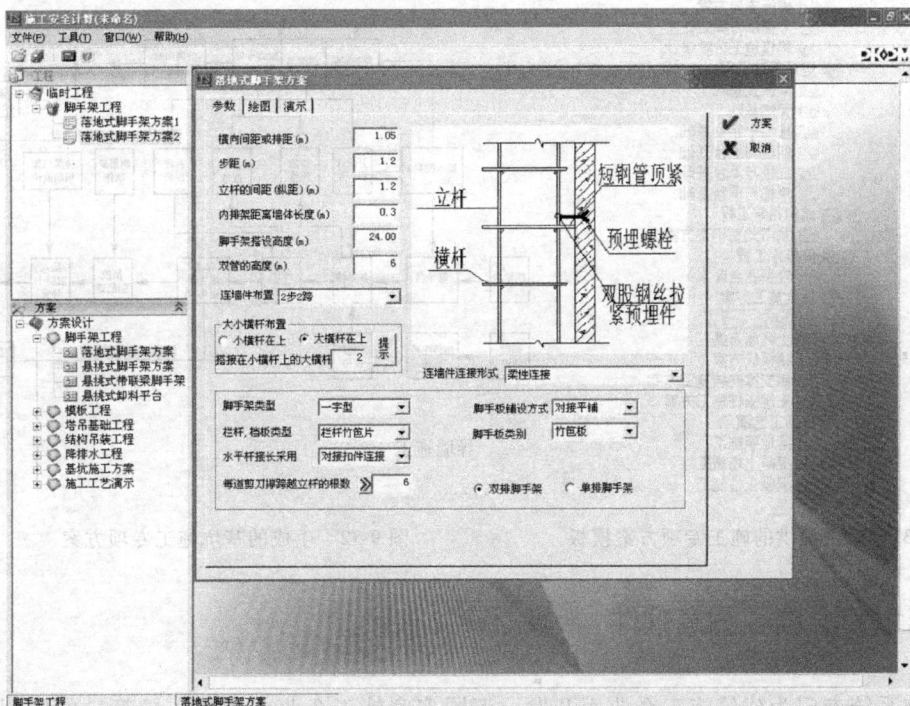

图 9-30　施工专项方案软件界面

二、施工专项方案软件介绍

根据《安全生产法》和《建设工程安全生产管理条例》的有关规定，结合施工中的各种规范要求，对建筑施工中关键分部工程编制了施工专项方案软件。

施工专项方案软件按照施工现场土建施工中有关内容的分类，快速准确地生成专项方案，并在方案中插入各种施工用图和节点详图，解决了施工现场广大技术人员在施工前编制专项方案繁琐的问题，使广大技术工程人员从繁重工作中解脱出来，更多投入到施工技术的研究上来。

施工专项方案软件将施工安全技术和计算机科学有机地结合起来，针对施工现场的特点和要求，依据有关国家规范和地方规程，归纳了施工现场常用的分部分项工程进行参数设置和分析，并提供强大的绘制施工图功能，为施工企业的安全技术管理提供了便捷的工具，也为总施工组织设计的编制提供了可靠的依据，从而为施工安全提供了保障。

软件提供施工现场常用的施工分项方案，包括基坑工程、脚手架工程、模版工程、塔吊施工方案工程、起重吊装工程、降排水工程等部分的方案供施工现场技术人员参考。见图 9-31、图 9-32。

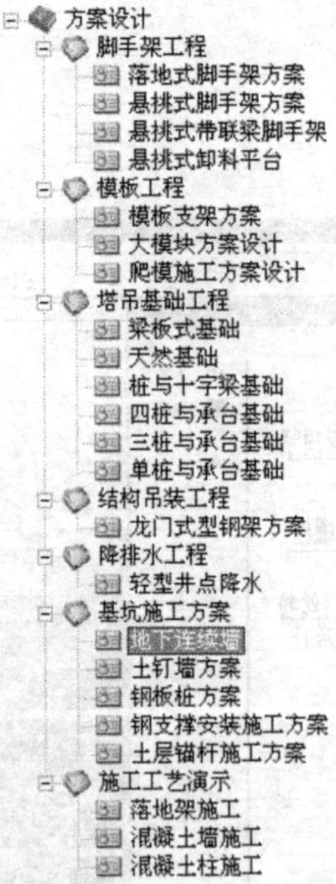

图 9-31　软件提供的施工专项方案模板 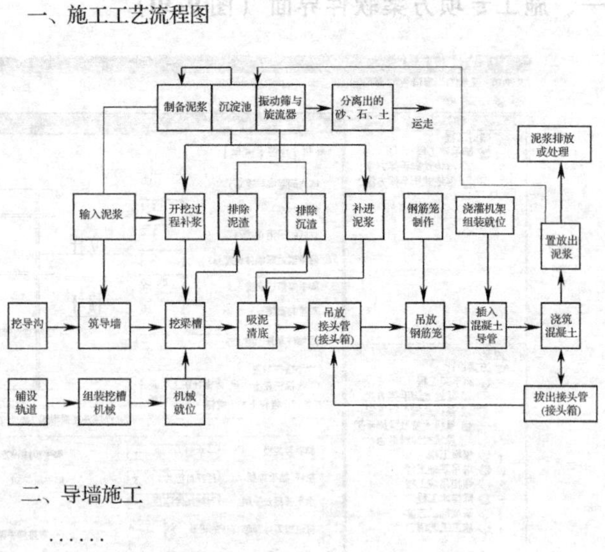　　　图 9-32　生成的基坑施工专项方案

◆ 第七节　施工图集软件

该系统专门为建筑施工企业而开发，汇同多家施工企业（中建一局等）的实用图集。目前系统提供3000多幅现成的图形，是我院科研力量和多家大型施工企业制图经验的结

晶。界面见图 9-33。

图 9-33　图集软件界面

图集特点如下：

（1）独立版权 PKPM 建筑 CAD 图形平台提供专业建筑制图工具，无需学习 AUTO-CAD 软件的命令，可直接上手使用。

（2）电子版资料配套使用软件，在资料软件中有图集接口。

（3）多类型图库为施工企业提供制作标书、编辑施工组织设计、施工方案及技术交底所需的各类施工详图、大样图、构造图、节点图等。包括基坑支护与基础、地下连续墙、防水工程、模板工程、脚手架、塔吊基础、临建、临水、临电、施工机械、安全防护、砌筑工程、钢管混凝土柱、钢结构、网架、抗震加固、预应力、施工缝和后浇带、装修、玻璃幕墙及门窗、成品保护等各类图块。见图 9-34。

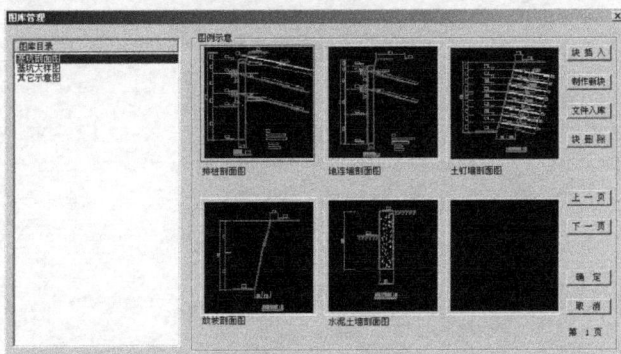

图 9-34　基坑图块输入对话框

（4）多种图像格式支持 ＊．Ｔ 、＊．BMP 、＊．WMF 。

（5）方便参数调整，可利用参数任意方向、任意角度调整图形大小。

（6）内容全面、完整、实用性强、操作简便快捷软件提供了各种绘图和标注功能，可以任意编辑、组合、所见即所得的打印、预览等。也可以将常用的图形进行入库，方便多次操作。

参考文献

［1］汪正荣. 建筑施工计算手册 ［M］. 北京：中国建筑工业出版社，2001.

［2］应惠清. 土木工程施工 ［M］. 上海：同济大学出版社，2001.

［3］方先和. 建筑施工 ［M］. 武汉：武汉大学出版社，2004.

［4］曹吉鸣，徐伟. 网络计划技术与施工组织设计 ［M］. 上海：同济大学出版社，2000.

［5］张长友. 土木工程施工 ［M］. 北京：中国电力出版社，2007.

［6］孙震，穆静波. 土木工程施工 ［M］. 北京：人民交通出版社，2004.

［7］李国柱. 土木工程施工 ［M］. 杭州：浙江大学出版社，2007.

［8］宁仁岐，郑传明. 土木工程施工 ［M］. 北京：中国建筑工业出版社，2006.

参考文献

[1] ...

[2] ...

[3] ...

[4] ...

[5] ...

[6] ...

[7] ...

[8] ...